LES GRANDS ASTRONOMES

PTOLÉMÉE, COPERNIC, TYCHO BRAHE, GALILÉE, KEPLER, ISAAC NEWTON, FLAMSTEED, HALLEY, BRADLEY, WILLIAM HERSCHEL, LAPLACE, BRINKLEY, JOHN HERSCHEL, LE COMTE DE ROSSE, AIRY, HAMILTON, LE VERRIER, ADAMS

Discovery Publisher

Titre original : *Great Astronomers*
Sir Isaac Pitman & Sons, Ltd.

Pour l'édition française :
2021, ©Discovery Publisher

Auteur : Robert S. Ball
Traduction : Gaétan Formica

616 Corporate Way
Valley Cottage, New York
www.discoverypublisher.com
editors@discoverypublisher.com
Fièrement pas sur Facebook ou Twitter

New York • Paris • Dublin • Tokyo • Hong Kong

Table des matières

LES GRANDS ASTRONOMES

PTOLÉMÉE, COPERNIC, TYCHO BRAHE, GALILÉE, KEPLER, ISAAC NEWTON, FLAMSTEED, HALLEY, BRADLEY, WILLIAM HERSCHEL, LAPLACE, BRINKLEY, JOHN HERSCHEL, LE COMTE DE ROSSE, AIRY, HAMILTON, LE VERRIER, ADAMS

PRÉFACE

Dans ces pages, mon but a été de raconter la vie de chaque astronome avec suffisamment de détails pour que le lecteur puisse estimer, dans la mesure du caractère et de l'environnement de l'homme et je me suis efforcé d'indiquer aussi clairement que les circonstances le permettent, les principales caractéristiques de leurs découvertes qui les ont rendues célèbres.

Il existe de nombreux types d'astronomes : de celui qui observe les étoiles et contemple les astres, au mathématicien abstrait qui travaille depuis son bureau. Dans le cas de certaines vies, il a donc été nécessaire d'adopter un traitement bien différent, qui pour d'autres, semblait plus adéquat.

Pendant mon travail, certains essais parurent dans le périodique *Good Words*. Le chapitre sur Brinkley a été principalement extrait d'un article sur « l'Histoire de l'Observatoire Dunsink », qui fut publié à l'occasion de la célébration du tricentenaire de l'Université de Dublin en 1892. La vie de Sir William Rowan Hamilton est reprise, avec quelques altérations et omissions, d'un article publié dans *Quarterly Review* concernant la vie du grand mathématicien Graves. Le reste des chapitres paraissent pour la première fois aujourd'hui. Pour de nombreux faits racontés dans l'essai du défunt professeur Adams, je suis redevable à l'avis de décès écrit par mon ami Dr J. W. L. Glaisher pour la Société royale d'astronomie, tandis qu'en ce qui concerne le défunt Sir George Airy, j'exprime une reconnaissance similaire au professeur H. H. Turner. Je remercie sincèrement mon ami Dr Arthur A. Rambaut pour sa gentillesse dont il a fait preuve en m'aidant dans la relecture de mon travail.

Robert S. Ball,
L'observatoire de Cambridge

INTRODUCTION

De toutes les sciences naturelles il n'en existe aucune qui offre de plus somptueux objets à l'attention des esprits curieux que celle de l'astronomie. Il exulte de l'étude des étoiles une fascination que l'on retrouve de nos jours telle qu'elle existait déjà dans les temps les plus anciens. Les mouvements du Soleil, de la Lune ainsi que des étoiles attiraient l'attention des peuples les plus primitifs grâce à leur présumée influence sur les affaires humaines.

Les intérêts concrets de l'astronomie étaient déjà connus aux temps primordiaux. Des maximes de grande ancienneté informent de la manière dont les journées des fermiers devaient être guidées par les mouvements des corps célestes. La position des étoiles indiquait le temps de labour ainsi que le temps des semailles. Ces corps célestes offraient aux marins à la recherche d'un passage dans les vastes océans les seuls points de repère fiables qui pouvaient guider leurs navigations. Il y avait donc un besoin de suivre les mouvements des étoiles émanant d'une curiosité intellectuelle et d'une réelle nécessité. C'est ainsi que commença la recherche des causes de ces phénomènes en constant changement venus des cieux.

Un nombre important des premières découvertes datent en effet de la préhistoire. Il apparaît que le grand cycle diurne des astres, ainsi que la révolution annuelle du Soleil, ont été connus dans des temps bien plus anciens que les premières constructions humaines. La justesse des premiers astronomes permit à ces peuples d'identifier les membres les plus importants de ces astres vagabonds que l'on nomme aujourd'hui planète. Ils virent que des objets semblables à des étoiles, Jupiter, Saturne, Mars, avec la remarquable Vénus, constituaient une catégorie de corps entièrement distincte des étoiles fixes parmi lesquels ils se meuvent et avec qui ils ne partagent qu'une ressemblance superficielle. Mais les découvertes des premiers astronomes allèrent encore plus loin, ils reconnurent que Mercure appartient également à ce même groupe malgré les observations si rares de cette planète. Il semblerait que des éclipses ainsi que d'autres phénomènes purent être observés à Babylon à une époque lointaine tandis que les traces les plus anciennes d'observations célestes en notre possession se retrouvent dans des annales chinoises.

L'étude de l'astronomie, dans le sens où nous l'entendons de nos jours, trouverait racines sous le règne des Ptolémées à Alexandrie. Le nom le plus renommé dans la science de cette époque est celui d'Hipparque qui vécut et travailla sur l'île de Rhodes aux environs de l'an 160 avant Jésus-Christ. Ce sont ses splendides investigations qui modelèrent pour la première fois les faits observés en une branche de la connaissance cohérente. Il reconnut l'obligation vitale qui repose sur ceux qui étudient les astres de compiler un inventaire aussi complet que possible des objets qui s'y trouvent. Hipparque entreprit donc, sur une moindre échelle, une tâche parfaitement exacte à celle des astronomes modernes qui la poursuivent encore de nos jours grâce à tous les appareils disponibles ; des lunettes méridiennes aux télescopes photographiques. Il compila un inventaire des principales étoiles fixes qui ont une grande valeur pour les astronomes ; inventaire qui est aujourd'hui le plus ancien travail de ce genre qui fut transmis. Il étudia également les mouvements du Soleil et de la Lune et établit des théories pour expliquer les changements incessants dont il était témoin. Il fut confronté à un problème bien plus délicat lors de ses tentatives d'interpréter de manière satisfaisante les mouvements complexes des planètes. Il fit de nombreuses observations sur les positions de ces étoiles vagabondes, ayant pour but de construire une théorie se devant de donner des explications cohérentes sur le sujet. Il est possible d'apprécier l'importance des découvertes d'Hipparque en se souvenant que, en tant que tâche préliminaire à ses travaux astronomiques, il dut inventer une branche des mathématiques qui elle seule pourrait trouver les solutions à ces problèmes inédits. C'est pour ce but précis qu'il conçut les méthodes de calcul indispensables à ses travaux qui sont aujourd'hui connues en tant que trigonométrie. Sans l'aide de ce travail d'orfèvre, il n'aurait pas été possible de réaliser aucune des avancées nécessaires en calcul astronomique.

Mais la découverte qui montre, bien plus qu'aucune autre, le grand esprit que possédait Hipparque est celle de ce remarquable mouvement céleste connu sous le nom de précession des équinoxes. Les interrogations qui menèrent à cette découverte demandèrent une profonde investigation, d'autant plus qu'à l'époque d'Hipparque les moyens d'observations du ciel étaient des plus rudimentaires et que les traces d'observations passées étaient extrêmement sommaires. On ne peut que considérer avec stupéfaction le génie de l'homme qui, en dépit de si grandes difficultés, réussit à détecter des phénomènes tels que les précessions et d'en exposer toute leur ampleur. Je vais m'efforcer d'expliquer la nature de ce mouvement céleste si singulier, car en lui se trouve la première instance dans l'histoire de la science où l'on peut constater l'association d'observations justes avec de talentueuses interprétations, instance dont nous avons, dans le développement subséquent de l'astronomie, tant de splendides exemples.

Le terme « équinoxe » impose en condition que la nuit soit égale au jour.

Pour un homme habitant sur l'équateur la nuit est sans aucun doute égale au jour tout au long de l'année, mais pour ceux qui vivent dans chacun des hémisphères de la Terre, la nuit et le jour ne sont pas égaux. Cependant, il existe une occasion au printemps et une seconde en automne où le jour et la nuit comptent chacune, en tout lieu sur Terre, douze heures. Quand la nuit et le jour sont égaux au printemps, le point qu'occupe le Soleil dans les cieux est nommé équinoxe de printemps. Il existe un point similaire pour le Soleil durant l'équinoxe d'automne. Dans toutes investigations des mouvements célestes, les positions de ces équinoxes dans le ciel sont d'une importance primordiale et Hipparque, avec son instinct de génie, perçut leur importance et commença à les étudier. Il est admis que la position d'un point dans le ciel peut toujours se définir en prenant pour référence les étoiles qui l'entourent. Il ne fait aucun doute qu'il est impossible de voir les étoiles proches du Soleil quand celui-ci brille, mais elles n'en sont pas pour autant absentes. L'ingénuité d'Hipparque lui permit de déterminer les positions de chaque équinoxe par rapport aux étoiles présentes à proximité. Après examens des positions célestes de ces points à différents moments, il fut mené à la conclusion que chaque équinoxe se meut en relation avec les étoiles, bien que ce mouvement soit si lent que vingt-cinq mille ans sont nécessaires avant qu'un circuit complet des astres puisse être réalisé. Hipparque traça ce phénomène et établit une base de savoir irréfutable pour que chaque astronome qui le suivait pût reconnaître la précession des équinoxes comme l'un des faits fondamentaux de l'astronomie. Il fallut attendre près de deux mille ans après qu'Hipparque fit cette découverte pour que son explication soit donnée par Newton.

Depuis les jours d'Hipparque jusqu'à notre époque actuelle l'astronomie a connu une constante évolution. De grands observateurs sont apparus ponctuellement, révélant quelques nouveaux phénomènes concernant les corps célestes ou leurs mouvements tandis que parfois un intellect dominant se manifestait pour expliquer la vraie valeur de ces observations. L'histoire de l'astronomie devient donc inséparable de l'histoire de ces grands hommes et de leur labeur, à qui elle doit son développement.

Dans les chapitres qui suivent, nous nous sommes efforcés de dépeindre les vies et le travail de ces grands philosophes, qui par leur labeur ont créé la science de l'astronomie. Nous commencerons avec Ptolémée qui, après que les fondements de la science furent établis par Hipparque, donna à l'astronomie la forme par laquelle elle fut enseignée au cours du Moyen Âge. Nous verrons par la suite la grande révolution dans nos conceptions de l'univers qui est associée au nom de Copernic. Nous partirons ensuite vers ces temps illuminés par les génies de Galilée et de Newton avant de poursuivre en retraçant les carrières des astronomes les plus modernes, qui par leur assiduité et génie ont grandement repoussé les limites du savoir humain. Notre histoire remontera jusqu'à récemment pour inclure quelques-uns des illustres astronomes qui appartenaient à la génération qui vient juste de s'éteindre.

L'observatoire de Greenwich

LES GRANDS ASTRONOMES

PTOLÉMÉE, COPERNIC, TYCHO BRAHE, GALILÉE, KEPLER, ISAAC NEWTON, FLAMSTEED, HALLEY, BRADLEY, WILLIAM HERSCHEL, LAPLACE, BRINKLEY, JOHN HERSCHEL, LE COMTE DE ROSSE, AIRY, HAMILTON, LE VERRIER, ADAMS

PTOLÉMÉE

Ptolémée

La carrière du célèbre homme dont ce chapitre porte le nom est l'une des plus remarquables dans l'histoire de l'apprentissage de l'homme. Il y a peut-être eu d'autres scientifiques qui en ont fait plus pour la science que Ptolémée, mais il n'y a jamais eu un autre scientifique dont l'autorité sur le sujet des mouvements des corps célestes a exercé une emprise sur l'esprit des hommes pendant une période aussi longue que les quatorze siècles durant lesquels son opinion régna en maître. Les théories qu'il dressa dans son célèbre ouvrage, l'« Almageste », prédominèrent pendant toutes ces années. Durant tout ce temps, aucun ajout substantiel ne fut effectué aux vérités incontestables que contenait cet ouvrage. Aucune correction notable ne fut apportée aux graves erreurs qui contaminaient les théories de Ptolémée. L'autorité de Ptolémée concernant tout ce qui se trouvait dans les cieux, et sur un bon nombre de choses se trouvant sur la Terre (car ce même illustre homme était également un diligent géographe), était invariablement irrévocable.

Bien que tout enfant en connaisse à présent plus sur les vérités des mouvements célestes que Ptolémée n'en aura jamais su, le fait que son œuvre eût exercé un effet si incroyable sur l'intellect humain pendant près de soixante générations montre qu'elle devait constituer une réalisation extraordinaire. Nous devons nous pencher sur la carrière de cet homme exceptionnel afin de découvrir où réside le secret de ce merveilleux succès qui fit de lui l'instructeur incontesté de la race humaine pendant une si longue période.

Malheureusement, nous en savons très peu sur l'histoire personnelle de Ptolémée. Il était originaire d'Égypte, et bien que l'hypothèse selon laquelle il aurait appartenu aux familles royales du même nom ait occasionnellement été émise, il n'y a pas de preuve soutenant cette supposition. Le nom Ptolémée semble avoir été un nom commun en Égypte à cette époque. La période pendant laquelle il vécut fut fixée par le fait que sa première observation enregistrée data de 127 apr. J.-C., et sa dernière de 151 apr. J.-C. Si l'on ajoute à cela le fait qu'il semble avoir vécu à Alexandrie ou dans ses environs, ou pour utiliser ses mots, « sur le parallèle d'Alexandrie », nous avons évoqué tout ce qui peut être dit en ce qui concerne son individualité.

Ptolémée est, sans aucun doute, la plus grande personnalité de l'astronomie ancienne. Il rassembla le savoir de tous les philosophes qui l'avaient précédé, y incorpora les résultats de ses propres observations et les éclaira avec ses théories. Ses spéculations, même lorsqu'elles étaient, comme nous le savons à présent, passablement erronées, détenaient une vraisemblance si étonnante avec les faits réels de la nature, qu'elles inspiraient une approbation universelle. Même en ces temps modernes, il n'est pas rare de trouver des amateurs du paradoxe qui soutiennent que les théories de Ptolémée ne semblent pas seulement vraies, mais le sont en réalité. En l'absence de toute connaissance précise sur les sciences de la mécanique, les philosophes des temps anciens étaient contraints de se rabattre sur certains principes plus ou moins valables, qu'ils tiraient de leur imagination quant à ce que l'aptitude naturelle des choses devrait être. Il n'y avait pas de figure géométrique aussi simple et symétrique qu'un cercle, et comme il semblait que les corps célestes suivaient une trajectoire qui n'était pas rectiligne, la conclusion évidente était donc que leurs mouvements devaient être circulaires. Il n'y avait aucun argument en faveur de cette notion, autre que la simple réflexion imaginaire selon laquelle le mouvement circulaire, et seul le mouvement circulaire, était « parfait », quel que soit le sens que « parfait » ait pu avoir. On croyait, en outre, qu'il était impossible que les corps célestes pussent avoir d'autres mouvements que des mouvements « parfaits ». En supposant cela, il s'ensuivait, selon Ptolémée, et selon ceux qui lui succédèrent pendant quatorze siècles, que toutes les trajectoires des corps célestes devaient, d'une manière ou d'une autre, être réduites à des cercles.

Ptolémée réussit à concevoir un schéma selon lequel les changements apparents qui se produisaient dans les cieux pouvaient, pour autant qu'il les connût, s'expliquer par certaines combinaisons de mouvements circulaires. Cela semblait réconcilier si parfaitement le schéma des corps célestes avec les instincts géométriques qui désignaient le cercle comme mouvement parfait, que l'on peut difficilement s'étonner que la théorie de Ptolémée ait obtenu le succès qu'elle eut. Nous allons donc exposer avec suffisamment de détails les différentes étapes de cette fameuse théorie.

Ptolémée commence par établir la vérité incontestable selon laquelle la Terre est de forme globulaire. Les preuves qu'il donne pour soutenir ce point fondamental sont satisfaisantes ; ce sont en effet les mêmes preuves que l'on utilise aujourd'hui. Il y a tout d'abord la circonstance bien connue que nous rappellent nos livres de géographie, à savoir le fait que lorsqu'on regarde un objet à distance, de l'autre côté de la mer, la partie inférieure de cet objet apparaît coupée par l'interposition de la masse d'eau incurvée.

La sagacité de Ptolémée lui permit de citer un autre argument, qui, bien qu'il ne soit pas aussi évident que celui mentionné plus haut, démontre la courbure de la Terre de manière très impressionnante à tous ceux qui prendront la peine de la comprendre. Ptolémée mentionne que les voyageurs qui allèrent au sud avaient rapporté que, ce faisant, durant la nuit l'apparence des astres subit un changement progressif. Les étoiles qu'ils connaissaient dans le ciel nordique s'enfonçaient progressivement plus bas dans le ciel. La constellation de la Grande Ourse, qui dans notre ciel, ne se couche jamais lors de sa rotation autour du pôle, se levait et se couchait lorsqu'une latitude méridionale suffisante était atteinte. D'autre part, des constellations nouvelles pour des habitants de climats nordiques furent aperçues s'élevant au-dessus de l'horizon sud. Ces circonstances seraient incompatibles avec la supposition selon laquelle la surface de la Terre est plate. Si tel avait été le cas, une petite réflexion montrerait qu'un voyage dans le sud n'engendrerait aucun changement de la sorte des mouvements apparents des étoiles. Ptolémée exposa avec perspicacité l'importance de ce raisonnement, et jusqu'à présent, avec les ressources des découvertes modernes pour nous aider, nous pouvons difficilement améliorer cet argument.

Ptolémée, tel un véritable philosophe dévoilant au monde une nouvelle vérité, illustra et fit valoir son sujet par une variété de réjouissantes démonstrations. Je me dois d'en citer une, non seulement pour son aspect marquant, mais aussi parce qu'elle illustre l'acuité de Ptolémée. Si la Terre était plate, le coucher de soleil devrait avoir lieu au même moment, quel que soit le pays dans lequel l'observateur se trouve, expliqua cet ingénieux penseur. Pourtant, Ptolémée prouva que le coucher du Soleil varie grandement en fonction de la distance à laquelle se trouve l'observateur. Pour nous, bien sûr, c'est assez évident; tout le monde sait très bien qu'à l'heure où le Soleil se couche en Grande-Bretagne, il est toujours midi sur la côte ouest des États-Unis. Ptolémée, lui, ne disposait cependant que de peu de ces sources de connaissances qui sont aujourd'hui accessibles. Comment allait-il démontrer que le Soleil se couchait effectivement plus tôt à Alexandrie que dans une ville située à des milliers de kilomètres à l'ouest? On ne disposait pas de télégraphe permettant aux astronomes des deux villes de communiquer entre eux. Il n'y avait pas de chronomètre ou de montre pouvant être transporté d'un endroit à l'autre ni d'autre dispositif fiable pour mesurer le temps. L'ingéniosité de Ptolémée permit néanmoins de mettre en lumière une méthode pleinement satisfaisante pour comparer les heures de coucher de soleil à deux endroits distincts. Il avait connaissance du fait que la lumière émise par la Lune dérivait entièrement du Soleil et donc qu'une éclipse de Lune était due à l'interposition de la Terre, coupant ainsi la lumière du Soleil. Il était donc évident qu'une éclipse de Lune devait être un phénomène commençant au même moment, quelle que soit la partie de la Terre ou de la Lune qui était visible à ce moment-là. Par conséquent, Ptolémée rassembla les heures locales de divers endroits auxquelles différents observateurs avaient enregistré le début d'une éclipse lunaire. Il constata que plus le poste des observateurs situés à l'ouest était éloigné d'Alexandrie, plus l'éclipse était constatée tôt. En revanche, les observateurs se trouvant à l'est avaient déterminé l'heure comme étant plus tardive que celle à laquelle le phénomène apparut à Alexandrie. Dans la mesure où ces observateurs avaient tous enregistré quelque chose qui leur apparut simultanément, la seule interprétation possible fut que plus un lieu se situe à l'est, plus son heure avance. Supposons qu'il y ait un certain nombre d'observateurs le long d'un parallèle de latitude, et que chacun note que l'heure du coucher du soleil est à six heures, alors, comme les horaires à l'est sont en avance comparés à ceux à l'ouest, dix-huit heures à une station A correspondra à dix-sept heures à une station B suffisamment à l'ouest. Si par conséquent le Soleil se couche pour l'observateur de la station A, le Soleil, pour l'observateur de la station B, ne sera quant à lui pas encore couché. Cela prouve de façon concluante que l'heure du coucher du soleil n'est pas la même partout sur Terre. On a pourtant déjà considéré que, si la Terre était plate, l'heure apparente du coucher du soleil serait la même depuis toutes les stations. Ainsi, lorsque Ptolémée prouva que l'heure à laquelle le Soleil se couchait différait d'un endroit à l'autre, il démontra de toute évidence que la Terre n'était pas plate.

Étant donné que les mêmes arguments s'appliquaient à toutes les parties de la Terre où Ptolémée était allé en personne ou dans lesquelles il pouvait obtenir les informations nécessaires, il s'ensuivit que la Terre, au lieu d'être une surface plane, ceinturée d'un océan indéfinissable, comme on le pensait généralement, était en réalité sphérique. Cela eut tout de suite des conséquences surprenantes. Il était évident qu'il ne pouvait y avoir aucun support d'aucune sorte permettant de soutenir ce globe. Il en découlait donc que le puissant objet ne pouvait que se tenir en équilibre dans l'espace. Cette théorie est en effet stupéfiante pour quiconque s'appuie sur ce qui semble être une simple preuve de sens, sans donner à cette preuve l'interprétation intellectuelle qui lui est due. Par notre expérience habituelle, l'idée même d'un objet posé sans support dans l'espace paraît absurde. Ne risque-t-il pas de tomber? nous demande-t-on immédiatement. En effet, il ne pourrait sans doute pas se maintenir de quelque manière que ce soit dans le cadre de l'expérience que nous tentons. Nous devons cependant souligner qu'il n'existe pas d'idée telle que «vers le haut» ou «vers le bas» en ce qui concerne la notion d'espace ouvert. Dire qu'un corps tombe vers le bas signifie simplement qu'il essaie de tomber le plus près possible du centre de la Terre. Il n'y a pas qu'une seule direction le long de laquelle un corps aura tendance à se déplacer plus que d'autres dans l'espace. On peut illustrer cela par le fait qu'une pierre lâchée en Nouvelle-Zélande, dans sa course vers le centre de la Terre, se déplacera en fait vers le haut, et ce, dans n'importe quelle partie de notre hémisphère. Pourquoi la Terre ne pourrait-elle pas rester en équilibre, soutint alors Ptolémée, étant donné que toutes les directions montent ou descendent uniformément? Rien ne semble justifier que la Terre ait besoin d'un quelconque maintien. Ce raisonnement l'amena à la conclusion fondamentale que la Terre est un corps sphérique reposant librement dans l'espace et entouré à la fois au-dessus, en dessous et de tous côtés par les étoiles scintillantes du firmament.

La perception de cette fabuleuse vérité marque une époque importante dans l'histoire du développement progressif de l'intellect humain. Nul doute que d'autres philosophes, en tâtonnant autour du savoir, ont pu émettre certaines affirmations plus ou moins équivalentes à cette vérité fondamentale. C'est toutefois à Ptolémée que revient tout le mérite, non seulement pour avoir annoncé cette théorie, mais aussi pour l'avoir illustrée par une argumentation claire et logique. Il est difficile de se représenter un état intellectuel dans lequel cette vérité n'est pas familière. On peut cependant bien imaginer que pour celui qui pensait que la Terre était une étendue plate et indéfinie, le fait d'être forcé de croire qu'il se tenait sur une Terre sphérique, ne formant qu'une particule par rapport à l'immense sphère céleste, ne serait rien d'autre qu'une convulsion intellectuelle.

Ce que Ptolémée vit dans les mouvements des étoiles le mena à la conclusion qu'il s'agissait de points lumineux reliés à l'intérieur d'un énorme globe. Les mouvements de cette sphère portant les étoiles n'étaient compatibles que seulement dans la mesure où la Terre occupait son centre. L'effet imperceptible produit par un changement de localité de l'observateur sur la brillance apparente des étoiles fit comprendre que les dimensions du globe terrestre devaient être tout à fait insignifiantes par rapport à celles de la sphère céleste. La Terre pourrait en fait être considérée comme un grain de sable tandis que les étoiles seraient disposées sur un globe de plusieurs mètres de diamètre.

La révolution des connaissances de l'humanité qu'impliquait cette découverte était si phénoménale que l'on pouvait facilement imaginer que Ptolémée, ébloui par la célébrité qu'il avait si justement acquise, ne put plus faire un pas de plus. S'il avait fait un pas de plus, l'intelligence humaine serait sortie des liens de quatorze siècles de servitude à la gigantesque notion de l'importance de cette Terre dans le plan céleste. Le fait évident que le Soleil, la Lune et les étoiles se lèvent jour après jour, traversent le ciel en une magnifique procession sans fin avant de se coucher dûment une fois leur course finie, réclamait une explication. Le fait que les étoiles fixes gardent leur distance mutuelle d'une année à l'autre et d'âge en âge apparaissait pour Ptolémée comme une preuve que la sphère qui contenait ces étoiles et dont la surface qu'il pensait fixe, tournait une fois par jour autour de la Terre. Il considérait donc ces phénomènes de levers et couchers cohérents avec la supposition que notre globe était immobile. Cette supposition dut apparaître folle, même pour Ptolémée. Il savait que la Terre était un gigantesque corps, mais aussi gros qu'il puisse être, ce n'était qu'une particule comparée à la sphère céleste. Cependant, il croyait apparemment que la sphère céleste effectuait ces mouvements. Il avait même persuadé d'autres hommes d'y croire.

Ptolémée était un excellent géomètre. Il savait que les levers et couchers du Soleil, de la Lune et des myriades d'étoiles auraient pu être expliqués de bien d'autres manières. Si la Terre tournait sur elle-même uniformément chaque jour au centre de la sphère des cieux, tous ces phénomènes de levers et couchers pourraient être parfaitement expliqués. Tout ceci est en effet évident après un moment de réflexion. Imaginez-vous vous tenir sur Terre au centre des cieux. Il y a des étoiles au-dessus de vos têtes et la moitié de ce que contiennent les cieux est visible tandis que l'autre moitié est en dessous de l'horizon. Alors que la Terre tourne, les étoiles au-dessus de votre tête bougent et, à moins que vous soyez à l'un des deux pôles, de nouvelles étoiles apparaissent dans votre champ de vision tandis que d'autres disparaissent, car vous ne pourriez à aucun moment voir plus de la moitié de la sphère. L'observateur sur Terre penserait alors que certaines étoiles se lèvent tandis que d'autres se couchent. Nous avons ainsi deux méthodes entièrement distinctes, et les deux expliqueraient complètement les faits du mouvement diurne observé. Une de ces suppositions implique que la sphère céleste contenant les étoiles et autres corps célestes tourne uniformément autour d'un axe invisible tandis que la Terre demeure immobile au centre. L'autre supposition serait que l'incroyable sphère céleste soit ce qui demeure immobile alors que la Terre au centre tourne sur le même axe que précédemment, mais dans le sens inverse et à une vitesse constante qui lui permettrait de compléter un tour en vingt-quatre heures. Ptolémée était suffisamment doué en mathématique pour savoir qu'une seule de ces suppositions suffirait à expliquer les faits observés. En effet, les phénomènes de mouvements des étoiles comme observés jusqu'à maintenant ne pouvaient pas être utilisés pour décider quelle hypothèse était vraie et laquelle était fausse.

Ptolémée dut donc avoir recours à la simple raison comme guide. Une de ces hypothèses devait être vraie et il semblait pourtant que chacune s'accompagnait de grandes difficultés. Un de ces plus grands mérites fut d'avoir démontré que la sphère céleste était si grande que la Terre elle-même en comparaison était insignifiante. Si, donc, cette immense sphère complète une rotation en vingt-quatre heures, la vitesse à laquelle doit aller le mouvement de certaines de ces étoiles serait prodigieuse si ce n'est impossible. Il semblerait alors bien plus simple de préférer l'autre alternative et penser que le mouvement des journées est dû à la rotation de la Terre. De là, Ptolémée s'imagina, ou en tout cas crut s'imaginer, des objections de la plus grande importance. Les preuves de sens venaient directement contredire l'acceptation d'une Terre immobile. Ptolémée aurait peut-être pu rejeter cette objection au motif que les témoignages de sens sur une telle question devraient être entièrement subordonnés à l'interprétation que notre intelligence ferait des faits sur lesquels les sens s'appuient. Cependant, une autre objection lui sembla porter un plus grave problème. Si la Terre tournait bien sur elle-même, rien ne fait que l'air suivrait ce mouvement. L'humanité serait donc emportée par les vents violents que générerait le mouvement de la Terre dans une atmosphère immobile. Même si l'on pouvait imaginer que l'air était emporté avec la Terre, pensa Ptolémée, ceci ne s'appliquerait pas aux corps suspendus dans les airs. Tant qu'un oiseau serait perché dans un arbre, il pourrait très bien être emporté avec la Terre dans son mouvement, mais dès qu'il s'envolerait, le sol glisserait en dessous à une allure effroyable. Cela ferait qu'au moment de se poser, il se retrouverait à une distance bien dix fois supérieure à ce qu'un pigeon voyageur peut traverser sur la même durée. Une vague illusion de cette description semble même encore surgir de temps en temps. Je me souviens avoir entendu une proposition pour une montgolfière d'un genre particulier. Le voyageur voulant atteindre n'importe quel endroit sur la même latitude n'avait qu'à monter avec le ballon et attendre, là-haut, que la rotation de la Terre l'amène à sa destination, se trouvant donc directement sous ces pieds. Il n'avait alors plus qu'à vider le gaz du ballon et redescendre. Ptolémée en savait assez sur la philosophie naturelle pour être conscient qu'un tel moyen de locomotion serait une parfaite absurdité. Il savait qu'il n'y avait aucune différence entre la Terre et l'air comme cette proposition le laissait penser. Il lui apparut nécessaire que l'air dût être retardé dans son mouvement si la Terre avait été animée d'un mouvement de rotation. Là-dessus, comme nous le savons, il était complètement dans le faux. Il n'y avait, cependant, à son époque, aucune notion correcte des lois du mouvement.

Aussi assidûment que Ptolémée put étudier les corps célestes, il semble évident qu'il ne put pas consacrer autant de ses pensées au phénomène de mouvement des corps terrestres. Les expériences qui auraient pu convaincre un philosophe moins vif que Ptolémée sont, en effet, très simples. Si la Terre tournait bien sur elle-même, l'air l'accompagnerait nécessairement. Lorsqu'un cavalier galopant jette une balle dans les airs, elle lui retombe dans la main de la même manière que s'il était à l'arrêt. La balle effectue en fait un mouvement horizontal qui apparaîtrait comme une courbe à n'importe quel passant. Pourtant, il apparaît au cavalier qu'elle ne fait que monter puis redescendre sur une ligne droite. Ce fait et beaucoup d'autres faits similaires démontrent clairement que si la Terre était dotée d'un mouvement de rotation, l'atmosphère autour d'elle participerait au mouvement. Ptolémée ne savait pas cela et arriva donc à la conclusion que la Terre ne tournait pas, et que, par conséquent, malgré l'énorme improbabilité d'un objet aussi puissant que la sphère céleste tournant en rond une fois toutes les vingt-quatre heures, il n'y avait pas d'autre choix que de croire que cette chose très improbable fût vraie. Ainsi, Ptolémée en vint à adopter une Terre stationnaire placée au centre de la sphère céleste comme théorie cardinale de son système, une sphère s'étendant de tous côtés à une distance si vaste que le diamètre de la Terre était un point inappréciable en comparaison.

Ptolémée, ayant ainsi délibérément rejeté la doctrine de la rotation de la Terre, avait certainement dû faire d'autres suppositions entièrement erronées. Il était facile de constater que chaque étoile nécessitait exactement la même durée pour effectuer une révolution complète des astres. Ptolémée savait que les étoiles étaient à des distances incommensurables de la Terre, bien que ses connaissances sur le sujet fussent sans nul doute très éloignées de la réalité que l'on connaît. Si les étoiles se trouvaient à des distances très variées, il serait alors tellement improbable qu'elles puissent toutes accomplir leurs révolutions en même temps que Ptolomée en vint à la conclusion qu'elles devaient toutes être à la même distance, autrement dit, qu'elles devaient toutes se situer sur la surface d'une sphère. Ce point de vue, aussi erroné qu'il fût, était corroboré par le fait évident que les étoiles dans les constellations conservaient de façon immuable leurs positions respectives pendant des siècles. C'est ainsi que Ptolomée conclut qu'elles étaient toutes fixées sur une surface sphérique, bien que nous ne soyons pas informés de la matière de cet incroyable écrin qui maintenait les étoiles comme des joyaux.

Il ne faut pas non plus déclarer hâtivement que cette doctrine soit absurde. Les étoiles semblent effectivement se situer sur la surface d'une sphère, dont l'observateur est au centre ; non seulement c'est là l'aspect sous lequel le ciel se présente à l'observateur non spécialiste, mais c'est également l'aspect sous lequel le ciel se présente à l'astronome le plus expérimenté des temps modernes. Il est certain que ce dernier sait bien que les étoiles sont à des distances très diverses de lui ; il sait que certaines étoiles sont dix fois, ou cent fois, ou mille fois plus distantes que d'autres. Néanmoins, à ses yeux, les étoiles apparaissent sur la surface de la sphère et c'est sur cette surface qu'il mesure la position relative des étoiles ; on peut même avancer que presque toutes les observations précises de l'observatoire se réfèrent à la position des étoiles, non pas telles qu'elles sont véritablement, mais telles qu'elles semblent être projetées sur cette sphère céleste dont on doit la conception au génie de Ptolémée.

Ce grand philosophe démontre très ingénieusement que la Terre doit être au centre de la sphère. Il démontre que, si tel n'était pas le cas, chaque étoile ne se déplacerait pas avec cette uniformité absolue qui, de fait, les caractérise. À travers tous ces raisonnements, on ne peut qu'éprouver la plus profonde admiration pour le génie de Ptolémée, même s'il avait commis une erreur si énorme sur le point fondamental de la stabilité de la Terre. Une autre erreur d'un genre quelque peu similaire paraissait à Ptolémée être démontrée. Il avait montré que la Terre était un objet isolé dans l'espace, et qu'en tant que telle, elle était, bien entendu, capable de mouvement. Elle pouvait soit tourner sur elle-même, soit être déplacée d'un endroit à un autre. Nous savons que Ptolémée avait délibérément adopté le point de vue selon lequel la Terre ne tournait pas sur elle-même ; il dut alors étudier l'autre question, à savoir si la Terre était animée d'un quelconque mouvement de translation. Il arriva à la conclusion qu'attribuer un mouvement quelconque à la Terre serait incompatible avec les vérités auxquelles il était déjà parvenu. La Terre, affirmait Ptolémée, se trouve au centre de la sphère céleste. Si la Terre devait être dotée de mouvement, elle ne se situerait pas toujours à ce point, elle doit donc se déplacer vers une autre partie de la sphère. Mais les mouvements des étoiles en excluent la possibilité et, par conséquent, la Terre doit être dépourvue de tout mouvement de translation comme que de rotation. C'est ainsi que Ptolémée se convainquit que la stabilité de la Terre, tel qu'elle se présentait aux sens ordinaires, reposait sur un fondement philosophique rationnel.

Il est fréquent que les philosophes contestent les doctrines du vulgaire, mais lorsqu'il arrive, comme ce fut le cas pour les recherches de Ptolémée, que les doctrines du vulgaire soient corroborées par des recherches philosophiques qui portent le sceau de la plus haute autorité, on ne peut s'étonner que ces doctrines soient considérées comme presque irréfutables. C'est peut-être ainsi que l'on peut expliquer le fait remarquable que les théories de Ptolémée ont exercé une influence incontestée sur l'intellect de l'homme pendant la vaste période déjà mentionnée.

Jusqu'à présent, nous n'avons parlé que des mouvements primaires des astres, par lesquels la sphère entière semblait effectuer une révolution toutes les vingt-quatre heures. Nous devons maintenant aborder les théories exceptionnelles par lesquelles Ptolémée s'efforçait de justifier le mouvement mensuel de la Lune, le mouvement annuel du Soleil et les mouvements périodiques des planètes qui leur avaient valu le nom d'étoiles errantes.

Persuadé que ces mouvements devaient être circulaires, ou qu'ils pouvaient, directement ou indirectement, s'expliquer par des mouvements circulaires, il parut évident à Ptolémée, comme aux astronomes précédents, que la course de la Lune à travers les étoiles était un cercle dont la Terre en était le centre. Un mouvement similaire avec une fréquence annuelle doit également être attribué au Soleil, car les changements dans les positions des constellations en fonction de la progression des saisons mettaient en évidence que le Soleil faisait un tour de la sphère céleste, même si la lumière éclatante du Soleil empêchait de voir les étoiles dans son voisinage à la lumière du jour. Ainsi, les mouvements du Soleil et de la Lune, de même que la rotation diurne de la sphère céleste, semblaient justifier l'idée que tous les mouvements célestes devaient être « parfaits », c'est-à-dire décrits uniformément dans ces cercles qui constituaient les seules courbes parfaites.

Les observations les plus élémentaires montrent cependant que les mouvements des planètes ne peuvent être expliqués de cette simple façon. C'est là que le génie géométrique de Ptolémée se manifesta et qu'il conçut un schéma permettant de rendre compte de l'errance apparente des planètes sans introduire aucun autre élément que les mouvements « parfaits ».

Pour comprendre son raisonnement, commençons par exposer clairement les données d'observation qui doivent être expliquées. Je prends pour exemple deux planètes en particulier, Vénus et Mars, car elles illustrent parfaitement les particularités respectives des planètes intérieures et extérieures. Les observations les plus simples montrent que Vénus ne se déplace pas autour des astres au même titre que le Soleil ou la Lune. Regardez l'étoile du soir lorsqu'elle est la plus brillante, telle qu'elle apparaît à l'ouest après le coucher du soleil. Au lieu de se déplacer vers l'est parmi les étoiles, comme le Soleil ou la Lune, nous constatons, semaine après semaine, que Vénus se rapproche du Soleil, jusqu'à ce qu'elle soit perdue dans ses rayons. Puis la planète émerge de l'autre côté, non plus comme une étoile du soir, mais comme une étoile du matin. En réalité, il était évident que Vénus accompagnait en quelque sorte le Soleil dans son mouvement annuel. À présent, on la trouve avançant devant le Soleil sur une distance limitée, et maintenant elle est en retard d'une mesure équivalente derrière le Soleil.

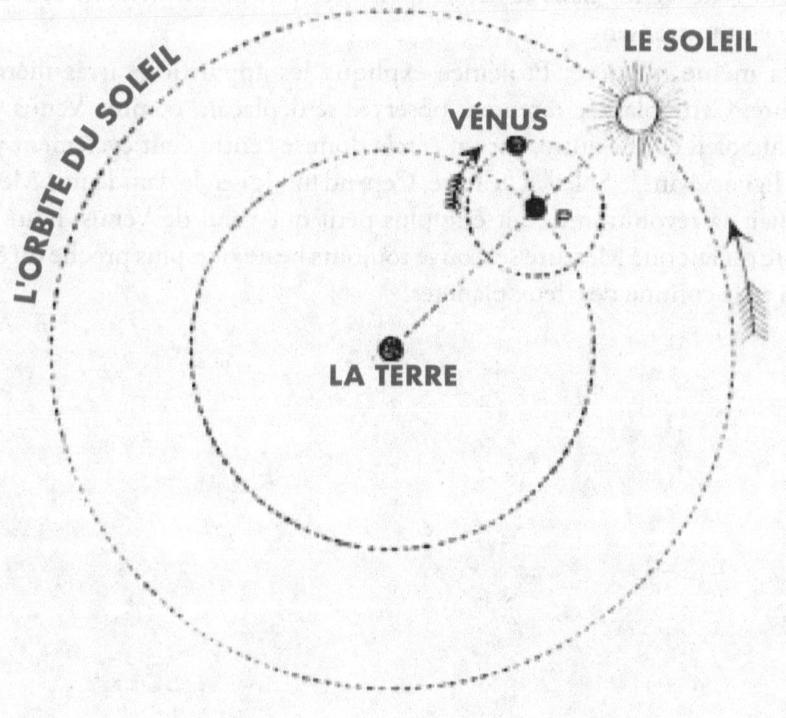

Fig. 1 : le schéma planétaire de Ptolomée

Ces mouvements étaient totalement incompatibles avec la supposition que les voyages de Vénus étaient décrits par un unique mouvement du type considéré comme parfait. Il était évident que le mouvement était lié d'une curieuse manière à la révolution du Soleil, et voici l'ingénieuse méthode par laquelle Ptolémée chercha à l'expliquer. Supposons qu'un bras fixe s'étende de la Terre au Soleil, comme le montre la figure ci-jointe (Fig. 1), alors ce bras tournera uniformément, en conséquence du mouvement du Soleil. En un point P de ce bras, décrivons un petit cercle. Vénus est censée effectuer une révolution uniforme dans ce petit cercle, pendant que le cercle lui-même est entraîné en permanence par le mouvement du Soleil. De cette manière, il fut possible de rendre compte des principales particularités des mouvements de Vénus. On constate qu'en raison de la révolution autour de P, le spectateur sur la Terre observa parfois Vénus d'un côté du Soleil, et parfois de l'autre côté, de sorte que la planète reste toujours dans le voisinage du Soleil. En proportionnant correctement les mouvements, ce petit schéma simulait les transitions de l'étoile du matin à l'étoile du soir. Ainsi, les changements de Vénus pouvaient être expliqués par une combinaison du mouvement « parfait » de P dans le cercle qu'il décrivait uniformément autour de la Terre, et du déplacement « parfait » de Vénus dans le cercle qu'il décrivait uniformément autour du centre en mouvement.

De la même manière, Ptolémée expliqua les apparitions irrégulières de Mercure. Cette planète rarement observée se déplaçait, comme Vénus, d'un côté du Soleil et de l'autre, sur un cercle dont le centre était également porté par la ligne reliant le Soleil et la Terre. Cependant, le cercle dans lequel Mercure effectuait sa révolution devait être plus petit que celui de Vénus, pour tenir compte du fait que Mercure se trouve toujours beaucoup plus proche du Soleil que la plus connue des deux planètes.

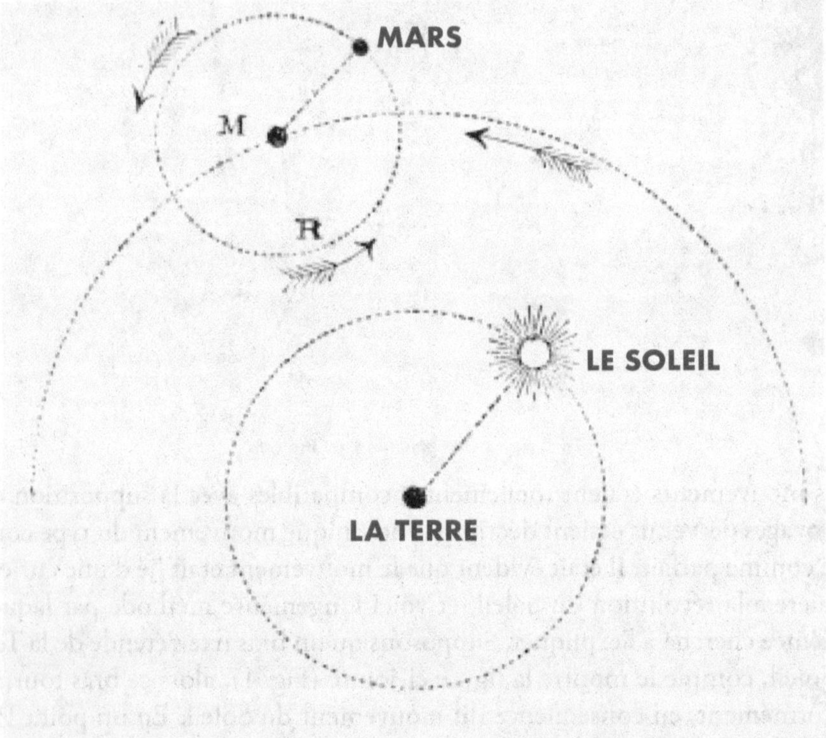

Fig. 2 : la théorie des mouvements de mars de Ptolémée

L'explication des mouvements d'une planète extérieure comme Mars pourrait également être déduite de l'effet conjoint de deux mouvements parfaits. Les changements par lesquels Mars passe sont cependant si différents des mouvements de Vénus qu'une disposition tout à fait différente des cercles est requise. Considérons donc les faits qui caractérisent les mouvements d'une planète extérieure telle que Mars. En premier lieu, Mars accomplit un tour complet de l'astre. À cet effet, on peut dire, sans nul doute, qu'elle ressemble au Soleil ou à la Lune. Toutefois, il suffit d'un peu de vigilance pour constater que son mouvement présente d'extraordinaires irrégularités. En règle générale, elle se déplace à grande vitesse d'ouest en est parmi les étoiles, mais parfois, un observateur vigilant remarquera que la vitesse à laquelle la planète avance diminue, puis elle semble devenir stationnaire. Quelques jours plus tard, le sens du mouvement de la planète s'inverse et on la retrouve se déplaçant d'est en l'ouest. Au début, le mouvement est lent, puis il s'accélère jusqu'à ce qu'il atteigne une certaine vitesse, qui diminue par la suite jusqu'à ce qu'une deuxième position stationnaire soit atteinte. Après une pause, elle reprend son mouvement initial d'ouest en est et le poursuit jusqu'à ce qu'un cycle similaire de changements commence à nouveau. De tels mouvements entraient évidemment en contradiction avec tout mouvement parfait sur un unique cercle autour de la Terre. Là encore, la sagesse géométrique de Ptolémée lui a fourni le moyen de représenter les mouvements apparents de Mars, tout en limitant l'explication aux mouvements parfaits qu'il jugeait si essentiels. La figure 2 illustre la théorie de Ptolémée sur les mouvements de Mars. Comme précédemment, on retrouve la Terre au centre et le Soleil décrivant son orbite circulaire autour de ce centre. La trajectoire de Mars doit être considérée comme extérieure à celle du Soleil. Nous devons supposer qu'en un point marqué M se trouve une planète fictive, qui effectue une révolution autour de la Terre de manière uniforme, dans un cercle appelé le DÉFÉRENT. Ce point M, qui est donc animé d'un mouvement parfait, est le centre d'un cercle qui se poursuit avec le point M, et autour de la circonférence duquel Mars tourne uniformément. Il est aisé de montrer que l'effet combiné de ces deux mouvements parfaits est de produire exactement ce décalage de Mars dans les astres tels que le révèle l'observation. Dans la position représentée sur le schéma, Mars suit évidemment une trajectoire qui apparaîtra à l'observateur comme un mouvement d'ouest en est. Toutefois, lorsque la planète atteint la position R, elle se déplace d'est en ouest en raison de sa révolution dans le cercle en mouvement, comme l'indique la pointe de la flèche. D'autre part, le cercle entier est entraîné dans la direction opposée. Si ce dernier mouvement est moins rapide que le premier, nous obtenons alors le mouvement de recul de Mars sur les astres que l'on voulait expliquer. En ajustant correctement les longueurs relatives de ces bras, les mouvements de la planète, tels qu'ils ont été observés, pourraient être entièrement expliqués.

Les autres planètes extérieures que Ptolémée connaissait, à savoir Jupiter et Saturne, possédaient des mouvements du même ordre que ceux de Mars.

Ptolémée réussit également à expliquer les mouvements qu'elles effectuaient par la supposition que chaque planète avait une rotation parfaite dans un cercle qui lui était propre, lequel avait lui-même un mouvement parfait autour de la Terre en son centre.

Il est assez curieux que Ptolémée n'eût pas fait un pas de plus, car il aurait ainsi rendu son système beaucoup plus simple. Il aurait pu, par exemple, représenter les mouvements de Vénus aussi bien en plaçant le centre du cercle en mouvement sur le Soleil lui-même, et en élargissant en conséquence le cercle dans lequel Vénus effectuait sa révolution. Il aurait également pu faire en sorte que les différents cercles parcourus par les planètes extérieures soient également centrés sur le Soleil. Le système planétaire aurait alors consisté en une Terre fixe au centre, un Soleil tournant uniformément autour d'elle, et un système de planètes décrivant chacune son propre cercle autour d'un centre en mouvement placé dans le Soleil. Peut-être que Ptolémée n'avait pas pensé à cela, ou peut-être avait-il constaté des obstacles à cette idée. Cette étape importante a cependant été franchie par Tycho. Il considéra que toutes les planètes tournaient en rond autour du Soleil, et que le Soleil lui-même, porteur de toutes ces orbites, décrivait un cercle puissant autour de la Terre. Ce point étant atteint, il n'aurait fallu qu'un pas supplémentaire pour atteindre les précieuses vérités qui révélaient la structure du système solaire. Ce dernier pas fut franchi par Copernic.

COPERNIC

Copernic

La charmante ville de Thorn, située sur la Vistule, avait déjà plus de deux siècles lorsque Copernic y naquit le 19 février 1473. La situation de cette ville à la frontière entre la Prusse et la Pologne, avec la commodité des voies maritimes offertes par la rivière, en fit un lieu de commerce important. Une vision de la ville, telle qu'elle se présentait à l'époque de la naissance de Copernic, est ici présentée. On remarquera les remparts, avec leurs tours de guet, et l'importance stratégique que lui conférait sa position au XVe siècle reste toujours d'actualité, si bien que le gouvernement allemand avait récemment fait de la ville une forteresse de première classe.

Copernic, l'astronome, dont les découvertes ont fait de lui le grand prédécesseur de Kepler et de Newton, n'était pas issu d'une famille noble, comme ce fut le cas pour certains des premiers astronomes, car son père était commerçant. Les chroniqueurs prennent cependant la peine de nous signaler que l'un de ses oncles était évêque. Nous ne connaissons aucun des détails de son enfance ou de sa jeunesse qui présentent souvent un tel intérêt dans d'autres cas où des hommes ont accédé à une gloire exaltée. Il semblerait que le jeune Nicolas, car tel était son prénom chrétien, reçut son éducation à la maison jusqu'au jour où il fut jugé suffisamment bien formé pour être envoyé à l'université de Cracovie. L'éducation qu'il y reçut devait être, à cette époque, très primitive, mais Copernic semble en avoir tiré le meilleur parti. Il se consacra plus particulièrement à l'étude de la médecine, avec l'intention de faire de cette discipline la profession de sa vie. Les tendances du futur astronome furent cependant révélées par le fait qu'il travailla avec acharnement les mathématiques, et, comme l'un de ses illustres successeurs, Galilée, la pratique de l'art de la peinture suscitait en lui un très grand intérêt, et il y obtint un certain succès.

À l'âge de vingt-sept ans, il semblerait que Copernic avait abandonné l'idée de devenir médecin et avait décidé de se vouer à la science. Il enseigna les mathématiques et semblait avoir acquis une certaine réputation. Sa notoriété grandissante attira l'attention de son oncle l'évêque, à la suggestion duquel Copernic entra dans les ordres, et il fut rapidement nommé à un canonicat dans la cathédrale de Frauenburg, près de l'embouchure de la Vistule.

Thorn, d'après une ancienne impression

Cet homme aux multiples talents se retira donc à Frauenburg. Possédant une certaine forme d'esprit ascétique, il décida de consacrer sa vie aux travaux les plus sérieux. Il fuit toute société ordinaire, limitant son intimité à des compagnons très sérieux et érudits, et se refusant à toute conversation inutile. Il semblerait que ses dons pour la peinture furent condamnés comme étant futiles ; quoi qu'il en soit, nous ignorons s'il continua à les pratiquer. Outre le fait de remplir ses obligations théologiques, sa vie fut en partie consacrée à l'assistance médicale aux démunis, et partiellement à ses recherches en astronomie et en mathématiques. L'équipement dont il disposait en matière d'instruments pour l'étude des astres semble avoir été des plus modestes. Il aménagea des ouvertures dans les murs de sa maison à Allenstein, afin de pouvoir observer d'une certaine manière le déplacement des étoiles à travers le méridien. La preuve qu'il possédait un certain talent pour les travaux manuels est la construction d'une installation permettant de remonter l'eau d'un ruisseau, destinée aux habitants de Frauenburg. On peut encore observer des vestiges de cette machine.

Le sommeil intellectuel du Moyen Âge était destiné à être réveillé par les doctrines révolutionnaires de Copernic. On peut noter, en guise de circonstance intéressante, que l'époque à laquelle il découvrit le plan du système solaire coïncida avec une période marquante de l'histoire du monde. Le grand astronome venait d'atteindre l'âge adulte au moment où Christophe Colomb découvrit le Nouveau Monde.

Avant la publication des recherches de Copernic, le credo scientifique orthodoxe affirmait que la Terre était stationnaire, et que les mouvements apparents des corps célestes étaient bien des mouvements réels. Ptolémée avait établi cette doctrine 1.400 ans auparavant. Dans sa théorie, cette énorme erreur était associée à tant de vérités importantes, et l'ensemble présentait un schéma si cohérent pour l'explication des mouvements célestes, que la théorie ptoléméenne ne fut pas sérieusement remise en question jusqu'à la parution du grand ouvrage de Copernic. Il ne fait aucun doute que d'autres, avant Copernic, avaient de temps à autre, et de façon plus ou moins plausible, supposé que le Soleil, et non la Terre, était le centre autour duquel le système gravitait réellement. Mais c'est une chose que d'énoncer un fait scientifique, cela en est une autre que d'être en possession du raisonnement, fondé sur des observations ou des expériences, qui permet d'établir ce fait. Pythagore, semble-t-il, avait effectivement dit à ses disciples que c'était le Soleil, et non la Terre, qui était le centre de mouvement, mais rien ne permet d'affirmer que Pythagore avait des fondements que la science puisse reconnaître pour cette croyance qui lui est attribuée. D'après les informations dont nous disposons, il semblerait que Pythagore associait son schéma des choses célestes à un certain nombre de notions absurdes de la philosophie naturelle. Il a sans doute affirmé à juste titre quel était le corps le plus important de notre système solaire, mais il n'a certainement pas fourni de démonstration rationnelle de ce fait. Copernic, par un raisonnement strict, convainquit ceux qui voulaient bien l'écouter que le Soleil était le centre du système. Il est intéressant pour nous de considérer les arguments qu'il a avancés et par lesquels il a opéré cette révolution intellectuelle qui est toujours liée à son nom.

La première des grandes découvertes de Copernic concerne la rotation de la Terre sur son axe. Ce mouvement diurne général, par lequel les étoiles et tous les autres corps célestes semblent faire un tour complet des astres une fois toutes les vingt-quatre heures, avait été expliqué par Ptolémée en supposant que les mouvements apparents étaient les mouvements réels. Comme nous l'avons déjà vu, Ptolémée lui-même était conscient de l'extraordinaire difficulté que représentait la supposition qu'un ensemble aussi stupéfiant que la sphère céleste pouvait tourner de la manière supposée. De tels mouvements exigeaient que de nombreuses étoiles se déplacent avec une vélocité presque inconcevable. Copernic constata également que le lever et le coucher quotidiens des corps célestes pouvaient être expliqués soit par la supposition que la sphère céleste tournait et que la Terre demeurait immobile, soit par la supposition que la sphère céleste était immobile pendant que la Terre tournait dans le sens inverse. Il pesa le pour et le contre des deux côtés, comme le fit Ptolémée, et à la suite de délibérations Copernic arriva à une conclusion opposée à celle de Ptolémée. Pour Copernic, il semblait que les difficultés relatives à la supposition que la sphère céleste effectuait une révolution étaient beaucoup plus importantes que celles qui paraissaient si grandes à Ptolémée qu'il était contraint de nier la rotation de la Terre.

Frauenburg, d'après une ancienne impression

Copernic montre clairement comment les phénomènes observés peuvent être expliqués aussi bien par une rotation de la Terre que par une rotation des astres. Il fait allusion au fait que, pour ceux qui se trouvent à bord d'un navire se déplaçant sur des eaux calmes, le navire lui-même paraît immobile, tandis que les objets sur la rive semblent se déplacer. Si la Terre effectuait donc une rotation uniforme, nous, habitants de la Terre, inconscients de notre propre mouvement, attribuerions à tort aux étoiles le déplacement qui est en réalité la conséquence de notre propre mouvement.

Copernic vit la futilité des arguments par lesquels Ptolémée s'était efforcé de démontrer que la révolution de la Terre était impossible. Il était pour lui évident que rien ne justifiait le refus de croire à la rotation de la Terre. La clairvoyance avec laquelle il aborda ce sujet nous permet d'admirer la sagacité de Copernic en tant que philosophe. On avait prétendu que, si la Terre était en rotation, son mouvement ne se transmettrait pas à l'air, et que, par conséquent, la Terre serait inhabitable à cause des terribles vents qui résulteraient du fait que nous serions portés par l'air. Copernic se convainquit que cette déduction était absurde. Il prouva que l'air devait accompagner la Terre, tout comme son manteau reste toujours autour de lui, malgré le fait qu'il marche dans la rue. Il parvint ainsi à démontrer que toutes les objections a priori aux mouvements de la Terre étaient absurdes, et il put donc comparer les plausibilités des deux schémas rivaux pour expliquer le mouvement diurne.

Une fois la problématique posée sous cette forme, le doute ne pouvait plus durer. La question est la suivante : qu'est-ce qui est le plus vraisemblable, que la Terre, tel un grain de sable au centre d'un immense globe, fasse une rotation en vingt-quatre heures, ou que l'ensemble de cet immense globe accomplisse une rotation dans le sens inverse en un même temps ? Évidemment, la première hypothèse est de loin la plus simple. Mais le problème est en réalité beaucoup plus complexe que cela. Ptolémée avait supposé que toutes les étoiles étaient fixées à la surface d'une sphère. Il n'avait pas la moindre base pour justifier cette supposition, si ce n'est qu'autrement il aurait été presque impossible de concevoir un schéma qui aurait organisé la rotation des astres autour d'une Terre fixe. Cependant, Copernic, avec le juste instinct du philosophe, considéra que la sphère céleste, aussi pratique soit-elle d'un point de vue géométrique, comme moyen de représenter les phénomènes apparents, ne pouvait avoir d'existence matérielle. En premier lieu, l'existence d'une sphère céleste matérielle exigerait que toutes les myriades d'étoiles soient exactement à la même distance de la Terre. Bien entendu, personne ne dira que cette disposition ou toute autre disposition arbitraire des étoiles est réellement impossible, mais comme il n'y avait aucune raison physique envisageable pour que les distances de toutes les étoiles par rapport à la Terre soient identiques, il semblait tout à fait improbable que les étoiles puissent être disposées ainsi.

Copernic devait sans doute également éprouver une difficulté considérable quant à la nature des matériaux avec lesquels la merveilleuse sphère de Ptolémée devait être construite. Un philosophe de sa trempe ne pouvait pas non plus ne pas remarquer que, à moins que cette sphère ne soit infiniment grande, il devait y avoir de l'espace autour d'elle, ce qui ouvrait la voie à d'autres questions difficiles. Qu'elle soit infinie ou non, il était évident que la sphère céleste devait avoir un diamètre au moins plusieurs milliers de fois plus grand que celui de la Terre. Copernic déduisit de ces réflexions un fait important : les étoiles et les autres corps célestes devaient tous être de vastes objets. Il put ainsi poser la question sous une forme telle qu'elle ne pouvait recevoir d'autre réponse que la bonne. Lequel est-il le plus rationnel de supposer, que la Terre tourne sur son axe une fois en vingt-quatre heures, ou que des milliers d'étoiles imposantes tournent autour de la Terre en un même temps, nombre d'entre elles devant effectuer des tours plusieurs milliers de fois plus grands en circonférence que le circuit de la Terre à l'équateur ? La réponse évidente s'imposa à Copernic avec une telle force qu'il fut contraint de rejeter la théorie de la Terre stationnaire de Ptolémée et d'attribuer la rotation diurne des astres à la révolution de la Terre sur son axe.

Une fois ce pas de géant franchi, les grandes difficultés qui assaillaient la conception farfelue de la sphère céleste disparurent, car il n'était plus nécessaire de considérer les étoiles comme étant situées à des distances égales de la Terre. Copernic constata qu'elles pouvaient se trouver à des degrés d'éloignement très divers, certaines étant des centaines ou des milliers de fois plus éloignées que d'autres. La structure complexe de la sphère céleste en tant qu'objet matériel disparut complètement ; elle ne resta qu'une conception géométrique, sur laquelle il nous est pratique d'indiquer l'emplacement des étoiles. Une fois la doctrine copernicienne pleinement mise en avant, il était impossible pour quiconque ayant à la fois l'inclination et la capacité de la comprendre, de ne pas en accepter la vérité. La doctrine d'une Terre stationnaire avait disparu pour toujours.

Copernic ayant établi une théorie des mouvements célestes qui mettait délibérément de côté la stabilité de la Terre, il semblait naturel qu'il se demandât si la doctrine d'une Terre en mouvement ne pourrait pas faire disparaître les difficultés présentées par d'autres phénomènes célestes. Il était universellement reconnu que la Terre ne reposait pas sur un support dans l'espace. De plus, Copernic avait démontré qu'elle possédait un mouvement de rotation. Son manque de stabilité étant ainsi reconnu, il semblait raisonnable de supposer que la Terre pouvait également avoir d'autres types de mouvements. Copernic tenta ainsi de résoudre un problème bien plus difficile que celui qui avait jusqu'alors retenu son attention. Il était relativement simple de montrer comment le lever et le coucher diurnes pouvaient être expliqués par la rotation de la Terre. Il était bien plus difficile de s'atteler à démontrer que les mouvements planétaires, que Ptolémée avait si bien représentés, pouvaient être entièrement expliqués en supposant que chacune de ces planètes tournait uniformément autour du Soleil, et que la Terre était aussi une planète, accomplissant une fois par an un tour complet du Soleil.

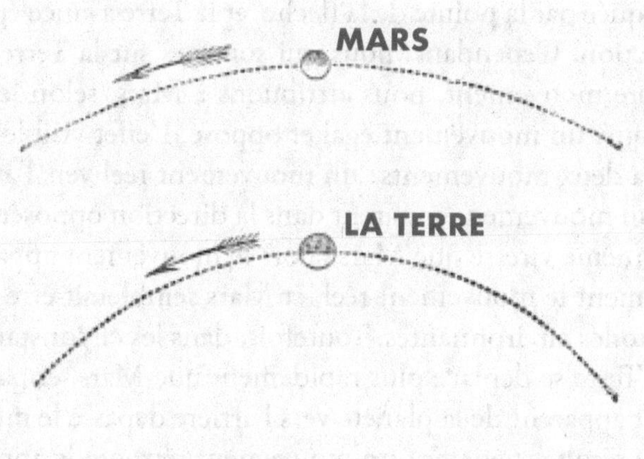

Explication des mouvements planétaires

Il serait impossible, dans un croquis comme celui-ci, d'entrer dans les détails des propositions géométriques sur lesquelles reposait cette magnifique recherche de Copernic. Nous pouvons seulement mentionner quelques principes essentiels. On peut établir de manière générale que, si un observateur est en mouvement, il attribuera, s'il en est inconscient, un mouvement égal et opposé à celui qu'il éprouve en réalité aux objets fixes qui l'entourent. Le passager d'une péniche voit les objets de la rive reculer en apparence à une vitesse égale à celle avec laquelle il avance lui-même. Par l'application de ce principe, on peut expliquer tous les phénomènes des mouvements des planètes, que Ptolémée avait si ingénieusement représentés par ses cercles. Prenons, par exemple, le trait le plus caractéristique des irrégularités des planètes extérieures. Nous avons déjà remarqué que Mars, bien qu'avançant généralement d'ouest en est parmi les étoiles, s'arrête occasionnellement, revient sur ses pas pendant un moment, s'arrête à nouveau, puis reprend sa progression ordinaire. Copernic démontra clairement comment cet effet était produit par le mouvement réel de la Terre, combiné au mouvement réel de Mars. Dans la figure ci-jointe, nous représentons une partie des trajectoires circulaires sur lesquelles la Terre et Mars se déplacent selon la doctrine de Copernic. Je montre plus particulièrement le cas où la Terre se place directement entre la planète et le Soleil, car c'est dans ces occasions que le mouvement rétrograde (car c'est ainsi qu'on dénomme ce mouvement de recul de Mars) est le plus important. Mars avance alors dans la direction indiquée par la pointe de la flèche, et la Terre avance également dans la même direction. Cependant, nous qui sommes sur la Terre, inconscients de notre propre mouvement, nous attribuons à Mars, selon le principe que j'ai déjà expliqué, un mouvement égal et opposé. L'effet visible sur la planète est que Mars a deux mouvements : un mouvement réel vers l'avant dans une direction, et un mouvement apparent dans la direction opposée. Si la Terre se déplaçait à la même vitesse que Mars, alors le mouvement apparent neutraliserait parfaitement le mouvement réel, et Mars semblerait être immobile par rapport aux étoiles environnantes. Toutefois, dans les circonstances réelles représentées, la Terre se déplace plus rapidement que Mars, et par conséquent, le mouvement apparent de la planète vers l'arrière dépasse le mouvement réel vers l'avant, le résultat net étant un mouvement rétrograde apparent.

Copernic démontra d'une main de maître comment l'application de ces mêmes principes pouvait expliquer les mouvements caractéristiques des planètes. En temps voulu, son raisonnement fit tomber toutes les oppositions. L'importance suprême de la Terre dans le système solaire disparut. Elle n'avait plus qu'à prendre place parmi les planètes.

Ce même grand astronome rendit pour la première fois un compte à peu près rationnel du changement des saisons. Les phénomènes astronomiques les plus obscurs ne lui échappèrent pas non plus.

Il ne dévoila ses merveilleuses découvertes au monde que lorsqu'il fut un vieil homme. Il avait une appréhension fondée de la vague d'opposition qu'elles susciteraient. Cependant, il céda finalement aux supplications de ses amis, et son livre fut envoyé à la presse. Mais avant qu'il ne fasse son apparition dans le monde, Copernic fut atteint d'une maladie mortelle. Un exemplaire du livre lui avait été apporté le 23 mai 1543. On raconte qu'il put le voir et le toucher, mais rien de plus, et qu'il décéda quelques heures plus tard. Il fut enterré dans la cathédrale de Frauenburg, à laquelle sa vie avait été si étroitement liée.

TYCHO BRAHE

Tycho Brahe

La personnalité la plus représentative de l'histoire de l'astronomie est sans doute celle du célèbre astronome danois dont le nom figure en tête de ce chapitre. Tycho Brahe était à la fois célèbre pour son génie astronomique et pour l'extraordinaire véhémence d'un personnage qui n'était en rien parfait. Sa carrière romantique de philosophe, son goût du luxe en tant que noble danois, ses amitiés ardentes et ses querelles furieuses font de lui un sujet idéal pour un biographe, tandis que le magnifique travail astronomique qu'il accomplit lui a apporté une renommée impérissable.

L'histoire de Tycho Brahe a été admirablement racontée par le Dr Dreyer, l'astronome accompli qui dirige actuellement l'observatoire d'Armagh, lui-même étant un compatriote de Tycho. Tout amateur de la carrière du grand Danois doit nécessairement considérer l'ouvrage du Dr Dreyer comme la principale autorité en la matière. Tycho était issu d'une lignée illustre. Sa famille avait prospéré pendant des siècles, aussi bien en Suède qu'au Danemark, où l'on retrouve encore aujourd'hui ses descendants. Le père de l'astronome était un conseiller privé[1], et après avoir occupé des postes importants dans le gouvernement danois, il fut finalement promu gouverneur du château d'Helsingborg, où il passa les dernières années de sa vie. Son illustre fils Tycho, né en 1546, était son second enfant et l'aîné d'une fratrie de dix.

Il semble qu'Otto, le père de Tycho, avait un frère nommé George, qui n'avait pas d'enfant. Cependant, George désirait adopter un garçon sur lequel il pourrait dispenser son affection et à qui il pourrait léguer sa fortune. Un arrangement quelque peu singulier fut donc conclu par les deux frères au moment où Otto se maria. Il était convenu que le premier de ses fils qui viendrait au monde serait immédiatement remis par les parents à Georges pour être élevé et adopté par celui-ci. En temps voulu, le petit Tycho fit son apparition et fut immédiatement réclamé par George, conformément à l'accord conclu. Mais il était naturel que l'instinct parental, qui était en sommeil lorsque l'accord fut conclu, intervienne ici. Le père et la mère de Tycho se rétractèrent de l'accord et refusèrent de se séparer de leur fils. George estimait qu'il était mal traité. Cependant, il ne prit aucune mesure violente jusqu'à un an plus tard, à la naissance du frère de Tycho. L'oncle n'eut alors aucun scrupule à faire valoir ce qu'il considérait être son droit en volant le premier neveu né qui lui avait été promis dans le contrat initial. Au bout d'un certain temps, il semblerait que les parents acceptèrent cette perte, et ce fut donc dans la maison de l'oncle George que le futur astronome passa son enfance.

Lorsque l'on apprend que Tycho n'avait pas plus de treize ans lorsqu'il intégra l'université de Copenhague, on pourrait d'abord supposer que, dès son plus jeune âge, il devait manifester certains des talents remarquables avec lesquels il allait par la suite stupéfier le monde. Cependant, il ne faut pas tirer une pareille conclusion. Le fait est qu'à cette époque, il était habituel que les étudiants entrent dans les universités à un plus jeune âge que de nos jours. Non pas que les garçons de treize ans de l'époque en savaient davantage que les garçons de treize ans en savent aujourd'hui. Mais l'enseignement dispensé dans les universités de l'époque était beaucoup plus rudimentaire que ce que nous comprenons aujourd'hui par enseignement universitaire. Pour illustrer ce point, le Dr Dreyer raconte qu'à l'université de Wittenberg, un des professeurs, dans son discours inaugural, avait l'habitude de faire remarquer que même les processus de multiplication et de division en arithmétique pouvaient être appris par tout étudiant qui possédait l'assiduité nécessaire.

Son oncle souhaitait et voulait que l'éducation de Tycho s'orientât spécifiquement vers les branches de la rhétorique et de la philosophie qui étaient alors censées être une préparation nécessaire à la carrière d'un homme politique.

1. Il s'agit d'un poste au sein du Conseil privé qui est une institution politique mise en place pour assister un monarque ou son représentant dans l'exercice de sa fonction.

Toutefois, Tycho fit rapidement comprendre à ses professeurs que, bien qu'il fût un étudiant passionné, les choses qui l'intéressaient étaient les mouvements des corps célestes et non les subtilités de la métaphysique.

Le 21 octobre 1560, une éclipse solaire se produisit, laquelle fut partiellement visible à Copenhague. Tycho, tout jeune encore, s'intéressa au plus haut point à cet événement. L'ardeur et l'étonnement qu'il éprouva à l'égard de cette circonstance furent principalement stimulés par le fait que ce phénomène pouvait être prédit avec une telle précision. Poussé par son désir de comprendre en détail la nature de cet événement, Tycho chercha à se procurer un livre qui pourrait expliquer ce qu'il désirait tant savoir. À cette époque, les livres de toutes sortes étaient peu nombreux et rares, et les livres scientifiques étaient particulièrement inaccessibles. Cependant, il se trouve qu'une version latine des travaux astronomiques de Ptolémée parut quelques années avant l'éclipse, et Tycho parvint à se procurer un exemplaire de ce livre, qui faisait alors figure de référence en matière céleste. Aussi jeune que fut le petit astronome, il travailla dur, mais peut-être pas toujours avec succès, pour comprendre Ptolémée. Aujourd'hui encore, son exemplaire du grand ouvrage, copieusement annoté et marqué par la main de l'écolier, est conservé comme l'un des principaux joyaux de la bibliothèque de l'université de Prague.

Après que Tycho étudia pendant environ trois ans à l'Université de Copenhague, son oncle pensa qu'il serait préférable de l'envoyer, comme il était courant à cette époque, compléter son éducation par des études dans une université étrangère. Son oncle avait l'espoir que, de cette manière, l'attention du jeune astronome se détournerait de l'étude des étoiles et serait dirigée vers ce qui lui paraissait plus utile. En effet, aux yeux des têtes pensantes de l'époque, la poursuite des sciences naturelles ne semblait qu'une perte de temps qui aurait pu être consacré à la logique, à la rhétorique ou à toute autre branche d'étude plus en vogue à ce moment-là. Pour l'aider dans cette tentative de sevrage des goûts scientifiques de Tycho, son oncle choisit comme tuteur pour l'accompagner un jeune homme intelligent et intègre du nom de Vedel, qui avait quatre ans de plus que son élève, et c'est ainsi qu'en 1562, on retrouve le binôme s'installant à l'Université de Leipzig.

Cependant, le tuteur se rendit rapidement compte qu'il avait entrepris une tâche des plus désespérées. Il ne parvint pas à insuffler à Tycho le moindre intérêt pour l'étude du droit ou pour d'autres branches du savoir qui étaient alors jugées si désirables. Les étoiles, et uniquement ces dernières, retenaient l'attention de son élève. On raconte que tout l'argent qu'il pouvait obtenir fut dépensé secrètement pour acheter des livres et des instruments d'astronomie. Il apprit le nom des étoiles sur un petit globe qu'il cacha de Vedel et ne se risqua à s'en servir qu'en son absence. Au début, tout cela ne fut pas sans causer quelques frictions, mais les années passèrent et une amitié solide et durable se développa entre Tycho et son tuteur, chacun d'eux ayant appris à respecter et à aimer l'autre.

Avant l'âge de dix-sept ans, Tycho avait entrepris la tâche difficile de calculer les mouvements des planètes et les positions qu'elles occupaient de temps à autre dans le ciel. Il ne fut pas peu surpris de découvrir que les positions réelles des planètes différaient très largement de celles qui leur étaient attribuées par des calculs issus des meilleurs travaux existants des astronomes. Avec le discernement de son génie, il comprit que la seule véritable méthode pour étudier les mouvements des corps célestes était de procéder à une longue série de mesures de leurs positions. Cette idée, qui nous paraît aujourd'hui si évidente, était à l'époque une notion entièrement nouvelle. Tycho commença aussitôt des observations régulières comme il le pouvait. Son premier instrument était, en effet, très primitif et consistait en un simple compas qu'il utilisait de la manière suivante : il plaçait son œil au niveau de la charnière de son compas, puis ouvrait les bras de celui-ci de façon à ce qu'un bras pointe vers une étoile et l'autre bras vers l'autre étoile. Le compas était ensuite ramené sur un cercle divisé, ce qui permettait de déterminer le nombre de degrés de la distance angulaire apparente des deux étoiles.

Son progrès suivant en matière d'équipement instrumental fut de se doter d'un dispositif connu sous le nom de « bâton de Jacob », qu'il utilisait pour observer les étoiles dès que l'occasion lui était présentée. Il ne faut évidemment pas oublier qu'à cette époque, les télescopes n'existaient pas. En l'absence d'une aide optique telle que les objectifs offrent aux observateurs modernes, les astronomes devaient compter uniquement sur des appareils mécaniques pour mesurer la position des étoiles. Parmi ces appareils, le plus ingénieux était peut-être celui qui était déjà connu avant l'époque de Tycho et qu'on a représenté sur la figure ci-contre.

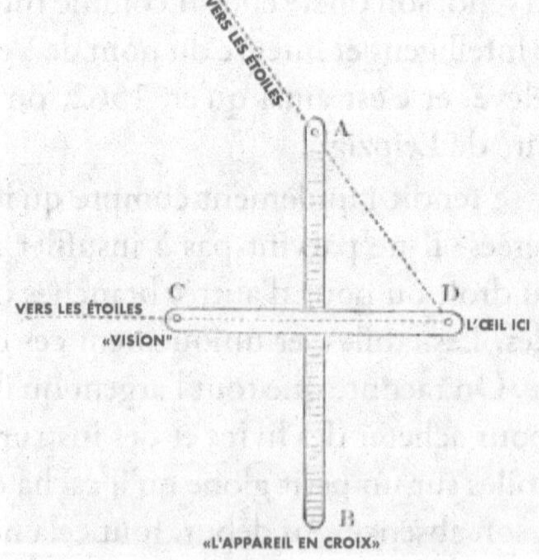

Supposons que l'on veuille mesurer l'angle formé entre deux étoiles. Si cet angle n'est pas trop grand, il peut être déterminé de la manière suivante : on divise le bâton AB en centimètres et en fractions décimales, et on fait glisser un autre bâton CD le long de AB de manière à ce que les deux bâtons restent toujours perpendiculaires l'un à l'autre. « Des mires », comme celles d'un fusil, sont placées aux points A et C, et il y a un marteau au point D. On constate facilement qu'en faisant glisser le bâton amovible le long du bâton fixe, il doit toujours être possible, lorsque les étoiles ne sont pas trop éloignées les unes des autres, d'amener les mires dans des positions permettant de voir une étoile le long de DC et l'autre le long de DA. Ceci étant fait, on relève sur la graduation la longueur de A à la barre transversale, puis, à l'aide d'un tableau préparé au préalable, on obtient la valeur de la distance angulaire requise. Si l'angle entre les deux étoiles était supérieur à ce que l'on pouvait mesurer de la manière décrite précédemment, il existait un moyen de déplacer le marteau situé en D le long de CD vers une autre position, afin que la distance angulaire des étoiles soit à la portée de l'instrument.

Le sextant « La nouvelle étoile » de Tycho de 1572
(Les bras, fait de noyer, mesurent environ 167,64 cm de longueur)

Il ne fait aucun doute que le bâton de Jacob est un instrument très primitif, mais lorsqu'il était manipulé par un homme aussi compétent que Tycho, il permettait d'obtenir des résultats d'une grande précision. Je recommande à tous les lecteurs qui ont le goût pour ce genre d'activités de se construire un bâton de Jacob et de voir quelles mesures ils peuvent réaliser à l'aide de cet instrument.

Pour se servir de ce petit instrument, Tycho devait échapper à la vigilance de son tuteur consciencieux, qui se faisait un devoir d'interdire toute occupation de ce genre, considérée comme une perte de temps frivole. Ce ne fut que lorsque Vedel était endormi que Tycho parvenait à s'échapper avec son bâton de Jacob et à mesurer la position des corps célestes. Même à cet âge précoce, Tycho menait ses observations selon les principes extrêmement solides qui sont à la base de toute astronomie moderne précise. Conscient des inévitables erreurs de fabrication de son petit instrument, il détermina leur importance et prit en compte leur influence sur les résultats qu'il déduisait. Ce principe, employé par le garçon avec son bâton de Jaboc en 1564, est employé de nos jours par l'Astronome royal à Greenwich avec les plus remarquables instruments que le savoir-faire des opticiens modernes a pu construire.

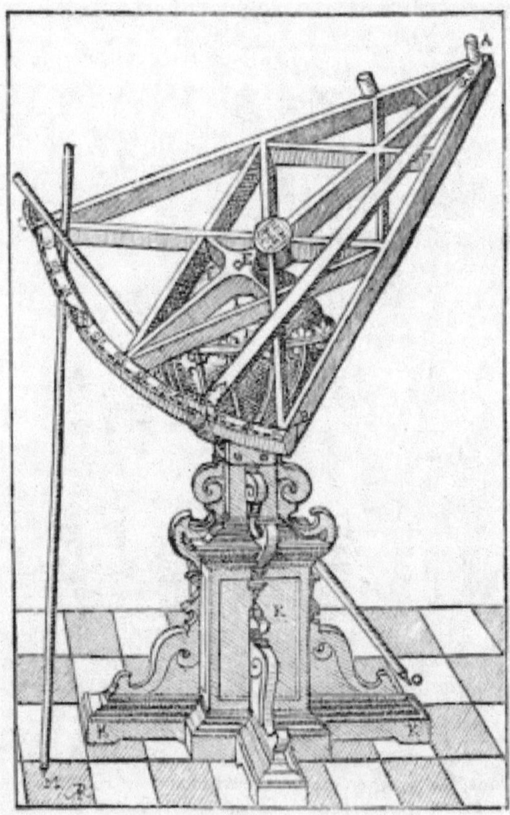

Le sextant trigonique de Tycho
(Les bras, AB et AC, mesurent environ 167,64 cm de longueur)

Après la mort de son oncle, alors que Tycho avait dix-neuf ans, il semble que le jeune philosophe n'ait plus été gêné en ce qui concerne le choix de ses études. Toujours d'un tempérament assez agité, on constate maintenant qu'il s'installa à l'université de Rostock, où il se fit rapidement remarquer à l'occasion d'une éclipse de Lune qui eut lieu le 28 octobre 1566. Comme tous les autres astronomes de l'époque, Tycho avait toujours associé l'astronomie à l'astrologie. Il considérait que les phénomènes des corps célestes avaient toujours une certaine signification en rapport avec les affaires humaines. Tycho était également poète et, en sa qualité de poète, d'astrologue et d'astronome, il publia quelques vers dans l'enceinte de l'université de Rostock, annonçant que l'éclipse de Lune était un pronostic de la mort du grand sultan turc, dont les exploits de l'époque occupaient l'esprit des hommes. La nouvelle de la mort du sultan ne tarda pas à arriver, et Tycho fut donc triomphant ; mais peu de temps après, il s'avéra que le décès avait eu lieu AVANT l'éclipse, une circonstance qui provoqua bien des moqueries aux dépens de Tycho.

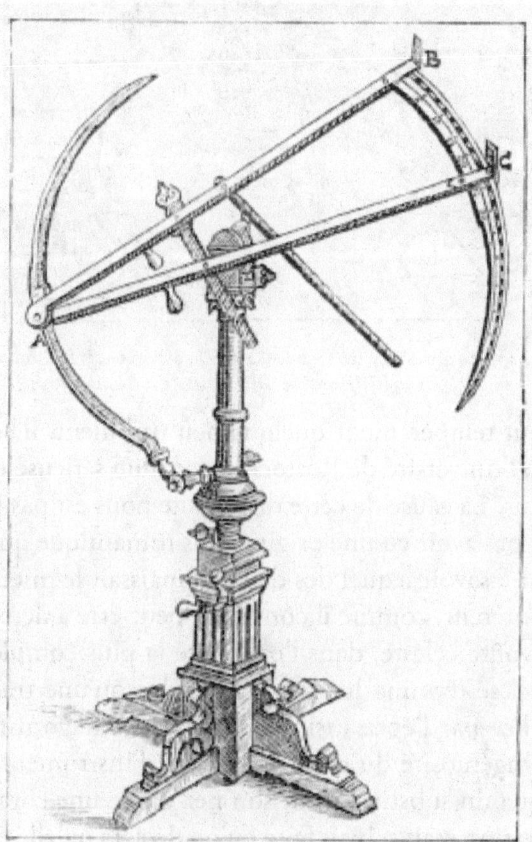

Le sextant astronomique de Tycho.
(Fait d'acier ; les bras A B et A C, mesurent 121,92 cm)

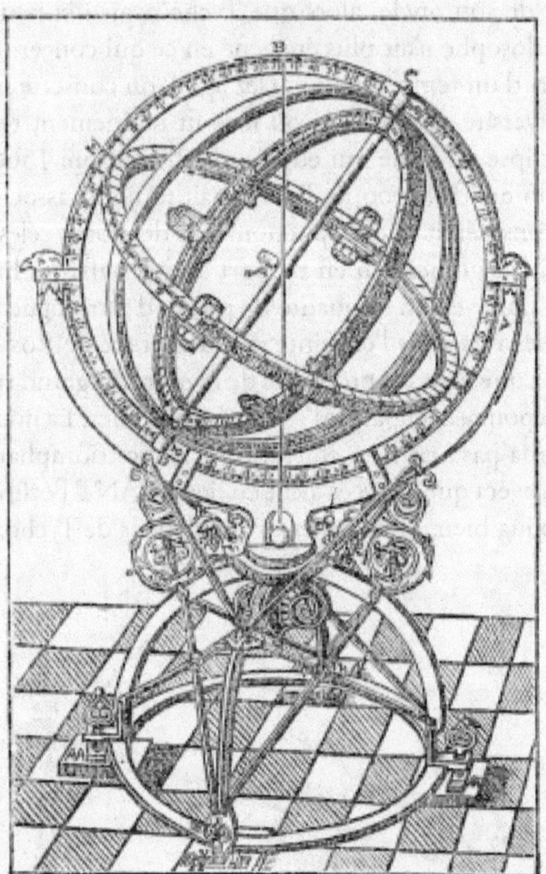

La sphère armillaire de Tycho. (Le cercle méridien, E B C A D, fait d'acier massif, mesure près de 183 cm de diamètre)

Tycho étant d'un tempérament quelque peu turbulent, il semble que pendant ses études à l'université de Rostock, il eut une sérieuse querelle avec un autre noble danois. La cause de cette dispute ne nous est pas précisée. Elle ne semble toutefois pas avoir eu une origine plus romantique qu'une divergence d'opinions quant à savoir lequel des deux connaissait le mieux les mathématiques. Ils s'affrontèrent, comme il convenait peut-être à deux astronomes de le faire, sous la voûte céleste, dans l'obscurité la plus complète, au cœur de la nuit, et le duel se termina honorablement lorsqu'une tranche du nez de Tycho fut tranchée par l'épée insinuante de son antagoniste. Pour soigner cette blessure, l'ingéniosité du grand fabricant d'instruments fut à nouveau utile, et il fabriqua un substitut pour son nez « avec une composition d'or et d'argent. » L'imitation était si bien faite qu'on déclara qu'elle équivalait à l'original. Cependant, le Dr Lodge fait remarquer qu'il n'est pas possible de savoir si cette remarque fut faite par un ami ou un ennemi.

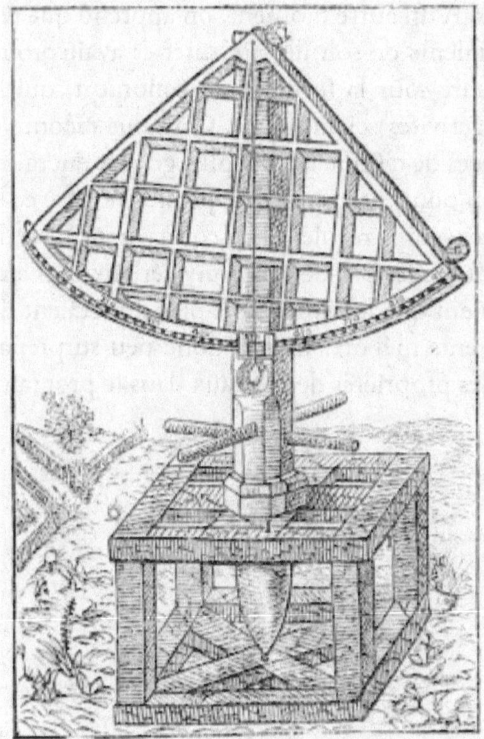

Le grand quadrant d'Ausbourg

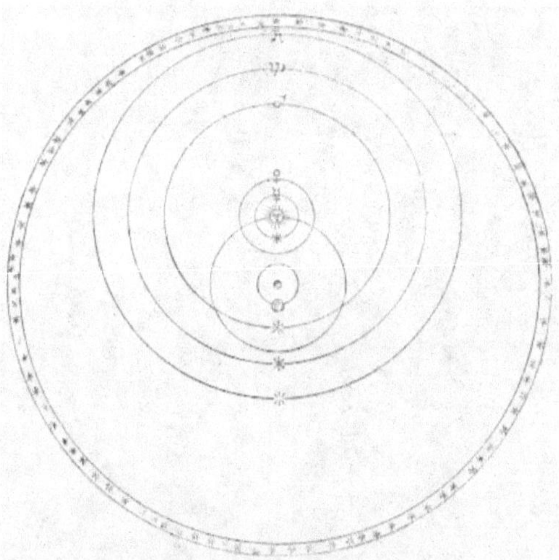

Le « nouveau schéma du système terrestre » de Tycho, 1577

Tycho passa les années qui suivirent en divers endroits à poursuivre avec ardeur des branches relativement variées de l'étude scientifique. On apprend qu'il aida un échevin astronome, dans l'ancienne ville d'Augsbourg, à construire une énorme machine en bois; un quadrant de 5,79 m de rayon, destinée à l'observation des astres. À un autre moment, on apprend que le roi du Danemark avait reconnu les talents de son illustre sujet et avait promis de lui conférer une agréable sinécure sous la forme d'un canonicat, qui lui permettrait de se consacrer à ses activités scientifiques. On nous raconte encore que Tycho mène des expériences de chimie avec la plus grande énergie, ce qui n'est pas si incompatible qu'on pourrait le croire de prime abord avec son dévouement à l'astronomie. En ces temps reculés de la connaissance, les différentes sciences semblaient liées entre elles par des liens mystérieux. Les alchimistes et les astrologues enseignaient que les différentes planètes étaient liées d'une certaine manière aux différents métaux. Il était donc peu surprenant que Tycho eût inclus une étude des propriétés des métaux dans le programme de ses travaux astronomiques.

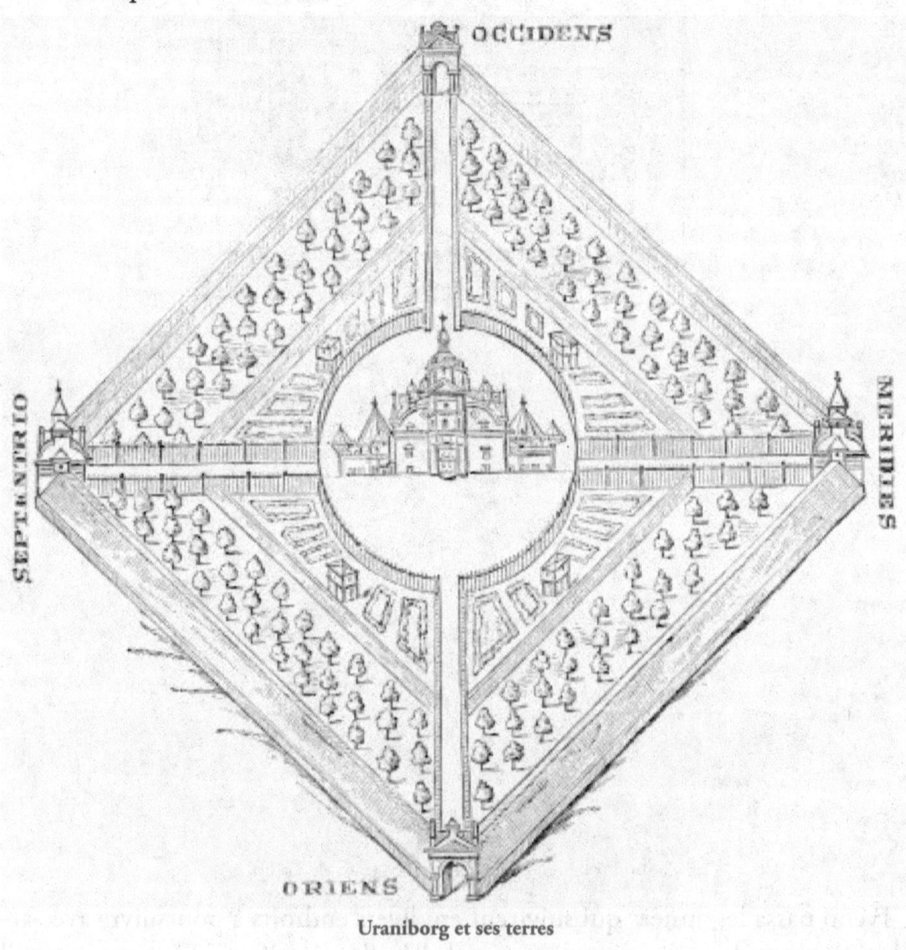

Uraniborg et ses terres

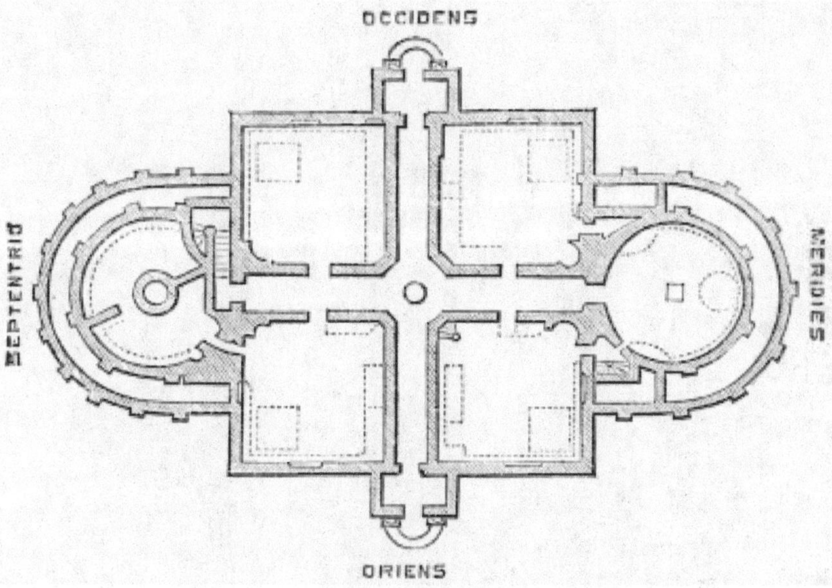

Plan de l'observatoire

Cependant, en 1572, un événement stimula les travaux astronomiques de Tycho et le lança dans l'œuvre de sa vie. Le 11 novembre de cette même année, il rentrait chez lui pour dîner après une journée de travail dans son laboratoire, lorsqu'il leva son regard vers le ciel et contempla une nouvelle étoile brillante. Elle se trouvait dans la constellation de Cassiopée et occupait une position où aucune étoile brillante n'avait été visible la dernière fois que son attention s'était portée sur cette partie du ciel. Un tel phénomène était si étonnant qu'il avait du mal à se fier à l'évidence de ses sens. Il pensait qu'il devait être victime d'une hallucination. Alors, il appela les domestiques qui l'accompagnaient et leur demanda s'ils pouvaient, eux aussi, voir un objet brillant dans la direction qu'il indiquait. La réponse fut positive et c'est ainsi qu'il fut convaincu que cet objet merveilleux n'était pas le fruit de son imagination, mais bien un véritable corps céleste, une nouvelle étoile d'une splendeur inouïe qui avait soudainement fait son apparition. À notre époque où l'on examine minutieusement le ciel, nous sommes habitués à l'apparition occasionnelle de nouvelles étoiles. Cependant, on ne pense pas qu'une nouvelle étoile qui n'est jamais apparue ait fait preuve d'un éclat aussi phénoménal que celui de l'étoile de 1572.

Cet objet possède une valeur en astronomie bien plus grande qu'il n'y paraît à première vue. En un sens, il est vrai que Tycho découvrit la nouvelle étoile, mais il est tout aussi vrai, dans un autre sens, que ce fut la nouvelle étoile qui découvrit Tycho. Sans cette apparition opportune, il est fort probable que Tycho aurait pu faire carrière dans une direction moins bénéfique pour la science que celle qu'il emprunta finalement.

L'observatoire de Uraniborg, situé sur l'île de Hven

Lorsqu'il arriva chez lui en cette soirée mémorable, Tycho utilisa immédiatement son grand quadrant pour mesurer l'emplacement de la nouvelle étoile. Ses observations étaient spécialement orientées vers la détermination de la distance de l'objet. Il conjectura à juste titre que si elle était beaucoup plus proche de nous que les étoiles situées dans son voisinage, la distance du corps brillant pourrait être déterminée en peu de temps par les changements apparents de sa distance par rapport aux points environnants. Il fut rapidement démontré que la nouvelle étoile ne pouvait pas être aussi proche que la Lune par le simple fait que sa position apparente, par rapport aux étoiles voisines, ne changeait pas de façon significative lorsqu'elle était observée en dessous du pôle, puis au-dessus du pôle à un intervalle de douze heures. De telles observations étaient possibles, dans la mesure où l'étoile était suffisamment brillante pour être observée en plein jour. Ainsi, Tycho démontra de manière concluante que le corps était si éloigné que le diamètre de la Terre avait un ratio insignifiant avec la distance de l'étoile. Son succès lié à cette découverte est d'autant plus remarquable que de nombreux autres observateurs, qui étudiaient le même objet, arrivèrent à la conclusion erronée que la nouvelle étoile était aussi proche que la Lune, voire bien plus proche. En réalité, on pourrait dire qu'en ce qui concerne cet objet, Tycho découvrit tout ce qui pouvait être découvert à une époque où les télescopes n'étaient pas encore inventés. Il prouva non seulement que la distance de l'étoile était trop importante pour être mesurée, mais également qu'elle n'avait aucun mouvement propre dans le ciel. Il enregistra les changements successifs de sa luminosité d'une semaine à l'autre, ainsi que les fluctuations de teinte avec lesquelles les changements de luminosité étaient accompagnés.

Il semble aujourd'hui curieux de constater que des observations scientifiques aussi approfondies que celles de Tycho sur la nouvelle étoile possédaient, aux yeux du grand astronome lui-même, une profonde signification astrologique. Le Dr Dreyer nous apprend que, selon Tycho, « l'étoile était d'abord semblable à Vénus et à Jupiter, et ses effets seront par conséquent d'abord agréables ; mais comme elle était ensuite devenue semblable à Mars, il y aura alors une période de guerres, de séditions, de captivité, de mort de princes et de destruction de villes, accompagnée de sécheresse et de météores enflammés dans l'air, de peste et de serpents venimeux. Enfin, cette étoile était devenue semblable à Saturne, et c'est ainsi qu'arrivera finalement un temps de misère, de mort, d'emprisonnement, et de toutes sortes de tristesses ! ». Toutefois, les idées de ce genre étaient universellement répandues. Il semblait, en effet, évident pour les savants de cette époque qu'une telle apparition devait présager des événements surprenants. L'une des principales théories de l'époque était que, tout comme l'étoile de Bethléem avait annoncé la première venue du Christ, la seconde venue, ainsi que la fin du monde furent annoncées par cette nouvelle étoile de 1572.

Les recherches de Tycho sur cet objet furent à l'origine de sa première apparition en tant qu'auteur. La publication de son livre fut cependant retardée pendant un certain temps par les insistantes remontrances de ses amis, qui estimaient qu'il était indigne d'un noble de condescendre à écrire un livre. Heureusement, Tycho décida de braver l'opinion de son ordre ; le livre parut, et fut le premier d'une série de grandes productions astronomiques de la même plume.

La réputation du noble Danois étant désormais répandue, le roi du Danemark le supplia de retourner dans son pays natal et de donner une série de cours d'astronomie à l'université de Copenhague. Il accepta avec une certaine réticence, et son discours d'introduction a été conservé. Il insiste, avec beaucoup de passion, sur la beauté et l'intérêt des phénomènes célestes. Il souligne la nécessité absolue d'une observation continue et systématique des corps célestes afin d'étendre nos connaissances. Il en appelle à l'utilité pratique de cette science, car quelle nation civilisée pourrait exister sans avoir les moyens de mesurer le temps ? Il expose comment l'étude de ces merveilleux objets « élève la pensée des choses terrestres et triviales vers les choses célestes » ; puis il conclut en leur assurant que : « une utilité particulière de l'astronomie est qu'elle nous permet de tirer des conclusions des mouvements des régions célestes sur le destin des hommes. »

L'effigie sur la tombe de Tycho à Prague

Un événement intéressant, qui se produisit en 1572, détourna l'attention de Tycho des questions astronomiques. Il tomba amoureux. La jeune fille pour laquelle il s'était épris semblait être d'origine modeste. Là encore, les illustres amis de sa famille cherchèrent à le dissuader d'un amour qu'ils jugeaient inapproprié pour un noble. Mais Tycho ne céda jamais en rien. On pense qu'il ne cherchait pas une épouse parmi les femmes de son rang par crainte que les demandes d'une femme de la haute société n'empiètent trop sur le temps qu'il souhaitait consacrer à la science. Quoi qu'il en soit, il semble que l'union de Tycho ait été heureuse et qu'il eut une grande progéniture, dont aucun parmi eux n'avait cependant hérité des talents de son père.

Tableau du quadrant mural de Tycho, situé à Uraniborg

Tycho avait de nombreux amis scientifiques en Allemagne, parmi lesquels ses travaux étaient tenus en haute estime. Le traitement qui lui fut réservé là-bas lui parut tellement plus encourageant que celui qu'il reçut au Danemark qu'il eut l'idée d'émigrer à Bâle et d'en faire sa résidence permanente. Cette intention fut portée à la connaissance du roi du Danemark au grand cœur, Frédéric II. Celui-ci se rendit compte de l'immense renommée dont bénéficierait son royaume s'il parvenait à convaincre Tycho de rester sur le territoire danois et d'y poursuivre la grande œuvre de sa vie. La résolution de faire une proposition exceptionnelle à Tycho fut immédiatement prise. Un noble jeune homme fut immédiatement dépêché comme messager et reçut l'ordre de voyager jour et nuit jusqu'à ce qu'il parvienne à Tycho, qu'il devait convoquer devant le roi. L'astronome était au lit le matin du 11 février 1576, lorsque le message fut délivré. Bien entendu, Tycho partit immédiatement et eut une audience avec le roi à Copenhague. L'astronome expliqua que ce qu'il voulait, c'était le moyen de poursuivre ses recherches en toute tranquillité, après quoi le roi lui offrit l'île de Hven, dans le détroit d'Elseneur. Il y trouvera toute la solitude qu'il peut désirer. Le roi promit également de fournir les fonds nécessaires pour la construction d'une maison et la fondation du plus grand observatoire qui eût jamais été construit pour l'étude des astres. Après avoir dûment délibéré et consulté ses amis, Tycho accepta l'offre du roi. Il reçut immédiatement une pension et un acte fut rédigé pour lui assigner formellement l'île de Hven pour le restant de ses jours.

La première pierre du célèbre château d'Uraniborg fut posée le 30 août 1576. La cérémonie fut formelle et imposante, conformément aux idées de splendeur de Tycho. Un groupe d'amis scientifiques s'était réuni, et le moment avait été choisi de telle sorte que les corps célestes soient placés sous les meilleurs auspices. Des libations de vins coûteux avaient été versées et la pierre avait été placée avec toute la solennité requise. Le caractère imagé de ce merveilleux temple destiné à l'étude des étoiles est illustré par les figures qui accompagnent ce chapitre.

L'un des instruments les plus remarquables qui ait jamais été utilisé pour étudier les astres était le quadrant mural que Tycho avait érigé dans l'un des appartements d'Uraniborg. Grâce à lui, l'altitude des corps célestes pouvait être observée avec une précision bien supérieure à celle que l'on pouvait obtenir auparavant. Cet appareil merveilleux est représenté à la page précédente. On observera que les murs de la pièce sont couverts de tableaux d'une excessive décoration qu'on ne retrouve habituellement pas dans des établissements scientifiques.

Quelques années plus tard, lorsque la renommée de l'observatoire de Hven se répandit, un grand nombre de jeunes hommes se rendirent chez Tycho pour étudier sous sa direction. Il construisit donc un autre observatoire pour leur usage personnel, dans lequel les instruments étaient placés dans des salles souterraines dont seuls les toits apparaissaient en surface. Une merveilleuse inscription poétique recouvrait l'entrée de cet observatoire souterrain, exprimant l'étonnement d'Uranie en découvrant, à l'intérieur même de la terre, une caverne dédiée à l'étude des astres. Tycho avait en effet toujours apprécié les vers et il ne perdait pas l'occasion de satisfaire ce plaisir quand elle se présentait.

Autour des murs de l'observatoire souterrain se trouvaient les portraits de huit astronomes, chacun avec une inscription appropriée ; l'un d'eux représentait naturellement Tycho lui-même, et en dessous était inscrit des mots destinés à ce que la postérité juge son travail. Le huitième tableau représentait un astronome qui n'a pas encore vu le jour. Son nom était Tychonide, et l'inscription exprime le modeste espoir que lorsqu'il naîtra, il sera digne de son grand prédécesseur. Les dépenses considérables liées à l'édification et à l'entretien de cet étrange établissement furent couvertes par une succession de subventions provenant de la couronne.

Pendant vingt ans, Tycho travailla dur à Uraniborg dans la poursuite de la science. Son travail consistait principalement à déterminer la position de la Lune, des planètes et des étoiles sur la sphère céleste. Les efforts extraordinaires déployés par Tycho pour que ses observations fussent aussi précises que le permettaient ses instruments lui ont valu à juste titre l'admiration de tous les astronomes qui lui ont succédé. Son île lui offrait à la fois un lieu de loisir et de travail. Il était entouré de sa famille, ses amis étaient nombreux, et un nain de compagnie semble avoir été l'un des habitants de cette curieuse résidence. Afin de se détacher de ses travaux d'astronomie, il avait l'habitude de travailler fréquemment avec ses étudiants dans son laboratoire de chimie. On ignore quels problèmes particuliers de chimie occupaient son attention. On sait cependant qu'il se consacrait en grande partie à la production de médicaments, et comme ceux-ci semblent avoir été distribués gratuitement, les patients ne manquaient pas.

Le caractère impérieux et cupide de Tycho lui valut de nombreuses complications, qui semblent s'être accrues avec l'âge. Il avait maltraité l'un de ses locataires à Hven, et une décision défavorable des tribunaux semble avoir fortement exaspéré l'astronome. De sérieux changements se produisirent également dans ses relations avec la cour de Copenhague. Lorsque le jeune roi fut couronné en 1596, il inversa la politique de son prédécesseur en ce qui concerne Hven. Les allocations libérales accordées à Tycho furent supprimées les unes après les autres, et finalement, même sa pension fut arrêtée. Tycho abandonna donc Hven dans un tumulte de rage et de mortification. Quelques années plus tard, nous le retrouvons en Bohême, vieillissant prématurément, et il décéda le 24 octobre 1601.

GALILÉE

Portrait de Galilée

Parmi les astronomes de renom, il serait difficile d'en trouver un dont la vie présente plus de particularités intéressantes et de vicissitudes remarquables que celle de Galilée. On peut le considérer comme le chercheur patient et le découvreur de génie. On peut également le considérer dans ses relations privées, en particulier avec sa fille, sœur Maria Céleste, une femme au caractère très remarquable. L'on retrouve également le drame pathétique qui clôt la vie de Galilée, lorsque le philosophe attira sur lui les foudres de l'Inquisition.

Les informations pour esquisser le portrait de cet homme étonnant sont suffisamment abondantes. Nous utilisons tout particulièrement les charmantes lettres que sa fille lui écrivait de son couvent. Plus d'une centaine d'entre elles ont été conservées, et l'on peut se demander si l'on n'a jamais écrit une série de lettres aussi belle et touchante adressées à un parent par son enfant bien aimé. Un admirable compte rendu de cette correspondance est présenté dans un petit livre intitulé *La vie privée de Galilée*[1], publié anonymement par MM. Macmillan en 1870. Je suis grandement redevable à l'auteur de ce volume pour bon nombre des faits contenus dans ce chapitre.

Galilée naquit à Pise le 18 février 1564. Il était le fils aîné de Vincenzo de' Bonajuti de' Galilei, un noble Florentin. Malgré sa naissance et sa descendance illustres, il semblerait que le foyer dans lequel le grand philosophe passa son enfance fut un foyer pauvre. Il était au moins évident que le jeune Galilée devrait exercer une profession qui lui permettrait de gagner sa vie. De son père, il tenait à la fois par héritage, et par précepte un goût prononcé pour la musique, et il semble qu'il fut un excellent joueur de luth. Il était également doté d'un talent artistique considérable, qu'il cultivait avec assiduité. En effet, il semblerait que le futur astronome envisagea pendant un certain temps de se consacrer à la peinture comme profession. Cependant, son père décida qu'il devait étudier la médecine. C'est ainsi qu'à l'âge de dix-sept ans, après avoir acquis des connaissances en grec et en latin et s'être familiarisé avec les beaux-arts, Galilée s'inscrit à l'université de Pise.

C'est là que le jeune philosophe reçut quelques notions de mathématiques, à la suite de quoi il s'intéressa tellement à cette branche de la science qu'il supplia qu'on lui permît d'étudier la géométrie. En réponse à sa requête, son père autorisa qu'un tuteur fût engagé à cette fin ; mais il le fit à contrecœur, craignant que l'attention du jeune étudiant ne fût ainsi détournée de l'activité médicale qui était considérée comme sa principale occupation. L'événement ne tarda pas à prouver que ces craintes ne fussent pas sans fondement. Les propositions d'Euclide se révélèrent si captivantes pour Galilée qu'il fut jugé judicieux d'éviter toute distraction supplémentaire en mettant fin à l'engagement du tuteur en mathématiques. Mais il était trop tard pour que la finalité recherchée fût atteinte. Galilée avait désormais fait de tels progrès qu'il était en mesure de poursuivre ses études géométriques par lui-même. Bientôt, il parvint à la fameuse quarante-septième proposition d'Euclide, qui suscita chez lui une vive admiration, et continua jusqu'à ce qu'il maîtrisât les six livres d'Euclide, ce qui était un exploit considérable pour l'époque.

L'assiduité et le talent du jeune étudiant de Pise ne lui apportèrent cependant pas beaucoup de notoriété auprès des autorités universitaires. À cette époque, les théories d'Aristote étaient considérées comme l'incarnation de toute la sagesse humaine, aussi bien dans les sciences naturelles que dans tout le reste. Il était considéré comme un devoir pour tout étudiant d'apprendre par cœur l'œuvre d'Aristote, et toute disposition à douter ou même à remettre en question les théories du vénérable professeur était considérée comme une présomption intolérable. Mais le jeune Galilée avait l'audace de penser lois

1. Titre original : « The Private Life of Galileo »

de la nature par lui-même. Il ne voulait pas prendre pour argent comptant une affirmation de fait d'Aristote, alors qu'il avait les moyens d'interroger directement la nature. Ses professeurs en vinrent donc à le considérer comme un jeune homme quelque peu égaré, mais ils ne pouvaient que respecter son inlassable application à amasser toutes les connaissances qu'il pouvait acquérir.

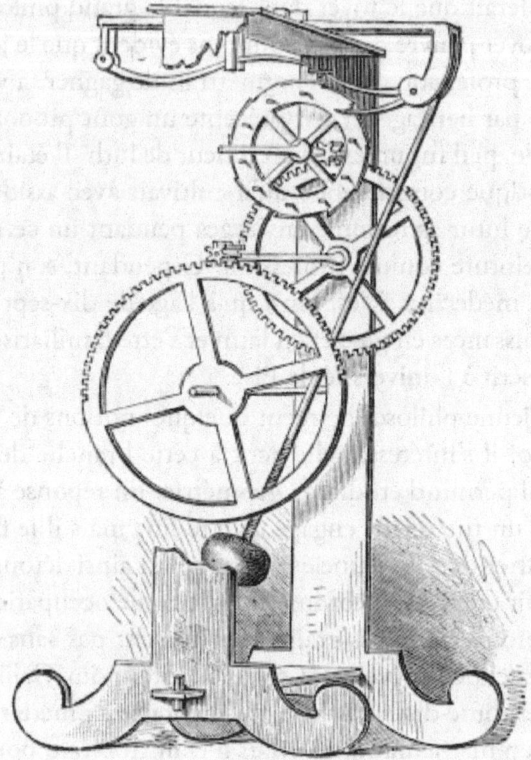

Le pendule de Galilée

Nous sommes tellement habitués à l'utilisation de pendules dans nos horloges que nous ne réalisons peut-être pas toujours que l'introduction de cette méthode de régulation des pièces d'horlogerie était réellement une invention remarquable, digne de la renommée du grand astronome à qui elle était due. Il semblerait que, assis un jour dans la cathédrale de Pise, l'attention de Galilée se soit concentrée sur le balancement d'un chandelier suspendu au plafond. Il lui sembla important de noter que, peu importe la longueur de l'arc par lequel le pendule oscillait, le temps occupé par chaque oscillation était sensiblement le même. Cela suggéra à l'observateur attentif qu'un pendule pourrait fournir le moyen de contrôler un chronomètre, et Galilée construisit donc pour la première fois une horloge sur ce principe. L'objectif initial de cet appareil était de fournir un moyen d'aider les médecins à compter les pulsations de leurs patients.

À l'âge de vingt-cinq ans, les talents de Galilée ayant enfin été dûment reconnus par les autorités, il fut nommé professeur de mathématiques à l'université de Pise. Puis vint le moment où il se sentit assez fort pour mettre au défi les partisans de l'ancienne philosophie. Dans le cadre de sa théorie sur le mouvement des corps, Aristote avait affirmé que le temps que prenait une pierre pour tomber dépendait de son poids, de sorte que plus la pierre était lourde, moins elle mettait de temps à tomber d'une certaine hauteur sur la terre. On aurait pu penser qu'une affirmation aussi facilement réfutée par les expériences les plus simples n'aurait jamais pu conserver sa place dans un schéma philosophique reconnu. Mais Aristote l'avait dit, et quiconque se risquait à exprimer un doute avait droit à un commentaire narquois : « Vous croyez-vous plus intelligent qu'Aristote ? ». Galilée décida de démontrer de la manière la plus catégorique possible l'absurdité d'une théorie qui, pendant des siècles, avait reçu la bénédiction des savants. Le sommet de la tour de Pise offrait un cadre spectaculaire pour cette grande expérience. Le jeune professeur laissa tomber du sommet surplombant un grand objet lourd et un petit objet léger simultanément. Conformément à la théorie d'Aristote, le grand objet aurait dû atteindre le sol beaucoup plus rapidement que le petit, mais ce ne fut pas le cas. Sous les yeux d'un large public, il fut démontré que les deux objets tombaient côte à côte et touchaient le sol en même temps. C'est ainsi que fut franchi le premier grand pas vers le renversement de ce système absurde d'adhésion aveugle aux dogmes, qui avait entravé le développement de la connaissance de la nature pendant près de deux mille ans.

Cette attitude révolutionnaire à l'égard des anciennes croyances n'était pas destinée à favoriser des relations harmonieuses entre Galilée et les autorités de l'université. Il eut également le malheur de se faire des ennemis dans d'autres domaines. Don Giovanni de Medici, qui était alors le gouverneur du port de Livourne, avait conçu un dispositif permettant de vidanger un dock[1]. Mais Galilée démontra l'absurdité de cette initiative d'une manière si agressive que Don Giovanni s'en offusqua au plus haut point, et ne se calma pas non plus lorsque les critiques de Galilée furent abondamment vérifiées par l'échec total de sa ridicule invention. De diverses manières, Galilée fut amené à sentir sa position à Pise si désagréable qu'il fut finalement contraint d'abandonner sa place à l'Université. Mais grâce aux efforts de ses amis, dont Galilée eut la chance d'être entouré tout au long de sa vie, il fut élu au poste de professeur de mathématiques à Padoue, où il se rendit en 1592.

Ce fut à ce nouveau poste que Galilée entreprit cette merveilleuse carrière de recherche qui était destinée à révolutionner la science. Le dévouement avec lequel il remplit ses fonctions de professeur fut, en effet, des plus constants. Il

1. Bassin entouré de quais, pour le chargement et le déchargement des navires.

attirait rapidement de telles foules pour écouter ses discours sur la philosophie naturelle que sa salle de cours était pleine à craquer. Il recevait également de nombreux élèves à titre privé dans sa maison pour une instruction particulière. Chaque moment qui pouvait être épargné à ces travaux était consacré à son étude privée et à ses expériences incessantes.

Comme beaucoup d'autres philosophes qui ont considérablement étendu notre connaissance de la nature, Galilée avait une aptitude remarquable pour l'invention d'instruments destinés à la recherche philosophique. Pour faciliter ses travaux pratiques, il engagea, en 1599, un ouvrier qualifié qui devait vivre dans sa maison et être ainsi constamment disponible pour essayer les dispositifs qui ne cessaient de jaillir du cerveau fertile de Galilée. Le thermomètre, qu'il construisit en 1602, semble avoir été l'une de ses premières inventions. Il ne fait aucun doute que cet appareil, dans sa forme primitive, différait sous certains aspects du dispositif que nous connaissons aujourd'hui sous le même nom. Galilée employa d'abord l'eau comme fluide, par l'expansion duquel la température devait être mesurée. Il vit ensuite l'avantage d'utiliser de l'alcool pour le même usage. Ce ne fut qu'environ un demi-siècle plus tard que le mercure fut reconnu comme le liquide le plus approprié pour le thermomètre.

Le moment approchait où Galilée allait faire ce grand pas en avant dans le progrès des connaissances humaines qui suivit l'application du télescope à l'astronomie. En ce qui concerne l'origine de son idée d'un tel instrument, il est préférable de le laisser nous le dire avec ses propres mots. Le passage en question figure dans une lettre qu'il écrit à son beau-frère, Landucci.

« Je vous écris maintenant parce que j'ai une nouvelle à vous annoncer, mais je ne saurais dire si vous serez heureux ou désolé de l'entendre ; car je n'ai plus aucun désir de retourner dans mon pays, bien que l'événement qui a détruit cet espoir ait eu des résultats aussi utiles qu'honorables. Vous devez donc savoir qu'il y a deux mois, un rapport a été diffusé ici, selon lequel, en Flandre, quelqu'un avait présenté au comte Maurice de Nassau un verre fabriqué de telle sorte que les objets lointains semblaient très proches, si bien qu'un homme situé à une distance de trois kilomètres pouvait être clairement vu. Cela me parut si merveilleux que je me mis à y réfléchir. Comme cela me semblait avoir un fondement dans la théorie de la perspective, je me mis à chercher comment le fabriquer, et finalement j'ai réussi ; j'ai si bien réussi que celui que j'ai fabriqué est de loin supérieur au télescope hollandais. On a rapporté à Venise que j'en avais fabriqué un, et une semaine après, j'ai reçu l'ordre de le montrer à sa Sérénité et à tous les membres du sénat, à leur infinie stupéfaction. Beaucoup de gentilshommes et de sénateurs, même les plus âgés, sont montés à diverses reprises sur les plus hauts clochers de Venise pour épier les navires en mer qui faisaient voile vers l'embouchure du port, et ils les ont aperçus clairement, alors que sans mon télescope, ils auraient été invisibles pendant plus de deux heures. L'effet de cet instrument est de montrer un objet situé à une distance de, disons, 80 kilomètres, comme s'il n'était qu'à huit kilomètres. »

Les propriétés exceptionnelles du télescope suscitèrent immédiatement l'attention de tous les intellectuels. Galilée reçut des demandes de divers horizons pour son nouvel instrument, dont il aurait fabriqué une grande quantité pour en faire cadeau à différents personnages illustres.

Mais ce fut à Galilée lui-même qu'il revint de réaliser cette application de l'instrument aux corps célestes, dont les propriétés particulières devaient inaugurer la nouvelle ère de l'astronomie. La première découverte qui fut réalisée dans cette direction semble avoir été en rapport avec le nombre des étoiles. Galilée constata avec étonnement qu'à travers son petit tube, il pouvait compter dix fois plus d'étoiles dans le ciel que ce que son œil nu pouvait détecter. Il y avait là, en effet, de quoi être surpris. Nous sommes maintenant si familiers avec les faits élémentaires de l'astronomie qu'il n'est pas toujours facile de se faire une idée de la façon dont les observateurs interprétaient le ciel avant l'invention du télescope. On peut en effet difficilement supposer que Galilée, comme la majorité de ceux qui s'étaient penchés sur ces questions, eût eu la croyance erronée que les étoiles se trouvaient sur la surface d'une sphère à égale distance de l'observateur. Personne n'aurait probablement conservé sa croyance en une telle théorie en voyant comment le nombre d'étoiles visibles pouvait être décuplé grâce au télescope de Galilée. Il aurait été presque impossible de ne pas en conclure que les étoiles ainsi mises en évidence étaient des objets encore plus éloignés que le télescope était en mesure de révéler, de la même manière qu'il avait montré certains navires aux Vénitiens étonnés, alors qu'à l'époque ces navires étaient hors de portée de la vision non assistée.

Les découvertes célestes de Galilée se succèdent désormais rapidement. Cette magnifique Voie lactée, qui suscite depuis des lustres l'admiration de tous les amoureux de la nature, ne révéla jamais sa véritable nature à la vue de l'homme jusqu'à ce que l'astronome de Padoue dirigeât vers elle son tube magique. La splendide zone de lumière argentée apparut alors comme une poussière d'étoiles éparpillée sur le fond noir du ciel. On observa que, bien que les étoiles individuelles fussent trop petites pour être vues séparément sans aide optique, leur nombre incroyable était tel que le rayonnement céleste produisait cette luminosité avec laquelle tout observateur d'étoiles était si familier.

Cependant, la plus grande découverte faite par le télescope à cette époque, et peut-être même la plus grande découverte que le télescope ait jamais faite, fut la détection du système des quatre satellites tournant autour de la grande planète Jupiter. Ce phénomène était si inattendu pour Galilée que, dans un premier temps, il eut du mal à en croire ses propres yeux. Toutefois, la réalité de l'existence d'un système composé de quatre lunes tournant autour de la grande planète fut rapidement établie de manière incontestable. De nombreux grands personnages se pressèrent chez Galilée pour observer cette magnifique miniature représentant le soleil avec son système de planètes en rotation.

Bien entendu, il y avait, comme d'habitude, quelques incrédules qui refusaient de croire l'affirmation selon laquelle il fallait ajouter quatre autres corps mobiles au système planétaire. Ils se moquèrent de l'idée et déclarèrent que les satellites étaient peut-être dans le télescope, donc pas dans le ciel. Un philosophe sceptique aurait affirmé que même s'il voyait lui-même les lunes de Jupiter, il ne pourrait y croire puisque leur existence était contraire aux principes du bon sens !

Il ne fit aucun doute que cette nouvelle découverte revêtit une importance particulière à cette époque de l'histoire des sciences. Il ne faut pas oublier qu'à cette époque, la théorie de Copernic, qui déclare que le Soleil, et non la Terre, est le centre du système solaire, que la Terre effectue une révolution sur son axe une fois par jour et qu'elle effectue un grand tour autour du Soleil une fois par an n'a été promulguée que récemment. Cette nouvelle vision du schéma de la nature se heurta à l'opposition la plus féroce. Il se peut que Galilée lui-même ne fût pas tout à fait convaincu de la fiabilité de la théorie copernicienne, avant de découvrir les satellites de Jupiter. Mais lorsque fut exposée une illustration dans laquelle un certain nombre de globes relativement petits étaient représentés comme tournant autour d'un seul grand globe au centre, il semblait impossible de ne pas considérer que ce magnifique spectacle était un emblème des relations des planètes avec le Soleil. Il était ainsi évident pour Galilée que la théorie copernicienne du système planétaire devait être véridique. L'importance capitale de cette opinion pour le bien-être futur du grand philosophe sera révélée par la suite.

Il semblerait que Galilée considérât sa résidence à Padoue comme un exil indésirable de sa Toscane bien-aimée. Il avait toujours désiré rentrer dans son pays et l'occasion se présenta enfin. En effet, la renommée de Galilée étant devenue si grande que le grand-duc de Toscane souhaitait que le philosophe résidât à Florence, persuadé qu'il apporterait de la lumière à son domaine. Des démarches furent donc entreprises auprès de Galilée, et la conséquence fut qu'en 1616, on le retrouva à Florence, portant le titre de mathématicien et philosophe du grand-duc.

Galilée avait eu deux filles, Polissena et Virginia, et un fils, Vincenzo, à Padoue. À l'époque, la coutume voulait que dès que la fille d'un gentilhomme italien devenait adulte, sa carrière future fût décidée de manière quelque peu sommaire. Soit on lui cherchait immédiatement un mari, soit elle entrait au couvent avec l'intention de prendre le voile en tant que nonne professe. Il fut décidé que les deux filles de Galilée, alors qu'elles n'étaient encore que des enfants, entreraient toutes deux au couvent franciscain de Saint-Mathieu, à Arcetri. La fille aînée, Polissena, prit le nom de sœur Maria Céleste, tandis que Virginia devint sœur Arcangela. Cette dernière semble avoir toujours été délicate et sujette à une mélancolie persistante, et elle n'est pas très présente dans le récit de la vie de Galilée. En revanche, sœur Maria Céleste, bien que ne quittant jamais le couvent, parvint à préserver une intimité étroite avec son père bien-aimé. Cette intimité n'était maintenue que partiellement par les visites de Galilée, qui étaient très irrégulières et souvent interrompues durant de longs intervalles. Mais ses lettres à sa fille furent manifestement fréquentes et affectueuses, en particulier dans la dernière partie de sa vie. Malheureusement, toutes ses lettres ont été perdues. Il y a des raisons de croire qu'elles furent délibérément détruites lorsque Galilée fut saisi par l'Inquisition, de peur qu'elles ne fussent utilisées comme preuves contre lui ou qu'elles ne compromissent le couvent où elles furent destinées. En revanche, les lettres de sœur Marie Céleste à son père ont heureusement été conservées, et elles sont très émouvantes. Nous ne pouvons guère les lire sans songer à la façon dont la douce et gentille religieuse se serait rétractée à l'idée de leur publication.

Les petites lettres affectueuses qu'elle adressait à son « très cher seigneur et père », comme elle avait l'habitude de nommer affectueusement Galilée, étaient presque toujours accompagnées d'un cadeau, peut-être chétif, mais toujours le meilleur que la pauvre nonne avait à offrir. La douce grâce de ces communications affectueuses était d'autant plus précieuse pour lui que pour les autres membres de la famille de Galilée, qui les considéraient sans valeur. Il reconnaissait toujours les liens de sa parenté avec la plus grande générosité, mais leurs folies et leurs vices ainsi que leur égoïsme et leurs importunités le gênaient constamment, et ce presque jusqu'au dernier jour de sa vie.

Le 19 décembre 1625, sœur Marie-Céleste écrit :

« Je vous envoie deux poires cuites pour ces jours de veillée. Mais le plus grand des plaisirs, c'est que je vous envoie une rose, qui devrait vous plaire énormément, vu sa rareté en cette saison ; et avec celle-ci vous devez en accepter ses épines, qui représentent l'amère passion de notre Seigneur, tandis que les feuilles vertes représentent l'espoir que nous pouvons entretenir que par cette même passion sacrée, après avoir traversé les ténèbres du court hiver de notre vie mortelle, nous pourrons atteindre la clarté et la félicité d'un éternel printemps au paradis. »

Lorsque la femme et les enfants du frère sans emploi de Galilée vinrent s'installer dans la maison du philosophe, sœur Maria Céleste se réjouit de penser que son père avait désormais quelqu'un qui, même imparfaitement, pouvait remplir le devoir de veiller sur lui. La veille de Noël, une charmante lettre accompagne ses petits cadeaux. Elle espère que :

« En ces jours saints, que la paix de Dieu repose sur lui et sur toute la famille. Le plus grand col et les manches sont destinés à Albertino, les deux autres aux deux jeunes garçons, le petit chien au bébé, et les gâteaux à tout le monde, à l'exception des gâteaux aux épices, qui sont pour vous. Acceptez cette bonne volonté qui pourrait facilement faire beaucoup plus. »

La villa Arcetri. La résidence de Galilée, où Milton lui rendit visite.

L'extraordinaire indulgence avec laquelle Galilée mettait continuellement son temps, son argent et son influence au service de ceux qui avaient prouvé à plusieurs reprises qu'ils n'étaient absolument pas dignes de sa considération, est commentée par la bonne sœur :

« Il me semble maintenant, très cher seigneur et père, que Votre Seigneurie suit la bonne voie, puisque vous saisissez toutes les occasions qui se présentent pour répandre des bienfaits continuels sur ceux qui ne vous le rendent qu'avec ingratitude. C'est une action d'autant plus vertueuse et parfaite qu'elle est des plus difficiles. »

Lorsque la peste faisait rage dans le voisinage, la sollicitude de la fille aimante se traduit ainsi :

« Je vous envoie deux pots d'électuaire en prévention de la peste. Celui qui n'a pas d'étiquette est composé de figues sèches, de noix, de rue officinale[1] et de sel, mélangés ensemble avec du miel. Un morceau de la taille d'une noix à prendre le matin, à jeun, avec un peu de vin grec. »

La peste s'aggravant de plus en plus, sœur Maria Céleste obtint, avec beaucoup de difficultés, une petite quantité d'une célèbre liqueur, fabriquée par l'abbesse Ursula, une nonne exceptionnellement sainte. Elle l'envoya à son père avec les mots suivants :

« Je prie Votre Seigneurie d'avoir foi en ce remède. Car si vous avez tant de foi en mes pauvres et misérables prières, vous pouvez en avoir bien plus encore en celles d'une personne aussi sainte ; en effet, par ses mérites, vous pouvez être sûr d'échapper à tout danger de la peste. »

On ne sait pas si Galilée prit le remède, mais il échappa en tout cas à la peste.

Depuis le nouveau domicile de Galilée à Florence, le télescope fut à nouveau dirigé vers le ciel, et de nouvelles découvertes stupéfiantes récompensèrent les efforts de l'astronome. Le grand succès qu'il obtint en étudiant Jupiter conduisit naturellement Galilée à se pencher sur Saturne. Il y vit un spectacle tout à fait extraordinaire, même s'il ne parvint pas à l'interpréter avec précision. Il était évident que Saturne ne présentait pas un simple disque circulaire comme Jupiter ou Mars. Pour Galilée, la planète semblait composée de trois corps, un grand globe au centre et un plus petit de chaque côté. Le caractère énigmatique de cette découverte amena Galilée à l'annoncer de manière énigmatique. Il publia une suite de lettres qui, une fois dûment transposées, formaient une phrase qui affirmait que la planète Saturne était triple. Bien entendu, nous savons maintenant que cette apparence singulière de la planète était due aux deux parties saillantes de l'anneau. Avec la faible puissance du télescope de Galilée, celles-ci semblaient n'être que de petits globes ou des appendices du grand corps central.

La dernière des grandes découvertes astronomiques de Galilée porte sur la libration de la Lune. Je pense que la détection de ce phénomène démontre son sens de l'observation de façon bien plus remarquable que n'importe laquelle de ses autres découvertes avec le télescope. Il est bien connu que la Lune garde constamment la même face tournée vers la Terre. Cependant, lorsque des mesures minutieuses sont effectuées en ce qui concerne les taches et les marques sur la surface lunaire, on constate qu'il existe une légère variation périodique qui nous permet de voir un peu plus à l'est ou à l'ouest, et un peu plus au nord ou au sud du disque lunaire ordinaire.

Mais les circonstances qui rendent la carrière de Galilée si intéressante du point de vue du biographe ne sont pas tant les triomphes qu'il remporta que

1. Espèce de sous-arbrisseaux de la famille des Rutacées.

les souffrances qu'il endura. Les souffrances et les triomphes furent cependant étroitement liés, et il convient d'accorder toute l'attention nécessaire à ce qui fut peut-être le plus grand drame de l'histoire de la science.

L'orthodoxie fut saisie d'effroi à l'apparition de l'œuvre immortelle de Copernic, dans laquelle il était enseigné que la Terre tournait sur son axe et que celle-ci, ainsi que les autres planètes tournaient autour du Soleil. La Sainte Église romaine soumit ce traité, qui portait le nom de « De Revolutionibus Orbium Coelestium », à la Congrégation de l'Index. Après un examen approfondi, l'oeuvre fut condamnée comme hérétique en 1615. Galilée fut soupçonné, sans doute pour d'excellentes raisons, de partager les opinions contestables de Copernic. Il fut donc convoqué en privé devant le cardinal Bellarmin le 26 février 1616, et fut dûment averti qu'il ne devait en aucun cas enseigner ou défendre ces odieuses doctrines. Galilée fut très affecté par cette intimation. Il se sentait profondément touché d'être privé du privilège de discuter avec ses amis du système copernicien et d'enseigner à ses disciples les principes de la grande théorie dont il était parfaitement convaincu de la vérité. Cependant, il souffrait encore plus de penser, en catholique dévoué qu'il était, que de tels soupçons sur sa fervente allégeance à son Église pussent exister, comme le laissaient entendre les paroles et les monitions du cardinal Bellarmin.

En 1616, Galilée eut une entrevue avec le pape Paul V, qui accueillit très gracieusement le grand astronome, et se promena avec lui pour converser durant trois quarts d'heure. Galilée se plaignit à Sa Sainteté des tentatives faites par ses ennemis pour l'embarrasser auprès des autorités de l'Église, mais le pape le rassura. Sa Sainteté lui-même n'avait aucun doute sur l'orthodoxie de Galilée, et il lui assura que la Congrégation de l'Index ne devrait plus lui causer de soucis tant qu'il occuperait la chaise de Saint-Pierre.

À la mort de Paul V en 1623, Maffeo Barberini fut élu pape, sous le nom d'Urbain VIII. Ce nouveau pape, alors qu'il était cardinal, était un ami intime de Galilée, et avait même écrit des vers latins en éloge du grand astronome et de ses découvertes. Il n'était donc pas insensé que Galilée pensât que le moment était venu où, en faisant preuve de circonspection, il pourrait poursuivre ses études et ses écrits sans craindre de subir le mécontentement de l'Église. Effectivement, en 1624, un ami de Galilée écrivant de Rome, exhorte Galilée à visiter à nouveau la ville, et ajouta que

« Sous les auspices de ce pontife si excellent, si érudit et si bienveillant, la science doit fleurir. Votre arrivée sera la bienvenue auprès de Sa Sainteté. Il m'a demandé si vous viendriez, et quand, et en somme, il semble vous aimer et vous estimer plus que jamais. »

La visite fut dûment rendue, et lorsque Galilée revint à Florence, le pape écrivit une lettre recommandant au philosophe les bons services du jeune Ferdinand, qui avait peu de temps auparavant succédé à son père dans le grand-duché de Toscane, dont voici un extrait :

« Nous trouvons en Galilée non seulement une distinction littéraire, mais aussi l'amour de la piété, et il est également fort dans ces qualités par lesquelles la bonne volonté pontificale est aisément obtenue. Et à présent, lorsqu'il a été amené dans cette ville pour nous féliciter de notre élévation, nous l'avons très affectueusement embrassé ; et nous ne pouvons souffrir qu'il retourne dans le pays où votre libéralité l'appelle, sans une ample provision d'amour pontifical. Et afin que vous sachiez combien il nous est cher, nous avons voulu lui donner cet honorable témoignage de vertu et de piété. Et nous vous signalons en outre que tout bienfait que vous lui conférerez, imitant ou même surpassant la libéralité de votre père, contribuera à notre satisfaction. »

L'accueil favorable qui lui fut réservé par le pape Urbain VIII semble avoir conduit Galilée à espérer un changement correspondant dans l'attitude des autorités papales sur la grande question de la position de la Terre. Il entreprit donc la préparation de l'œuvre majeure de sa vie : « Le dialogue des deux systèmes ». Il fut soumis à l'inspection des autorités constituées. Le pape lui-même pensa que, si les quelques conditions qu'il avait posées étaient dûment respectées, il n'y aurait aucune objection à la publication de l'ouvrage. En premier lieu, le titre du livre devait être formulé de telle sorte que la théorie copernicienne dût être considérée comme une simple hypothèse et non comme un fait scientifique. Galilée reçut également l'ordre de conclure le livre par des raisonnements spécifiques, fournis par le pape lui-même, et qui paraissaient à Sa Sainteté tout à fait concluants contre la nouvelle théorie de Copernic.

L'autorisation formelle de publication du *Dialogue* fut alors donnée à Galilée par l'inquisiteur général, et le livre fut donc envoyé à la presse. On pourrait penser que les inquiétudes de l'astronome au sujet de son livre prirent alors fin. En réalité, elles n'avaient pas encore véritablement commencé. Riccardi, le maître du Sacré Palais, ayant soudain de nouveaux doutes, demanda à Galilée le manuscrit pendant que l'ouvrage était chez l'imprimeur, afin que la théorie qu'il impliquait pût être à nouveau examinée. Apparemment, Riccardi était arrivé à la conclusion qu'il n'avait pas accordé suffisamment d'attention à la question, alors que l'autorisation d'imprimer avait été donnée pour la première fois et, peut-être, à la hâte. Ces nouvelles délibérations entraînèrent un retard considérable dans la publication du livre. Mais finalement, en juin 1632, le grand ouvrage de Galilée, *Le dialogue des deux systèmes*, fut publié, même si cette occasion ne fut pas sans lourdes conséquences pour l'auteur de l'oeuvre immortelle.

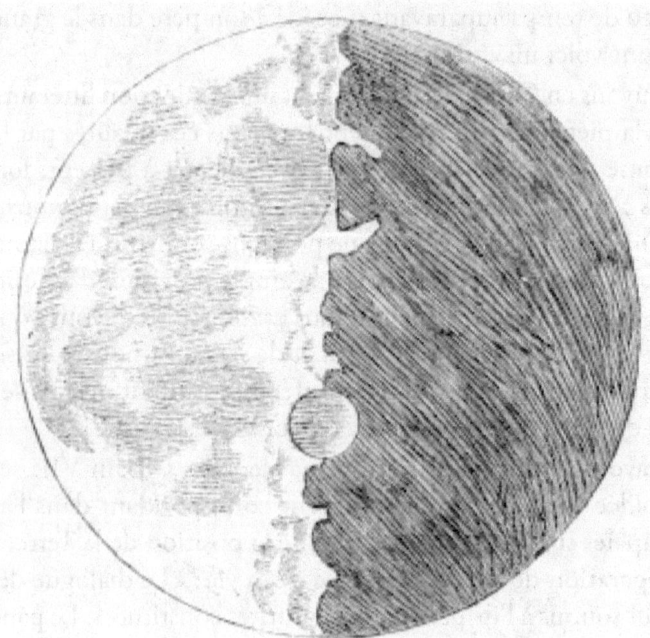

Croquis en fac-similé de la surface lunaire par Galilée

Dès sa publication, le livre fut reçu et lu avec la plus grande avidité. Mais le maître du Sacré Palais eut rapidement des raisons de regretter d'avoir donné son accord à sa parution. En conséquence, il ordonna la mise sous séquestre de tous les exemplaires en Italie. Ce revirement soudain dans l'attitude papale à l'égard de Galilée fit l'objet d'une vive remontrance adressée aux autorités romaines par le grand-duc de Toscane. Il semble que le pape lui-même fut rapidement persuadé que l'ouvrage contenait des propos de nature hérétique. L'interprétation générale donnée au livre sembla dire aux autorités qu'elles s'étaient trompées sur sa véritable orientation, bien qu'il fût examiné à maintes reprises par des théologiens mandatés à cet effet. À la lettre du grand-duc, le pape répondit qu'il avait décidé de soumettre le livre à une congrégation « d'hommes érudits, sérieux et saints », qui en évalueraient chaque mot. L'opinion de Sa Sainteté sur le sujet exprima par sa conviction que le *Dialogue* contenait la matière la plus perverse qui pût tomber entre les mains d'un lecteur.

Le maître du Sacré Palais fut fortement blâmé par les autorités pour avoir donné son approbation à sa publication. Il plaida que le livre n'avait pas été imprimé conformément aux termes exacts du manuscrit original qui lui avait été soumis. Il fut également prétendu que Galilée n'avait pas respecté sa promesse d'insérer convenablement les arguments que le pape lui-même avait donnés en faveur de l'ancienne opinion orthodoxe. L'un de ces arguments avait sans doute été introduit en douce, mais au lieu d'arranger le cas de Galilée, il avait empiré les choses pour le pauvre philosophe. L'argument du pape avait été introduit à travers un des personnages du *Dialogue* nommé « Simplicio ». Les ennemis de Galilée soutenaient qu'en adoptant une telle méthode pour exprimer l'opinion de Sa Sainteté, Galilée avait eu l'intention de ridiculiser le pape. Les amis de Galilée soutenaient que son intention était tout à fait différente. Il semble toutefois très probable que les soupçons ainsi éveillés furent à l'origine du brusque revirement des autorités papales.

Le 1er octobre 1632, Galilée reçut la citation à comparaître devant l'Inquisition à Rome sous la grave accusation d'hérésie. Bien entendu, Galilée exprima sa soumission, mais plaida pour un sursis à l'exécution de la convocation, en raison de son âge avancé et de sa santé déclinante. Le pape fut cependant inexorable ; il affirma avoir averti Galilée du danger qu'il encourait alors qu'il était encore son ami. La citation à comparaître ne put dès lors être désobéie. Galilée pouvait alors effectuer son voyage aussi lentement qu'il le souhaitait, mais il était impératif qu'il se mît en route sur-le-champ.

Le 20 janvier 1633, Galilée entreprit son pénible voyage vers Rome, conformément à cette convocation péremptoire. Le 13 février, il fut reçu comme l'invité de Niccolini, l'ambassadeur toscan, qui avait été son ami avisé et bienveillant pendant toute l'affaire. Il semblait évident que le Saint-Siège était disposé à traiter Galilée avec autant de clémence et de considération que possible, tout en étant résolu à poursuivre jusqu'au bout l'affaire qui lui était reprochée. Le pape laissa entendre qu'en raison de son respect pour le grand-duc de Toscane, il permettrait à Galilée de jouir du privilège – tout à fait inédit pour un prisonnier accusé d'hérésie – de rester comme pensionnaire dans la maison de l'ambassadeur. En toute rigueur, il aurait dû être placé dans les cachots de l'Inquisition. Lorsque l'examen de l'accusé commença, Galilée fut confiné, non pas dans les cachots, mais dans des pièces confortables du Saint-Siège.

Grâce au discours de soumission judicieux et conciliant que Niccolini avait incité Galilée à tenir devant les inquisiteurs, ceux-ci furent si satisfaits qu'ils intercédèrent auprès du pape pour sa libération. Pendant le reste du procès, Galilée fut donc autorisé à retourner à la maison de l'ambassadeur, où il fut très chaleureusement accueilli. Sœur Marie-Céleste, pensant manifestement que cela signifiait la fin de l'affaire, s'exprima en ces termes :

« La joie que m'a procurée votre très chère dernière lettre, et la nécessité de la relire sans cesse aux nonnes, qui ont émis une véritable liesse en entendant son contenu, m'ont mis dans un tel état d'excitation que j'ai fini par avoir une sévère crise de mal de tête. »

Pour sa défense, Galilée fit valoir qu'il avait déjà été acquitté en 1616 par le cardinal Bellarmin, lorsqu'une accusation d'hérésie avait été portée contre lui, et il affirma que tout ce qu'il avait pu faire maintenant n'était rien de plus que ce qu'il avait fait à l'occasion précédente, lorsque l'orthodoxie de ses théories fut solennellement confirmée. L'Inquisition semblait assurément disposée à la clémence, mais le pape n'était pas satisfait. Galilée fut donc à nouveau convoqué le 21 juin. Il fut menacé de torture s'il ne donnait pas immédiatement des explications satisfaisantes sur les raisons qui l'avaient conduit à écrire le *Dialogue*. Le pape assura à l'ambassadeur toscan qu'il traitait Galilée avec la plus grande considération possible, en raison de l'estime et de la sympathie qu'il avait pour le grand-duc, dont Galilée était le serviteur. Il était cependant nécessaire que l'astronome fût puni de manière exemplaire, dans la mesure où, par la publication du *Dialogue*, il avait clairement désobéi à l'injonction de silence qui lui avait été imposée par le décret de 1616. Il n'était pas non plus admissible pour Galilée de plaider que son livre avait été approuvé par le maître du Sacré Collège, à l'inspection duquel il avait été maintes fois soumis. Il fut jugé que si le maître du Sacré Collège n'avait pas eu connaissance de l'avertissement solennel que le philosophe avait déjà reçu seize ans auparavant, il était du devoir de Galilée de lui en faire part.

Le 22 juin 1633, Galilée fut conduit dans la grande salle de l'Inquisition et fut contraint de s'agenouiller devant les cardinaux réunis pour entendre sa sentence. Dans un long document, rédigé de manière très élaborée, Galilée se vit définitivement accusé d'avoir commis, en publiant le *Dialogue*, l'erreur extrêmement grave de considérer la théorie du mouvement de la Terre comme ouverte à la discussion. Galilée savait, comme l'affirmait le document, que l'Église avait catégoriquement déclaré cette notion contraire à la Sainte Écriture, et que le fait pour lui de considérer une telle théorie stigmatisée comme pouvant avoir une once de probabilité en sa faveur était un acte irrespectueux envers l'autorité de l'Église qui ne pouvait être ignoré. On reprochait également à Galilée d'avoir, dans son *Dialogue*, mis en avant les arguments les plus forts, non pas en faveur de la théorie orthodoxe, mais en faveur de la théorie du mouvement de la Terre que l'Église avait délibérément condamnée.

Après examen approfondi de la défense du prisonnier, il fut décrété qu'il s'était rendu véhémentement suspect d'hérésie par le Saint-Siège, et qu'en conséquence il encourait toutes les censures et peines des canons sacrés, et autres décrets promulgués contre de telles personnes. La partie la plus lourde de ces punitions serait levée, si Galilée répudiait solennellement les hérésies en question par une abjuration qu'il prononcerait dans les termes établis.

Dans le même temps, il était nécessaire de marquer, et ce d'une manière emphatique, la gravité de la faute commise afin qu'elle pût servir à la fois de punition pour Galilée et d'avertissement pour les autres. Il fut par conséquent décrété qu'il serait condamné à être emprisonné au Saint-Siège pendant tout le temps que les autorités papales le jugeraient bon, et qu'il devrait réciter une fois par semaine pendant trois ans les sept psaumes de la pénitence.

Vint ensuite cette scène inoubliable dans la grande salle de l'Inquisition, où l'âgé et infirme Galilée, l'inventeur du télescope et le célèbre astronome, s'agenouilla pour abjurer devant les plus éminents et vénérables seigneurs cardinaux et inquisiteurs généraux de toute la République chrétienne contre la dépravation hérétique. Les mains sur les Évangiles, Galilée fut amené à maudire et détester la fausse opinion selon laquelle le Soleil était le centre de l'univers et était immobile, et que la Terre n'était pas le centre du même, et qu'elle bougeait. Il jura qu'à l'avenir il ne dirait ni n'écrirait jamais de choses qui purent le rendre suspect, et que s'il le faisait, il se soumettrait à toutes les peines et sanctions des canons sacrés. Cette abjuration fut ensuite lue à Florence devant les disciples de Galilée, qui avaient été spécialement convoqués pour y assister.

On a constaté que ni à la première occasion, en 1616, ni à la seconde, en 1633, le pape régnant ne signa les décrets concernant Galilée. En conséquence, on a affirmé que Paul V et Urbain VIII sont tous deux disculpés de toute responsabilité technique dans l'attitude de l'Église romaine à l'égard des théories coperniciennes. La signification de cette circonstance a fait l'objet de commentaires en rapport avec la théorie de l'infaillibilité du pape.

On peut juger de l'inquiétude ressentie par sœur Marie-Céleste au sujet de son père bien-aimé pendant ces terribles épreuves. La femme de l'ambassadeur Niccolini, l'ami fidèle de Galilée écrivit très aimablement à la nonne pour lui donner toutes les assurances apaisantes que la situation permettait. Ces touchantes épîtres que la fille adresse à son père se renouvellent. Ainsi, elle lui envoie un message :

« La nouvelle de vos nouveaux ennuis a transpercé mon âme de chagrin d'autant plus qu'elle est arrivée de manière tout à fait inattendue. »

Et à nouveau, en apprenant qu'il avait été autorisé à quitter Rome, elle écrit :

« J'aimerais pouvoir vous décrire la joie de toutes les mères et de toutes les sœurs à l'annonce de votre heureuse arrivée à Sienne. C'était en effet extraordinaire. En entendant la nouvelle, la mère abbesse et de nombreuses nonnes se sont précipitées vers moi, m'embrassant et pleurant de joie et de tendresse. »

La peine d'emprisonnement fut d'abord interprétée avec clémence par le pape. Galilée fut autorisé à résider dans la maison de l'archevêque de Sienne pour une durée déterminée. La plus grande douleur qu'il endura fut évidemment la séparation forcée avec sa fille, qu'il avait enfin appris à aimer avec une affection presque comparable à celle qu'elle lui portait. Elle lui avait souvent confié qu'elle n'avait jamais éprouvé un plaisir égal à celui avec lequel elle rendait un service à son père. À sa grande joie, elle découvre qu'elle peut le soulager de la tâche de réciter les sept psaumes pénitentiaux qui lui avait été imposée comme pénitence :

« J'ai commencé à le faire il y a quelque temps, écrit-elle, et cela me fait grand plaisir. D'abord, parce que je suis persuadée que la prière dans l'obéissance à la Sainte Église doit être efficace ; ensuite, pour vous épargner la peine de vous en souvenir. Si j'avais pu faire plus, j'aurais volontiers pénétré dans une prison plus sévère que celle où je me trouve actuellement, si par ce moyen j'avais pu vous rendre votre liberté. »

Les armoiries de la famille de Galilée

La santé de sœur Marie Céleste se dégrada peu à peu, mais elle eut le grand privilège de pouvoir embrasser à nouveau son seigneur et maître bien-aimé. En effet, Galilée avait été autorisé à retourner dans son ancienne maison, mais le jour même où il apprit la mort de sa fille, vint le décret final lui ordonnant de rester dans sa propre maison dans une solitude perpétuelle.

Au milieu des infirmités de l'âge, de la séparation de ses amis et de la perte de sa fille, Galilée se consola une fois de plus en travaillant avec ardeur. Il commença son célèbre dialogue sur le mouvement. Cependant, peu à peu, sa vue commença à baisser, et la cécité vint finalement s'ajouter à ses autres problèmes. Le 2 janvier 1638, il écrit à Diodati :

« Hélas, votre cher ami et serviteur, Galilée, est depuis un mois parfaitement aveugle, si bien que ce ciel, cette Terre, cet univers que j'ai, par mes merveilleuses découvertes et mes manifestes démonstrations, agrandis cent mille fois au-delà de la croyance des savants d'autrefois, se réduisent désormais pour moi à un espace aussi petit que celui qui est rempli par mes propres sensations corporelles. »

Mais la fin était proche. Le grand philosophe fut atteint d'une fièvre qui l'emporta le 8 janvier 1643.

KEPLER

Kepler

Alors que l'illustre astronome Tycho Brahe reposait sur son lit de mort, il eut un entretien qui restera à jamais l'un des incidents les plus marquants de l'histoire de la science. La vie de Tycho avait été consacrée, comme nous l'avons vu, à l'accumulation d'un grand nombre d'observations minutieuses sur la position des corps célestes. Il ne lui fut pas donné l'occasion de tirer de ses splendides travaux les conclusions auxquelles ils devaient aboutir. Ce fut la destinée d'un autre astronome de distiller, pour ainsi dire, les volumes de calculs de Tycho et les grandes vérités de l'univers que ces derniers contenaient. Tycho sentait que son œuvre avait besoin d'un interprète, et il reconnut dans le génie d'un jeune homme qu'il connaissait bien celui qui allait enseigner au monde certaines des grandes vérités de la nature. Le jeune philosophe fut convoqué au chevet du grand astronome danois et, dans son dernier souffle, Tycho lui demanda de ne pas ménager ses efforts dans la réalisation de ces calculs qui, à eux seuls, pouvaient révéler les secrets des mouvements des astres. La promesse solennelle ainsi imposée fut dûment acceptée, et l'homme qui l'accepta portait le nom inoubliable de Kepler.

Kepler naquit le 27 décembre 1571 à Weil, dans le duché de Wurtemberg. Il semblerait que les circonstances de son enfance furent particulièrement malheureuses. Son père, issu de bonne famille, n'était qu'un aventurier oisif et sans buts, et le grand astronome ne fut pas plus chanceux en ce qui concerne son autre parent. Sa mère était une femme ignare et colérique ; d'ailleurs, cette union malsaine se termina brusquement par l'abandon de la femme par son mari, alors que leur fils aîné, John, le héros de notre esquisse, avait dix-huit ans. L'enfance de ce garçon, destiné à une telle gloire, fut d'autant plus difficile qu'à l'âge de quatre ans, il eut une grave crise de variole. Non seulement sa vue fut définitivement affectée, mais même sa santé semblait avoir été très affaiblie par cette terrible maladie.

Cependant, il semblerait que les infirmités corporelles du jeune Jean Kepler furent la raison première pour laquelle son attention était dirigée vers l'acquisition de connaissances. Si le garçon avait été préparé comme les autres aux travaux manuels ordinaires, il ne fait aucun doute que sa vie aurait été consacrée à ces derniers. Mais bien que son corps fût faible, il donna rapidement des signes indiquant qu'il possédait une grande capacité mentale. On pensa donc que l'Église, qui à cette époque était presque la seule profession qui offrait une possibilité de carrière intellectuelle, pouvait constituer une sphère appropriée pour ses talents. Ainsi, à l'âge de dix-sept ans, Jean Kepler avait déjà atteint un niveau de connaissances suffisant pour lui permettre d'être admis au sein de l'université de Tubingen.

Au cours de ses études dans cette institution, il semble avoir réparti son attention de manière égale entre l'astronomie et la divinité. Il n'est pas rare que lorsqu'un homme acquiert une grande maîtrise de deux branches du savoir, il ne soit pas en mesure de voir très clairement dans laquelle de ces deux activités se trouve sa véritable vocation. Nos amis et observateurs sont souvent plus aptes que nous-mêmes à juger avec sagesse quelle voie nous serait préférable. Ce fut justement le cas de Kepler. Personnellement, il penchait vers le ministère, dans lequel une carrière prometteuse lui semblait ouverte. Cependant, il céda face à l'insistance de ses amis, qui de toute évidence le connaissaient mieux que lui-même, et accepta en 1594 le prestigieux poste de professeur d'astronomie qui lui avait été offert à l'université de Gratz.

De nos jours, il nous est difficile de nous rendre compte des tâches quelque peu extraordinaires que l'on attendait d'un professeur d'astronomie au XVIe siècle. On lui demandait, bien entendu, d'utiliser sa connaissance des astres pour prédire les éclipses et les mouvements des corps célestes en général. Cela semble raisonnable, mais ce que nous ne sommes pas prêts à accepter, en revanche, c'est l'obligation qui était imposée aux astronomes de prédire le sort des nations et la destinée des individus.

Il ne faut pas oublier qu'à cette époque, la croyance presque universelle était que toutes les sphères célestes tournaient mystérieusement autour de la Terre, qui semblait être de loin le corps le plus important de l'univers. On s'imaginait que le Soleil, la Lune et les étoiles indiquaient, par les vicissitudes de leurs mouvements, l'avenir des nations et des individus. Cette notion étant généralement admise, il semblait évident qu'un professeur chargé d'expliquer les mouvements des corps célestes devait nécessairement être sollicité pour décoder les décrets célestes sur le sort de l'homme que les lumières célestes étaient censées annoncer.

Kepler se lança avec son ardeur caractéristique dans cette phase fantastique du travail du professeur d'astronomie ; il étudia avec assiduité les règles de l'astrologie que les fantasmes de l'antiquité avaient compilées. Convaincu du lien entre l'aspect des astres et l'état des affaires humaines, il crut même percevoir, dans les événements de sa propre vie, une corroboration de la théorie qui affirmait l'influence des planètes sur le destin des individus.

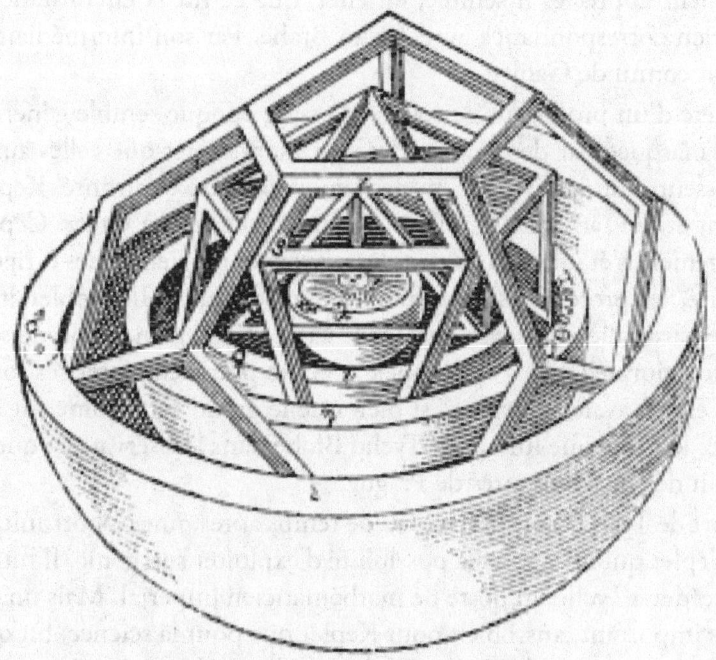

Le système des solides réguliers de Kepler

Mais indépendamment de l'astrologie, les philosophes de l'époque de Kepler semblent avoir entretenu de nombreuses autres illusions. Il est aujourd'hui presque incompréhensible que les hommes les plus compétents des siècles passés aient pu entretenir des notions aussi absurdes que celles qu'ils entretenaient sur le système de l'univers. À titre d'exemple, on peut citer la notion extraordinaire qui, sous le nom de découverte, fit d'abord la renommée de Kepler. Les géomètres savaient depuis longtemps que les figures solides régulières étaient au nombre de cinq, mais pas davantage. Il y a, par exemple, le cube à six côtés, qui est, bien sûr, le plus connu de ces solides. Outre le cube, il existe d'autres figures à quatre, huit, douze et vingt côtés respectivement. Il se trouve aussi qu'il existait cinq planètes, mais pas davantage, qui étaient connues des anciens, à savoir Mercure, Vénus, Mars, Jupiter et Saturne. Pour l'imagination vive de Kepler, cette coïncidence suggéra l'idée que les cinq solides réguliers correspondaient aux cinq planètes, et un grand nombre de liens mathématiques fantaisistes furent établis à ce sujet. L'absurdité de cette théorie est assez évidente, surtout si l'on observe que, comme nous le savons aujourd'hui, il existe deux grandes planètes et une multitude de petites planètes, en plus du nombre théorique des solides réguliers. Cependant, à l'époque de Kepler, cette théorie était si loin d'être considérée comme absurde que sa publication fut saluée comme un grand triomphe intellectuel. Kepler fut immédiatement apprécié. Il semble, en effet, que ce fût la circonstance qui le fit entrer en correspondance avec Tycho Brahe. Par son intermédiaire, il fut également connu de Galilée.

La carrière d'un professeur de sciences à cette époque semble généralement avoir été marquée par des vicissitudes plus marquantes que celles auxquelles un professeur d'une université moderne pourrait être confronté. Kepler était protestant et, en tant que tel, il fut nommé professeur à Gratz. Cependant, un changement s'étant produit dans les croyances religieuses des dirigeants de l'université, les professeurs protestants furent expulsés. Il semblerait qu'une influence particulière fut exercée dans le cas de Kepler, en raison de son éminence exceptionnelle, et il fut rappelé à Gratz pour réintégrer ses fonctions. Mais ses élèves avaient disparu, si bien que le grand astronome fut heureux d'accepter le poste que lui offrait Tycho Brahe dans l'observatoire que ce dernier venait de construire près de Prague.

À la mort de Tycho, qui survint peu de temps après, une opportunité se présenta à Kepler qui lui donna la possibilité d'exploiter son génie. Il fut désigné pour succéder à Tycho au poste de mathématicien impérial. Mais un élément bien plus important, aussi bien pour Kepler que pour la science, fut qu'on lui confia les observations de Tycho. C'est en effet par la remise en question des résultats de Tycho que Kepler put faire les découvertes qui constituent une part si importante de l'histoire de l'astronomie.

Kepler doit aussi être considéré comme l'un des premiers grands astronomes à avoir eu le privilège d'observer les corps célestes à l'aide d'un télescope. Ce fut en 1610 qu'il tint pour la première fois dans ses mains l'un de ces petits instruments que Galilée avait récemment utilisés pour observer les astres. Il ne faut cependant pas oublier que les découvertes révolutionnaires de Kepler ne furent pas issues de ses observations télescopiques ni de celles de quelqu'un d'autre d'ailleurs. Elles furent toutes minutieusement déduites des mesures de Tycho sur la position des planètes, obtenues à l'aide de ses grands instruments, qui n'étaient pas dotés d'une assistance télescopique.

Pour comprendre l'énorme avancée que la science reçut de la grande œuvre de Kepler, il faut bien comprendre que tous les astronomes qui travaillèrent avant lui sur le difficile sujet des mouvements célestes, partaient du principe que les planètes devaient effectuer une révolution circulaire. Si une planète ne semblait pas se déplacer dans un cercle fixe, la réponse toute prête était fournie par la théorie de Ptolémée selon laquelle le cercle dans lequel la planète se déplaçait était lui-même en mouvement, de telle sorte que son centre correspondait à un autre cercle.

Lorsque Kepler disposa de cette merveilleuse série d'observations de la planète Mars, qui avait été accumulée par l'extraordinaire savoir-faire de Tycho, il prouva, après un travail considérable, que les mouvements de la planète ne pouvaient être représentés sous une forme circulaire. On ne pouvait pas non plus supposer que Mars tournait dans un cercle, dont le centre tournait dans un autre cercle. Aucune de ces suppositions ne permettait de faire coïncider les mouvements des planètes avec ceux que Tycho avait observés. Cela mena à l'étonnante découverte de la véritable forme de l'orbite d'une planète. Pour la première fois dans l'histoire de l'astronomie, on avait posé le principe que les mouvements d'une planète ne pouvaient être représentés par un cercle, ni même par des combinaisons de cercles, mais qu'ils pouvaient être représentés par une trajectoire elliptique. Dans cette trajectoire, le Soleil se trouvait à l'un des deux points de cette ellipse que l'on appela les foyers.

Un appareil très simple est nécessaire pour dessiner l'une de ces ellipses dont Kepler démontra qu'elles avaient une signification astronomique si stupéfiante. Deux punaises sont plantées dans une feuille de papier posée sur une planche, la pointe d'un crayon est insérée dans une ficelle qui entoure les punaises et, en déplaçant le crayon de manière à maintenir la ficelle tendue, cette magnifique courbe appelée ellipse est tracée, tandis que les positions des punaises indiquent les deux foyers de la courbe. Si la longueur de la ficelle reste inchangée, alors plus les punaises sont rapprochées, plus la ressemblance entre l'ellipse et le cercle est grande, tandis que plus les punaises sont éloignées, plus l'ellipse s'allonge. En général, l'orbite d'une grande planète est une de ces ellipses qui se rapprochent d'une forme presque circulaire. Cependant, il se trouve heureusement que l'orbite de Mars présente un écart plus important par rapport à la forme circulaire que celle de toutes les autres planètes importantes. C'est sans doute grâce à cette circonstance que nous devons attribuer le succès extraordinaire de Kepler dans la découverte de la forme réelle d'une orbite planétaire. Les observations de Tycho n'auraient pas été suffisamment précises pour mettre en évidence la nature elliptique d'une orbite planétaire qui, comme celle de Vénus, ne différait que très peu de la forme circulaire.

Plus on réfléchit à cette réalisation mémorable, plus elle paraît marquante. Il ne faut pas oublier que de nos jours, nous connaissons la nécessité physique qui exige qu'une planète effectue sa révolution dans une ellipse et non dans une autre courbe. Mais Kepler n'avait pas cette connaissance. Jusqu'à son dernier souffle, il resta dans l'ignorance de l'existence d'une quelconque cause naturelle qui ordonnerait aux planètes de suivre ces courbes particulières que les géomètres connaissent si bien. Le fait que Kepler ait déterminé que l'ellipse était la véritable forme de l'orbite planétaire doit être considéré comme une brillante supposition, dont la véracité fut validée par les observations de Tycho. Kepler parvint également à mettre en évidence la loi selon laquelle la vitesse d'une planète en différents points de sa trajectoire pouvait être déterminée avec précision. Là encore, il faut admirer la sagacité avec laquelle cet astronome à l'acuité prodigieuse devina la vérité fondamentale de la nature. Dans ce cas encore, il n'avait aucune raison de penser que, selon les principes de la physique, la loi qu'il avait découverte devait être respectée. Il est effectivement vrai que Kepler avait une légère connaissance de l'existence de ce que nous connaissons aujourd'hui sous le nom de gravitation. Il avait même énoncé la théorie remarquable selon laquelle le flux et le reflux de la marée devaient être attribués à l'attraction de la Lune sur les eaux de la Terre. Cependant, il ne semble pas avoir eu la moindre idée de ces merveilleuses découvertes que Newton était destiné à faire un peu plus tard, en démontrant que les lois détectées par la formidable perspicacité de Kepler étaient des conséquences nécessaires du principe de la gravitation universelle.

Pour comprendre les relations entre Kepler et Tycho, il est nécessaire de noter la manière très différente dont ces illustres astronomes considéraient le système céleste. Il convient d'observer que Copernic avait déjà exposé le véritable système, qui situait le Soleil au centre du système planétaire. Mais à l'époque de Tycho Brahe, cette théorie n'avait pas encore reçu une approbation universelle. En réalité, le grand observateur lui-même n'acceptait pas les nouvelles conceptions de Copernic. Tycho pensait que la Terre ne semblait pas seulement être le centre des choses célestes, mais qu'elle en était réellement le centre. Il est, en effet, assez surprenant qu'un étudiant des astres aussi minutieux que Tycho ait pu délibérément rejeter la théorie copernicienne en faveur d'un système qui semble aujourd'hui si absurde. Tout au long de sa grande carrière, Tycho observa constamment la position du Soleil, de la Lune et des planètes, et soutint avec la même persistance que tous ces corps étaient en révolution autour de la Terre fixée en son centre. Toutefois, Kepler avait l'avantage d'appartenir à la nouvelle école. Il utilisa les observations de Tycho pour développer la grande théorie copernicienne à laquelle Tycho s'opposa farouchement.

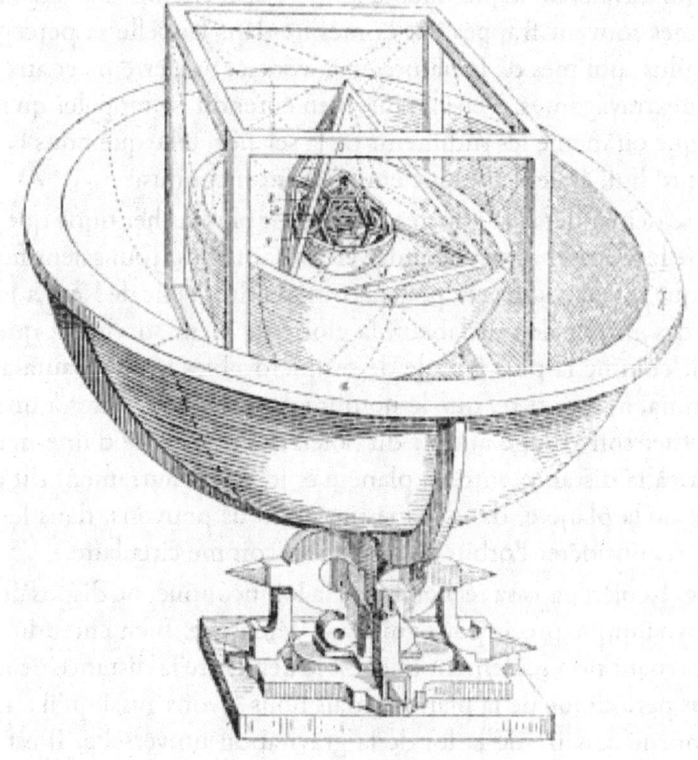

La représentation symbolique du système planétaire

Un exemple de la science moderne pourrait peut-être illustrer la relation intellectuelle de ces grands hommes. La révolution produite par Copernic dans la théorie des astres a souvent été comparée à la révolution que la théorie darwinienne produisit dans les opinions des biologistes sur la vie sur Terre. Au départ, la théorie darwinienne ne recueillit pas une approbation universelle, même parmi ces naturalistes dont la vie fut dédiée à l'étude des organismes avec le plus grand succès. Prenez, par exemple, ce grand naturaliste, le professeur Owen, dont les travaux permirent de développer considérablement nos connaissances sur les animaux fossiles qui peuplaient la Terre dans les temps reculés. Bien que les recherches d'Owen fussent intimement liées aux grands travaux de Darwin et qu'elles eussent fourni à ce dernier la matière de sa célèbre généralisation, Owen refusa délibérément d'accepter les nouvelles théories. À l'instar de Tycho, il continua d'accumuler rigidement ses faits sous l'influence d'un ensemble d'idées sur l'origine des formes vivantes qui sont aujourd'hui universellement reconnues comme étant erronées. Si, par conséquent, nous comparons Darwin à Copernic, et Owen à Tycho, nous pouvons comparer les biologistes d'aujourd'hui à Kepler, qui interpréta les résultats d'une observation précise sur des principes théoriques solides.

En lisant les travaux de Kepler sous la lumière de nos connaissances modernes, nous sommes souvent frappés par la mesure dans laquelle sa perception des vérités les plus sublimes de la nature était associée aux erreurs et aux absurdités les plus extravagantes. Mais il faut, bien entendu, se rappeler qu'il écrivait à une époque où même les rudiments de la science, telle que nous la comprenons aujourd'hui, étaient presque entièrement inconnus.

On peut se demander si la joie des mortels est plus authentique que celle qui récompense le succès du chercheur de vérités naturelles. Tout scientifique, aussi modestes que soient ses efforts, pourra comprendre la joie de Kepler lorsqu'enfin, après des années de dur labeur, la glorieuse lueur survint et que ce qu'il considérait comme la plus grande de ses incroyables lois lui sauta aux yeux. Kepler estima, à juste titre, que le nombre de jours nécessaires à une planète pour effectuer son voyage autour du Soleil devait être lié d'une manière ou d'une autre à la distance entre la planète et le Soleil, autrement dit au rayon de l'orbite de la planète, dans la mesure où nous pouvons, dans le cadre de notre étude, considérer l'orbite de la planète comme circulaire.

Là encore, Kepler, dans sa recherche de la loi inconnue, ne disposait d'aucun principe dynamique précis pour guider sa démarche. Bien entendu, nous savons maintenant non seulement quel est le lien entre la distance de la planète et le temps périodique de la planète, mais nous savons aussi qu'il s'agit d'une conséquence nécessaire de la loi de la gravitation universelle. Il est vrai que Kepler n'était pas sans avoir certaines hypothèses sur le sujet, mais elles étaient des plus fantaisistes. Ses notions sur les planètes, aussi précises qu'elles fussent sur certains points essentiels, se mêlaient à des idées vagues sur les propriétés des métaux et les relations géométriques des solides réguliers. Par-dessus tout, son raisonnement était imprégné des prétendues influences astrologiques des étoiles et de leur relation significative avec le destin humain. Influencé par un tel méli-mélo de notions, Kepler se résolut à effectuer toutes sortes d'essais dans sa recherche du lien entre la distance d'une planète au Soleil et la durée de la révolution de cette planète.

Il fut assez facilement démontré que plus la planète est éloignée du Soleil, plus le temps nécessaire pour effectuer son voyage est long. On aurait pu penser que ce temps serait directement proportionnel à la distance. Cependant, il fut facile de démontrer que cette supposition ne concordait pas avec les faits. Constatant que cette simple relation ne suffisait pas, Kepler entreprit une longue série de calculs pour trouver la véritable méthode d'expression de cette relation. Enfin, après bien des efforts vains, il découvrit, à son grand bonheur, que le carré du temps de révolution d'une planète autour du Soleil était proportionnel au cube de la distance moyenne de la planète à ce corps.

La manière extraordinaire dont les vues de Kepler sur les questions célestes furent associées aux spéculations les plus folles est parfaitement illustrée dans l'ouvrage où il exposa sa splendide découverte susmentionnée. L'annonce de la loi reliant les distances des planètes au Soleil à leurs périodes de révolution, était alors associée à une conception grotesque des propriétés des différentes planètes. Elles étaient supposées être associées à une musique profonde des sphères, inaudible à l'oreille humaine, et uniquement destinée à l'être dont l'âme constituait un esprit animé par le Soleil.

Kepler fut également le premier astronome à se risquer à prédire l'apparition de ce phénomène exceptionnel que représente le transit d'une planète devant le disque solaire. En 1629, il publia un article destiné aux curieux des choses célestes, dans lequel il annonçait que les deux planètes, Mercure et Vénus, devaient effectuer un transit devant le Soleil à des dates bien précises au cours de l'hiver 1631. Le passage de Mercure fut dûment observé par Gassendi, et le passage de Vénus eut également lieu, même si, comme nous le savons aujourd'hui, les circonstances étaient telles qu'aucun astronome européen ne put être témoin du phénomène.

En plus des découvertes de Kepler déjà mentionnées, auxquelles son nom sera à jamais associé, sa gratitude envers les astronomes dépend essentiellement de la publication de ses célèbres tables de Rudolphine. Cet ouvrage remarquable permet de déterminer la position des planètes avec une précision bien supérieure à celle que l'on pouvait obtenir auparavant.

Il ne faut jamais oublier que Kepler n'était pas un observateur astronomique. Sa tâche consistait à traiter les observations de Tycho et, à partir d'une étude approfondie et d'une comparaison des résultats, à déterminer les mouvements des corps célestes. En fait, ce fut Tycho qui apporta, en quelque sorte, la matière première, tandis que ce fut le génie de Kepler qui transforma cette matière en une magnifique forme exploitable. Pendant plus d'un siècle, les tables de Rudolphine furent considérées comme un ouvrage astronomique de référence. De nos jours, nous sommes habitués à trouver les mouvements des corps célestes exposés avec la plus grande exactitude dans l'almanach nautique[1] et dans les publications similaires publiées par les gouvernements étrangers. Il convient de se rappeler que ce fut Kepler qui donna la première impulsion dans ce sens.

1. Titre original : *Nautical Almanack*

La commémoration des tables rudolphines

À l'âge de vingt-six ans, Kepler épousa une héritière de Styrie qui, bien qu'âgée de vingt-trois ans seulement, avait déjà une certaine expérience matrimoniale. Son premier mari était mort, et ce ne fut qu'après le divorce de son second mari qu'elle reçut les attentions de Kepler. On ne sera pas surpris d'apprendre que ses affaires de famille ne semblaient pas avoir été particulièrement heureuses, et sa femme décéda en 1611. Deux ans plus tard, non découragé par le manque de succès de sa première aventure, il chercha une seconde compagne, et il était de toute évidence déterminé à ne pas faire d'erreur cette fois-ci. En effet, la manière méthodique dont il choisit la femme qu'il devait demander en mariage fut dûment expliquée par Kepler lui-même, et conservée pour notre édification. Avec une certaine assurance, il affirma qu'il n'y avait pas moins de onze vieilles filles désireuses de partager ses joies et ses peines. Il avait minutieusement évalué et relevé les mérites et les démérites de chacune de ces prétendantes. Le résultat de ses délibérations fut qu'il choisit une orpheline, dépourvue même d'une portion. Son choix fut couronné de succès et son second mariage semble avoir été une union beaucoup plus satisfaisante que le premier. Il eut cinq enfants de sa première épouse et sept de la seconde.

Le milieu de la vie de Kepler fut gravement perturbé par un problème qui, s'il n'était pas rare à l'époque, est difficile à comprendre de nos jours. Sa mère, Catherine Kepler, avait acquis une notoriété peu enviable en raison des soupçons de sorcellerie qui pesaient sur elle. Des années furent consacrées à des enquêtes judiciaires, et ce ne fut qu'après plus de douze mois d'efforts continus de la part de l'astronome qu'il put finalement obtenir son acquittement et sa libération de prison.

Il est intéressant de noter que Kepler se vit un jour proposer d'abandonner son pays natal et de s'installer en Angleterre. Voici comment cette proposition vit le jour : le grand homme fut confronté pendant la majeure partie de sa vie à des difficultés financières. Le voyant dans une telle situation, l'ambassadeur anglais à Venise, Sir Henry Wotton, en 1620, supplia Kepler de venir en Angleterre, où il l'assura qu'il recevrait un accueil favorable et où, ajouta-t-il, les grands travaux scientifiques de Kepler étaient déjà très appréciés. Mais ses efforts furent vains ; Kepler ne voulait pas quitter son pays. Il était alors âgé de quarante-neuf ans, et l'attrait que représentait pour lui une maison dans un pays étranger, où l'on parlait une langue étrangère, n'était certainement pas suffisant, même s'il était accompagné des avantages substantiels que l'ambassadeur était en mesure d'offrir. Si Kepler avait accepté cette invitation, en s'installant en Angleterre il aurait devancé le changement similaire qui eut lieu dans la carrière d'un autre grand astronome deux siècles plus tard. On se souviendra que Herschel, dans sa jeunesse, s'était installé en Angleterre et lui avait ainsi donné la renommée impérissable d'être associée à ses triomphes.

La publication des tables rudolphines des mouvements célestes entraîna des dépenses importantes. Une partie considérable de ces dépenses fut prise en charge par le gouvernement de Venise, mais le reste ne manqua pas d'inquiéter Kepler. Il ne fait aucun doute que les autorités de l'époque étaient encore moins disposées à dépenser de l'argent pour des travaux scientifiques que les gouvernements d'aujourd'hui. Pendant plusieurs années, il implora le Trésor impérial de le délivrer de ses angoisses. Les effets de tant de préoccupations, et de longs voyages qu'elles impliquaient finirent par avoir raison de la santé de Kepler. Comme nous l'avons déjà mentionné, dès son enfance, il n'avait jamais été robuste ; il succomba finalement à une fièvre en novembre 1630, à l'âge de cinquante-neuf ans. Il fut enterré à l'église Saint-Pierre de Ratisbonne.

Bien que Kepler fût dépourvu des caractéristiques personnelles qui firent de son grand prédécesseur, Tycho Brahe, un personnage si romantique, un élément pictural ne manquait pas dans le caractère de Kepler. Il s'agit toutefois d'un élément intellectuel. Son imagination, ainsi que ses capacités de raisonnement, travaillaient toujours en synergie. Il était sans cesse stimulé par les spéculations les plus extraordinaires. La grande majorité d'entre elles étaient en grande partie farfelues et fantaisistes, mais de temps en temps, il arrivait qu'une de ses fantaisies touchât directement le cœur de la nature et qu'une vérité immortelle fût dévoilée.

Je me souviens avoir visité l'observatoire d'un de nos plus grands astronomes modernes. Dans un grand bureau, il me montra une multitude de photographies qu'il avait réalisées, mais qui n'avaient pas été couronnées de succès, puis il me montra les quelques rares photos qui y étaient parvenues et qui avaient permis de révéler des vérités importantes. Avec une aisance verbale à laquelle j'ai souvent repensé depuis, il faisait allusion au contenu du bureau en le qualifiant de « copeaux ». Ils étaient inutiles, mais ils étaient des incidents nécessaires à une œuvre véritablement aboutie. Il en va de même pour tout travail important et de qualité. Même l'homme de science le plus compétent suit souvent une mauvaise piste. Maintes et maintes fois, il s'engage sur une fausse piste qui l'induit en erreur. Plus le génie et les ressources intellectuelles de l'homme sont grands, plus nombreuses seront les initiatives qu'il prendra, et la grande majorité de ces initiatives seront certainement infructueuses. C'est ce qu'on entend en réalité par « copeaux ». Dans le cas de Kepler, les copeaux étaient assez nombreux et étaient d'une variété et d'une structure extraordinaires. Mais de temps en temps, une incroyable découverte se réalisa, de telle sorte que l'on considère même les plus fantaisistes des copeaux de Kepler avec la plus grande vénération et le plus grand respect.

ISAAC NEWTON

Isaac Newton

Ce ne fut qu'un an après la mort de Galilée que naquit un enfant que l'on baptisa Isaac Newton. Même la grande renommée de Galilée lui-même doit être reléguée au second plan par rapport à celle du philosophe qui fut le premier à exposer la véritable théorie de l'univers.

Isaac Newton naquit le 25 décembre 1642, à Woolsthorpe, dans le Lincolnshire, à environ un kilomètre de Colsterworth et douze kilomètres au sud de Grantham. Son père, M. Isaac Newton, était mort quelques mois après son mariage avec Harriet Ayscough, la fille de M. James Ayscough, originaire de Market Overton, dans le Rutlandshire. Le petit Isaac fut d'abord si frêle et si faible que l'on douta de sa survie. Toutefois, la mère vigilante prit soin de son enfant si fragile avec un tel succès qu'il semble s'être porté bien mieux que ce que l'on aurait pu attendre au vu des circonstances de son enfance, et il acquit finalement une constitution assez solide pour dépasser la durée moyenne de la vie humaine.

Pendant trois ans, ils continuèrent à vivre à Woolsthorpe, les moyens de subsistance de la veuve étant complétés par les revenus d'un autre petit bien immobilier à Sewstern, dans une région voisine du Leicestershire.

Le manoir de Woolsthorpe. Montrant le cadran solaire fabriqué par Newton lorsqu'il était enfant.

En 1645, Mme Newton prit pour second mari le révérend Barnabas Smith, et en déménageant dans sa nouvelle maison, à environ un kilomètre de Woolsthorpe, elle confia le petit Isaac à sa mère, Mme Ayscough. En temps voulu, le garçon fut envoyé à l'école publique de Grantham, le nom du maître étant Stokes. Afin d'être proche de son travail, le philosophe en devenir était hébergé chez M. Clark, un apothicaire de Grantham. Nous apprenons de Newton lui-même qu'au début, il occupait une place très modeste dans les listes de classe de l'école, et qu'il n'était nullement un de ces écoliers modèles qui obtinssent les faveurs du maître d'école en s'intéressant à la grammaire latine. La première motivation d'Isaac à étudier assidûment semble avoir été dérivée de la circonstance qu'il fut sévèrement battu par l'un des garçons qui était au-dessus de lui dans la classe. Cette indignité eut pour effet de stimuler l'activité du jeune Newton à un tel point que non seulement il atteignit l'objectif désiré de dépasser le garçon qui l'avait maltraité, mais il continua à s'élever jusqu'à devenir le directeur de l'école.

Les heures de jeu du grand philosophe étaient consacrées à des activités très différentes de celles de la plupart des écoliers. Il s'amusait principalement à fabriquer des jouets mécaniques et divers dispositifs ingénieux. Il observait jour après jour avec beaucoup d'intérêt les ouvriers qui construisaient un moulin à vent dans le voisinage de l'école. Le résultat fut que le garçon réalisa un modèle fonctionnel du moulin à vent et de sa mécanique, ce qui semble avoir été très apprécié, car révélateur de son aptitude à la mécanique. On raconte qu'Isaac se livra également à des projets de mécanique d'un niveau quelque peu supérieur. Il construisit un chariot dont les roues étaient commandées par les mains de son occupant, et le premier instrument philosophique qu'il fabriqua fut une horloge fonctionnant à l'eau. Il consacra également beaucoup d'attention à la construction de cerfs-volants en papier, et son savoir-faire à cet égard fut très apprécié par ses camarades de classe. En véritable philosophe, il expérimentait déjà à ce stade les meilleures méthodes d'attache de la ficelle et les proportions que devait avoir la queue. Il fabriquait également des lanternes en papier pour s'éclairer lorsqu'il se rendait à l'école les sombres matinées d'hiver.

La seule histoire d'amour de la vie de Newton semble avoir débuté alors qu'il était encore jeune. Les faits sont ainsi décrits dans l'oeuvre de Brewster *La vie d'Isaac Newton*[1], un ouvrage auquel je suis grandement redevable pour ce chapitre.

« Dans la maison où il logeait, il y avait quelques femmes, dont il semblait apprécier grandement la compagnie. L'une d'entre elles, une miss Storey, sœur du Dr Storey, médecin à Buckminster, près de Colsterworth, avait deux ou trois ans de moins que Newton et, outre ses grands attraits personnels, elle semble avoir ajouté plus que la part habituelle de talent féminin. Il préférait toujours la compagnie de cette jeune femme et de ses amies à celle de ses propres camarades d'école, et c'était l'une de ses plus agréables occupations que de leur construire de petites tables, des armoires et autres ustensiles pour ranger leurs poupées et leurs bijoux. Il avait vécu près de six ans dans la même maison que miss Storey, et il y a des raisons de croire que leur amitié de jeunesse était graduellement passée à une plus grande passion ; mais le peu de moyens dont elle disposait, et l'insuffisance de sa propre fortune semblent avoir empêché la consommation de leur bonheur. Miss Storey fut ensuite mariée deux fois, et sous le nom de Mme Vincent, le Dr Stukeley lui rendit visite à Grantham en 1727, à l'âge de quatre-vingt-deux ans, et obtint d'elle de nombreux détails concernant les débuts de l'histoire de notre auteur. L'estime de Newton pour elle ne fléchit pas au cours de sa vie. Il lui rendait régulièrement visite lorsqu'il se rendait dans le Lincolnshire, et ne manquait jamais de la soulager des petites difficultés pécuniaires qui semblent avoir affecté sa famille. »

L'écolier de Grantham n'avait que quatorze ans lorsque sa mère devint veuve pour la deuxième fois. Elle retourna alors à l'ancienne maison familiale située à Woolsthorpe, emmenant les trois enfants nés de son second mariage. Ses moyens financiers semblaient être relativement limités, et il fut donc jugé nécessaire de retirer Isaac de l'école. Son activité récente fut telle qu'il avait déjà fait de bons progrès dans ses études, et sa mère espérait qu'il laisserait désormais de côté ses livres, et ces méditations silencieuses auxquelles, même à son

1. Titre original : *Life of Newton.*

jeune âge, il était devenu dépendant. Au lieu de ces occupations, jugées tout à fait inutiles, on s'attendait à ce que le garçon se consacre activement aux tâches de la ferme et aux détails de la vie à la campagne. Mais il devint rapidement évident que l'étude de la nature et la recherche de la connaissance fascinaient tellement le jeune homme qu'il ne pouvait accorder que peu d'attention à tout autre chose. Il était évident qu'il ne serait guère plus qu'un fermier ordinaire. Il préférait de loin faire des expériences sur ses roues à eau plutôt que de s'occuper des ouvriers, et il trouvait que travailler sur les mathématiques derrière une clôture était beaucoup plus intéressant que de discuter du prix des bœufs sur la place du marché. Heureusement pour l'humanité, sa mère, en femme avisée, décida de laisser au génie de son fils l'espace dont il avait besoin. Il fut donc renvoyé à l'école de Grantham, dans le but d'être formé aux connaissances qui lui permettraient d'entrer à l'université de Cambridge.

Trinity College, Cambridge. Montrant les quartiers de Newton ; sur le toit de la porte d'entrée, il plaça son télescope.

Le 5 juin 1660, Isaac Newton, âgé de dix-huit ans, fut inscrit comme étudiant au Trinity College[1] de Cambridge. Ceux qui l'y envoyèrent étaient loin de se douter que ce garçon était destiné à devenir l'étudiant le plus illustre qui eût

1. Il s'agit d'un des trente et un *colleges* qui composent l'université de Cambridge.

jamais franchi les portes de ce grand centre d'études. Le jeune homme n'aurait pas pu imaginer que la chambre qu'il occupait près du portail deviendrait célèbre du fait qu'il l'occupait ni que l'anté-chapelle de son université serait en temps voulu décorée de cette noble statue, qui est considérée comme l'un des plus grands trésors artistiques de l'université de Cambridge, à la fois en raison de sa beauté intrinsèque et du fait qu'elle commémore la gloire de son plus éminent ancien élève, Isaac Newton, l'immortel astronome. En effet, son avènement à l'université ne semblait pas avoir été des plus favorables ou des plus brillants. Sa naissance était, comme nous l'avons vu, relativement incertaine, et bien qu'il eût déjà fait preuve de sa capacité à réfléchir sur des questions philosophiques, il semble qu'il fût bien mal préparé quant aux connaissances habituelles que les jeunes sont généralement censés posséder à l'université.

Dès le début de sa carrière universitaire, l'attention de Newton semble s'être portée principalement sur les mathématiques. C'est là qu'il commença à faire preuve de cette incroyable perspicacité à l'égard des profonds secrets de la nature qui, plus d'un siècle plus tard, conduisit un juge aussi impartial que Laplace à déclarer l'œuvre immortelle de Newton comme étant prééminente par rapport à toutes les productions de l'intellect humain. Mais bien que Newton fût l'un des plus grands mathématiciens qui fussent, il ne fut jamais un mathématicien pour le simple plaisir des mathématiques. Il utilisait ses connaissances en mathématiques comme un instrument pour découvrir les lois de la nature. Son travail et son génie le firent rapidement remarquer auprès des autorités de l'université. Les archives de l'université indiquent qu'il obtint une bourse d'études en 1664. Deux ans plus tard, on apprend que Newton, ainsi que de nombreux résidents de l'université, durent quitter temporairement Cambridge en raison des débuts de la peste. Le philosophe se retira pendant une saison dans son ancienne maison à Woolsthorpe, où il resta jusqu'à ce qu'il fût nommé Fellow[1] du Trinity College de Cambridge en 1667. À partir de cette date, la réputation de Newton en tant que mathématicien et philosophe naturel ne cessa de croître, si bien qu'en 1669, alors qu'il n'avait encore que vingt-sept ans, il fut nommé au prestigieux poste de professeur de mathématiques lucasien[2] à Cambridge. C'est là qu'il trouva l'occasion de poursuivre et de développer cette merveilleuse carrière de découverte qui constituait l'œuvre de sa vie.

La première des grandes réalisations de Newton en matière de philosophie naturelle fut sa découverte du caractère composite de la lumière. Le fait qu'un

1. Il s'agit d'un titre honorifique décerné par une institution à une personnalité méritante. Dans le cadre des universités britanniques comme celle de Cambridge, cela peut également inclure certains privilèges au sein de cette institution.
2. Qualifie le professeur qui est en charge de la chaire de mathématiques de Cambridge. Du nom de famille du révérend Henry Lucas qui fonda cette chaire de mathématiques en 1663 et lui octroya un financement.

rayon de soleil ordinaire soit, en réalité, un composé d'un très grand nombre de lumières de couleurs différentes est une notion désormais connue de tous ceux qui ont reçu la moindre formation en sciences naturelles. Il faut cependant se rappeler que cette découverte représentait réellement un énorme progrès des connaissances à l'époque où Newton en fit l'annonce.

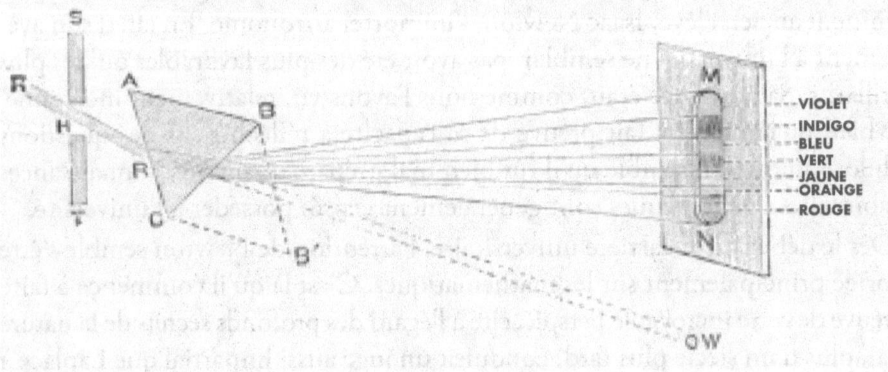

Diagramme d'un rayon de soleil

Nous présentons ici le petit diagramme initialement dessiné par Newton, afin d'expliquer l'expérience par laquelle il découvrit la composition de la lumière. Un rayon de soleil est introduit dans une pièce sombre par une ouverture H dans un volet. Ce rayon, s'il n'est pas perturbé, se déplace en ligne droite jusqu'à l'écran, où il reproduit un point lumineux de la même forme que le trou du volet. Cependant, si l'on introduit un prisme de verre, A B C, de façon à ce que le faisceau le traverse, on constate immédiatement que la lumière est déviée de sa trajectoire initiale. Il se produit toutefois un autre changement très important. Le point lumineux n'est pas seulement déplacé vers une autre partie de l'écran, mais il s'étale en une longue bande magnifiquement colorée, présentant les couleurs de l'arc-en-ciel. Tout en haut se trouvent les rayons violets, puis, par ordre décroissant, l'indigo, le bleu, le vert, le jaune, l'orange et le rouge.

La circonstance de ce phénomène qui semble avoir particulièrement attiré l'attention de Newton était l'allongement que subissait le point lumineux à la suite de son passage à travers le prisme. Lorsque le prisme était absent, le point était presque circulaire, mais lorsque le prisme était introduit, le point était environ cinq fois plus long et plus large. Trouver l'explication de ce phénomène était le premier problème à résoudre. Il semblait naturel de supposer que cela pouvait être dû à l'épaisseur du verre composant le prisme que la lumière traversait, ou bien à l'angle d'incidence auquel la lumière tombait sur le prisme. Cependant, après des expériences minutieuses, il s'aperçut que le phénomène ne pouvait être expliqué de cette manière. Ce ne fut qu'après beaucoup de travail et de patience que la véritable explication lui apparut. Il découvrit que, bien que le faisceau de lumière blanche semble si pur et si simple, il est en réalité composé de lumières de différentes couleurs mélangées entre elles. Bien entendu, celles-ci sont indiscernables dans le faisceau composé, mais elles sont séparées ou démêlées, pour ainsi dire, par l'action du prisme. Les rayons à l'extrémité bleue du spectre sont plus fortement déviés par l'action du verre que les rayons à l'extrémité rouge. Ainsi, les rayons de couleur rouge, orange, jaune, verte, bleue, indigo, violette, sont chacun dirigés vers une partie différente de l'écran. De cette façon, le prisme a pour effet de révéler la composition du faisceau lumineux composite.

Cela nous paraît aujourd'hui tout à fait évident, mais Newton ne se précipita pas sur cette évidence. Avec une prudence qui le caractérise, il vérifia l'explication par de nombreuses expériences différentes, qui toutes confirmèrent sa découverte. L'une d'entre elles peut être mentionnée. Il fit un trou dans l'écran au niveau de la partie où tombaient les rayons violets. Il laissa ainsi passer un rayon violet tout en interceptant les autres rayons lumineux, et sur ce rayon isolé, il put tenter d'autres expériences. Par exemple, lorsqu'il interposa un autre prisme sur sa trajectoire, il constata, comme il s'y attendait, qu'il était à nouveau dévié, et il mesura l'ampleur de cette déviation. Il tenta à nouveau la même expérience avec l'un des rayons rouges provenant de l'extrémité opposée de la bande colorée. Il le fit passer par la même ouverture de l'écran et vérifia l'ampleur de la déviation que le second prisme était capable de produire. Il constata, comme prévu, que le second prisme était plus efficace pour dévier les rayons violets que pour dévier les rayons rouges. Il confirma ainsi le fait que les différentes couleurs de l'arc-en-ciel étaient déviées par un prisme à des degrés différents, le violet étant le plus affecté et le rouge le moins affecté.

Non seulement Newton décomposa un faisceau blanc en ses couleurs composantes, mais inversement, en interposant un second prisme dont l'angle était tourné vers le haut, il réunit les différentes couleurs et reproduisit ainsi le faisceau de lumière blanche d'origine. Il illustra également de plusieurs autres manières sa célèbre théorie, qui semblait alors si surprenante, selon laquelle la lumière blanche était le résultat d'un mélange de toutes les couleurs de l'arc-en-ciel. En combinant les couleurs du peintre dans les bonnes proportions, il ne parvint pas à produire un mélange que l'on appellerait ordinairement blanc, mais il obtint un pigment gris. Il en déposa un peu sur le sol de sa chambre pour le comparer à un morceau de papier blanc. Il fit en sorte qu'un rayon de soleil lumineux tombe sur le papier et les couleurs mélangées côte à côte, et un ami qu'il appela pour avoir son avis déclara que dans ces circonstances les couleurs mélangées semblaient être les plus blanches des deux.

Par des démonstrations répétées, Newton établit ainsi sa grande découverte du caractère composite de la lumière. Il s'aperçut immédiatement que ses recherches avaient une grande incidence sur les principes de la construction d'un télescope. Ceux qui utilisaient le télescope pour observer les étoiles étaient depuis longtemps conscients des imperfections qui empêchaient les différents rayons d'être dirigés vers le même foyer. Mais jusqu'à ce jour, cette imperfection fut expliquée de manière erronée. On avait supposé que la raison pour laquelle la construction d'un télescope réfracteur n'avait pas abouti était due au fait que le verre de la lunette, fait d'une seule pièce, n'avait pas été correctement façonné. Les mathématiciens avaient abondamment démontré qu'une lentille unique, si elle était correctement façonnée, devait diriger tous les rayons lumineux vers le même foyer, à condition que tous les rayons subissent une réfraction égale en traversant le verre. Jusqu'à la découverte par Newton de la composition de la lumière blanche, on avait tenu pour acquis que les différents rayons d'un faisceau blanc étaient également réfrangibles. Si tel avait été le cas, il aurait sans doute été possible de fabriquer un télescope parfait en façonnant correctement l'objectif. Mais lorsque Newton démontra que la lumière n'était pas si simple qu'on le pensait, il devint évident que la fabrication d'un télescope réfracteur performant était impossible si l'on n'utilisait que la lentille d'un seul objectif, quelle que soit la qualité de cette lentille. Un tel objectif pouvait, sans aucun doute, être conçu pour diriger n'importe quel groupe de rayons d'une nuance particulière vers le même foyer, mais les rayons d'autres couleurs dans le faisceau de lumière blanche devaient nécessairement s'égarer quelque peu. Newton expliqua ainsi une grande partie des difficultés qui avaient jusqu'alors empêché la construction d'un télescope réfracteur parfait.

Nous savons maintenant comment ces difficultés peuvent être, en grande partie, surmontées, en employant comme objectif une lentille composite composée de deux pièces en verre possédant des qualités différentes. Le grand développement des connaissances astronomiques, depuis l'époque de Newton, est dû à ces lentilles achromatiques, comme on les appelle. Mais il faut souligner que, bien que Newton eût étudié la possibilité théorique de construire une lentille achromatique, il arriva à la conclusion que la difficulté ne pouvait être supprimée en employant un objectif composite composé de deux types de verre différents. Sur ce point, sa formidable sagacité dans l'interprétation de la nature semble pour une fois l'avoir abandonné. Cependant, nous pouvons difficilement déplorer que Newton ne découvrît pas l'objectif achromatique, lorsque nous observons que c'est en conséquence de sa conviction qu'un objectif achromatique était impossible qu'il fut amené à inventer le télescope à réflexion. Estimant, comme il le croyait, que les défauts du télescope ne pouvaient être corrigés par aucune application du principe de réfraction, il fut amené à chercher dans une tout autre direction l'amélioration de l'outil dont dépendaient les progrès de l'astronomie. Comme il l'avait découvert, la

RÉFRACTION de la lumière dépend de la couleur de la lumière. Toutefois, les lois de la RÉFLEXION sont tout à fait indépendantes de la couleur. Que les rayons soient rouges ou verts, bleus ou jaunes, ils sont tous réfléchis de la même manière dans un miroir. Par conséquent, Newton se rendit compte que s'il pouvait construire un télescope dont l'action dépendait de la réflexion, au lieu de la réfraction, la difficulté qui avait jusqu'alors constitué un obstacle insurmontable à l'amélioration de l'instrument serait contournée.

Le télescope réflecteur de sir Isaac Newton

À cette fin, Newton façonna un miroir concave à partir d'un mélange de cuivre et d'étain, une combinaison qui donne une surface ayant presque le lustre de l'argent. Lorsque la lumière d'une étoile tombait sur cette surface, une image de l'étoile était produite dans le foyer de ce miroir, puis cette image était examinée par un oculaire grossissant. Tel est le principe du célèbre télescope à réflexion qui porte le nom de Newton. Le petit réflecteur qu'il construisit, représenté sur la figure ci-contre, est toujours conservé comme l'un des trésors de la Royal Society[1]. Le tube du télescope avait la très modeste dimension de 2,5 cm de diamètre. Il était cependant le précurseur de toute une série d'ins-

1. Il s'agit une institution britannique fondée en 1660 siégeant au Carlton House Terrace à Londres et qui est destinée à la promotion des sciences. Cette institution est l'équivalent de l'Académie des sciences en France.

truments grandioses, chacun dépassant l'autre en magnitude, jusqu'à ce que le point culminant fut atteint en 1845 par la construction du gigantesque télescope réflecteur de Lord Rosse, d'une amplitude de 1,8 mètre.

La découverte par Newton de la composition de la lumière donna lieu à une controverse acerbe, qui causa quelques soucis au grand philosophe. Certains de ceux qui l'attaquaient jouissaient d'une réputation considérable et même, il faut bien l'avouer, d'une réputation bien méritée dans le milieu scientifique. Ils prétendaient, cependant, que l'allongement de la bande colorée que Newton avait remarqué était dû à ceci, à cela, ou à autre chose ; à toute autre chose, en réalité, plutôt qu'à la véritable cause que Newton avait assignée. Avec la patience et l'amour de la vérité qui le caractérisent, Newton répondit à chacune de ces attaques avec persévérance. Il démontra de la manière la plus exhaustive possible à quel point ses adversaires avaient mal interprété le problème, et combien leur connaissance du phénomène naturel en question était faible. En réponse à chaque point soulevé, il était toujours capable de citer de nouvelles expériences et de fournir de nouvelles illustrations, jusqu'à ce que ses opposants se retirassent finalement vaincus du combat.

On a souvent été surpris que Newton, tout au long de sa carrière, eût pris autant de peine à exposer les erreurs de ceux qui attaquaient ses opinions. Il avait même l'habitude de le faire lorsqu'il apparaissait clairement que ses adversaires ne comprenaient pas le sujet qu'ils discutaient. Un philosophe aurait peut-être déclaré : « Je sais que j'ai raison, et que les autres pensent que j'ai raison ou non peut les préoccuper, mais ce n'est certainement pas une question dont je dois me préoccuper. Si, après avoir entendu la vérité, ils choisissent de rester dans l'erreur, tant pis pour eux ; mon temps peut être mieux employé qu'à chercher à corriger de telles personnes ». Cependant, ce ne fut pas la méthode de Newton. Il passa beaucoup de temps précieux à renverser des objections qui étaient souvent très futiles. En effet, il souffrait beaucoup de la persistance, et parfois même de la rancœur, des attaques dont il faisait l'objet. Malheureusement pour lui, il ne possédait pas cette sublime capacité d'indifférence à l'égard de ce que les hommes peuvent dire, capacité qui est souvent l'heureuse possession d'intelligences bien inférieures à la sienne.

Le domaine de l'optique continuant à retenir l'attention de Newton, il poursuivit ses recherches sur la structure du rayon de soleil par de nombreuses autres études de grande valeur sur la lumière. Tout le monde a déjà remarqué les magnifiques couleurs qui se manifestent dans une bulle de savon. Voilà un sujet qui attira tout naturellement l'attention de celui qui avait exposé avec tant de succès les couleurs du spectre. Il remarqua que des couleurs similaires étaient produites non seulement par des bulles de savon, mais également par de fines plaques d'un matériau transparent, et son ingéniosité lui permit de concevoir une méthode permettant de mesurer l'épaisseur des différents films. On ne peut pas vraiment dire que son interprétation de ces phénomènes fut suivie d'un succès semblable à celui qui avait été si manifeste pour son explication du spectre. Il n'y a pas lieu de rabaisser le sublime génie de Newton en admettant que les théories qu'il avait proposées sur les causes des couleurs dans les bulles de savon ne soient plus acceptées. Il faut se rappeler que Newton fut un pionnier dans l'explication des propriétés physiques de la lumière. Les faits qu'il établit sont en effet indiscutables, mais les explications qu'il fut amené à donner pour certains d'entre eux sont considérées comme irrecevables à la lumière de nos connaissances actuelles.

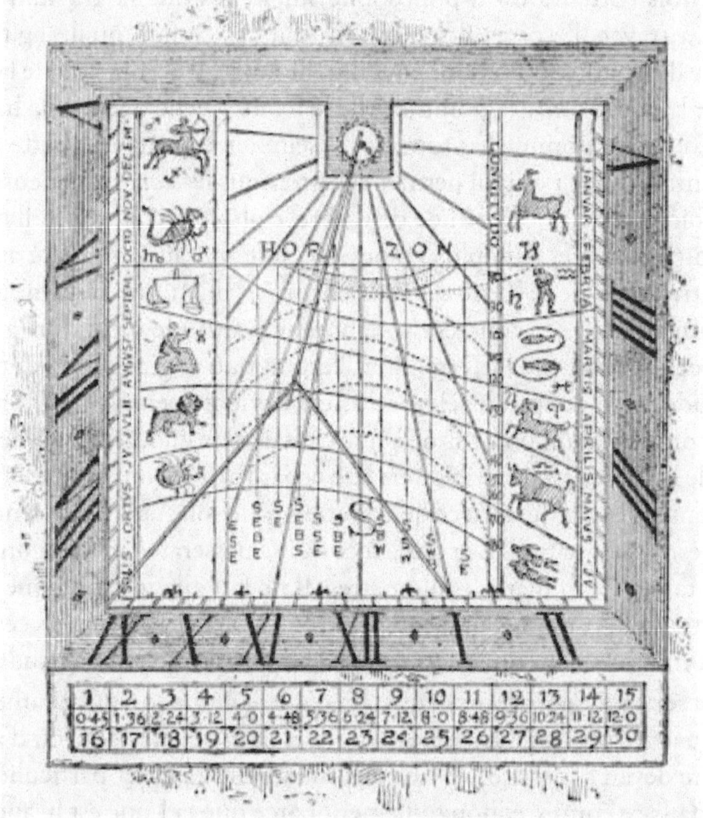

Le cadran solaire de sir Isaac Newton

Si Newton n'avait rien fait d'autre que de réaliser ses merveilleuses découvertes sur la lumière, sa renommée serait passée à la postérité comme étant l'un des plus grands interprètes de la nature. Mais il lui était réservé d'accomplir d'autres découvertes, qui reléguèrent au second plan jusqu'à son analyse du rayon de soleil ; c'est lui qui exposa le système de l'univers par la découverte de la loi de la gravitation universelle.

Le temps était en effet venu pour l'avènement du génie de Newton. Kepler avait découvert avec une formidable perspicacité les lois qui gouvernent les mouvements des planètes autour du Soleil, et dans diverses directions on avait plus ou moins vaguement ressenti que l'explication des lois de Kepler, ainsi que de nombreux autres phénomènes, devait être mise en relation avec le pouvoir d'attraction de la matière. Mais l'analyse mathématique qui seule pouvait permettre de résoudre ce problème manquait ; elle devait être réalisée par Newton.

En 1666, à Woolsthorpe, l'attention de Newton semble s'être concentrée sur le sujet de la gravitation. Peu importe dans quelle mesure on accepte l'histoire plus ou moins mythique selon laquelle la chute d'une pomme attira pour la première fois l'attention du philosophe sur le fait que la gravitation devait s'étendre à travers l'espace, il semble en tout cas certain qu'il s'agit là d'une excellente illustration du raisonnement qu'il suivit. Il argumenta de la manière suivante : La Terre attire la pomme ; elle le ferait, quelle que soit la hauteur de l'arbre d'où cette pomme est tombée. Il semblerait donc que cette force qui réside dans la Terre et qui lui permet d'attirer tous les corps extérieurs vers elle s'étende bien au-delà de l'altitude de l'arbre le plus élevé. En effet, il ne semble pas y avoir de limite. À la plus grande altitude qui ait jamais été atteinte, la force d'attraction de la Terre s'exerce encore, et bien que nous ne puissions pas, par une expérience concrète, atteindre une altitude supérieure à quelques kilomètres au-dessus de la Terre, il est certain que la gravitation s'étendrait à des altitudes beaucoup plus élevées. Il est évident, pensait Newton, qu'une pomme tombant d'un point situé à une centaine de kilomètres au-dessus de la surface de la Terre, serait attirée vers le bas par l'attraction, et gagnerait continuellement en vitesse jusqu'à ce qu'elle atteigne le sol. À partir de cent soixante kilomètres, il était naturel de penser à ce qui se passerait à mille kilomètres, ou à des centaines de milliers de kilomètres. Il ne fait aucun doute que l'intensité de l'attraction diminue avec l'augmentation de l'altitude, mais cette action existerait toujours dans une certaine mesure, quelle que soit l'altitude atteinte.

Newton se rendit alors compte que, bien que la Lune se trouve à une distance de trois cent quatre-vingt-six mille kilomètres de la Terre, le pouvoir d'attraction de la Terre devait s'étendre à la Lune. Il fut amené à penser particulièrement à la Lune dans ce contexte, non seulement parce que la Lune est beaucoup plus proche de la Terre que tout autre corps céleste, mais également parce que la Lune est un appendice de la Terre, tournant toujours autour d'elle. La Lune est certainement attirée par la Terre, et pourtant elle ne tombe pas ; comment expliquer cela ? L'explication se trouve dans le caractère du mouvement actuel de la Lune. Si la Lune restait momentanément immobile, il ne fait aucun doute que l'attraction de la Terre commencerait à attirer le globe lunaire vers notre planète. Au bout de quelques jours, notre satellite s'écraserait sur la Terre dans un fracas des plus terrifiants. Cette catastrophe est évitée par la circonstance que la Lune a un mouvement de révolution autour de la Terre. Newton put calculer, d'après les lois connues de la mécanique, qu'il avait lui-même largement contribué à découvrir, quelle devait être la force d'attraction de la Terre, pour que la Lune se déplace précisément comme nous le constatons. Il apparut alors que la puissance même qui fait tomber une pomme à la surface de la Terre est la puissance qui guide la Lune dans son orbite.

Le télescope de sir Isaac Newton

Une fois cette étape franchie, on pourrait presque dire que tout le schéma de l'univers se déroula devant les yeux du philosophe. Il était naturel de supposer que, tout comme la Lune est guidée et contrôlée par l'attraction de la Terre, la Terre elle-même, dans sa grande progression annuelle, devait être guidée et contrôlée par le pouvoir d'attraction suprême du Soleil. S'il en était ainsi pour la Terre, on ne pouvait douter que, de la même manière, les mouvements des planètes ne fussent expliqués comme étant des conséquences de l'attraction solaire.

Ce fut à ce moment-là que les grandes lois de Kepler prirent toute leur importance. Kepler avait démontré comment chacune des planètes effectue une révolution en ellipse autour du Soleil, qui se trouve sur l'un des foyers. Cette découverte avait été faite à partir de l'interprétation d'observations. Kepler n'avait lui-même donné aucune raison pour que l'orbite d'une planète soit une ellipse plutôt que n'importe quelle autre des innombrables courbes fermées qui peuvent être tracées autour du Soleil. Kepler avait également établi, et là encore il ne faisait que déduire les résultats de ses observations que lorsque l'on comparait les mouvements de deux planètes, le carré des temps périodiques pendant lesquels chaque planète effectuait sa révolution était proportionnel au cube de sa distance moyenne par rapport au Soleil. Kepler savait simplement que cela était vrai, mais il ne démontra pas pourquoi la nature avait adopté cette relation particulière entre la distance et le temps périodique plutôt qu'une autre. Il y avait également la loi par laquelle Kepler, avec une ingéniosité sans pareille, expliquait la manière dont la vitesse d'une planète varie en différents points de sa trajectoire en démontrant comment la ligne tracée du Soleil à la planète décrivait des surfaces égales autour du Soleil en des temps égaux. C'est avec ces éléments que Newton se mit au travail. Il voulait en déduire les lois réelles qui régissent la force par laquelle le Soleil guide les planètes. C'est là que son sublime génie mathématique entre en jeu. Petit à petit, Newton avança jusqu'à ce qu'il eût entièrement expliqué tous ces phénomènes.

En premier lieu, il montra que, comme la planète décrit des surfaces égales en des temps égaux autour du Soleil, la force d'attraction que le Soleil exerce sur elle doit nécessairement être dirigée en ligne droite vers le Soleil lui-même. Il démontra également la vérité inverse, à savoir que, quelle que soit la nature de la force émanant d'un soleil, tant que cette force est dirigée par le centre du Soleil, n'importe quel corps qui tourne autour de lui doit décrire des surfaces égales en des temps égaux, et ce, quel que soit le caractère réel de la loi selon laquelle l'intensité de la force varie à différents endroits de la trajectoire de la planète. C'est ainsi que le premier pas fut franchi dans l'exposition du schéma de l'univers.

L'étape suivante consistait à déterminer la loi selon laquelle la force ainsi avérée comme résidant dans le Soleil variait avec la distance de la planète. Newton démontra alors, par un incroyable effort de raisonnement mathématique, que si l'orbite d'une planète était une ellipse et si le Soleil était situé à l'un des foyers de cette ellipse, l'intensité de la force d'attraction devait varier inversement au carré de la distance de la planète. Si la loi avait une autre définition que l'inverse du carré de la distance, alors l'orbite que la planète doit suivre ne serait pas une ellipse ; ou si c'était le cas, le Soleil ne serait pas situé au foyer de celle-ci. Ainsi, il put prouver, à partir des seules lois de Kepler, que la force qui guidait les planètes était une force attractive émanant du Soleil, et que l'intensité de cette force attractive variait avec l'inverse du carré de la distance entre les deux corps.

Ces circonstances étant connues, il était alors facile de montrer que la dernière des trois lois de Kepler devait nécessairement en découler. Si un certain nombre de planètes tournaient autour du Soleil, et en supposant que les matériaux de tous ces corps étaient également affectés par la gravitation, on peut démontrer que le carré du temps périodique dans lequel chaque planète complète son orbite est proportionnel au cube du plus grand diamètre de cette orbite.

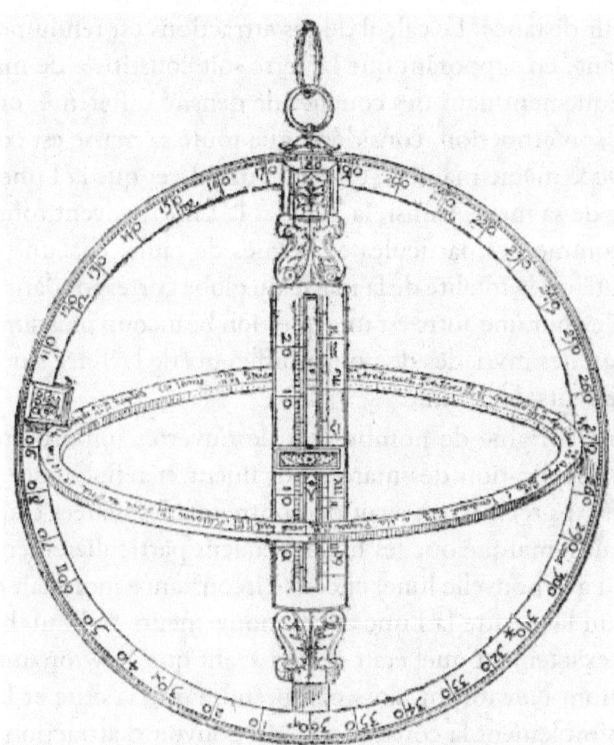

L'astrolabe de sir Isaac Newton

Cependant, ces superbes découvertes n'étaient que le point de départ à partir duquel Newton entreprit une série de recherches qui révélèrent bon nombre des secrets les plus profonds de la mécanique céleste. Sa perspicacité naturelle montra que non seulement les grandes masses comme le Soleil, la Terre et la Lune s'attirent mutuellement, mais également que chaque particule de l'univers doit attirer chaque autre particule avec une force qui varie inversement au carré de la distance qui les sépare. Si, par exemple, les deux particules étaient placées à une distance deux fois plus grande, alors l'intensité de la force qui cherche à les rapprocher serait réduite d'un quart. Si deux particules, originellement distantes de seize kilomètres, s'attirent avec une certaine force, alors, lorsque la distance est réduite à 1,6 kilomètre, l'intensité de l'attraction entre les deux particules est multipliée par cent. Ce principe fécond s'étend à l'ensemble de la nature. Toutefois, dans certains cas, le calcul de son effet sur les problèmes réels de la nature serait difficilement réalisable, si ce n'était pour une autre découverte que le génie de Newton lui permit d'accomplir. Dans le cas de deux globes comme la Terre et la Lune, il ne faut pas oublier que ce ne sont pas des particules, mais deux énormes masses de matière, chacune composée d'innombrables myriades de particules. Chaque particule de la Terre attire chaque particule de la Lune avec une force qui varie inversement au carré de leur distance. Le calcul de ces attractions est rendu possible par le principe suivant : en supposant que la Terre soit constituée de matériaux disposés symétriquement dans des couches de densité différente, on peut alors, pour calculer son attraction, considérer que toute sa masse est concentrée en son centre. De la même manière, on peut considérer que la Lune est concentrée au centre de sa masse. Ainsi, la Terre et la Lune peuvent toutes deux être considérées comme des particules en termes de taille, chacune d'entre elles possédant toutefois la totalité de la masse du globe correspondant. L'attraction d'une particule pour une autre est une question beaucoup plus simple à étudier que l'attraction des myriades de points différents de la Terre sur les myriades de points différents de la Lune.

Newton fut à l'origine de nombreuses découvertes importantes. Il donna tout d'abord l'explication des marées qui fluent et refluent sur nos rivages. Déjà en des temps reculés, on avait démontré que les marées étaient liées à la Lune. On avait remarqué que les marées étaient particulièrement hautes à la pleine lune ou à la nouvelle lune, et cette circonstance indiquait évidemment l'existence d'un lien entre la Lune et ces mouvements de l'eau, bien que personne ne sût exactement quel était ce lien avant que Newton annonçât la loi de la gravitation. Newton fit alors comprendre que la crue et la décrue des eaux étaient simplement la conséquence du pouvoir d'attraction que la Lune exerçait sur les océans situés sur notre globe. Il montra également que, dans une certaine mesure, le Soleil produit des marées, et il put expliquer comment lorsque le Soleil et la Lune sont en syzygie, le résultat de cette conjonction est de produire des marées particulièrement hautes, que nous appelons « marées de vives-eaux » ; alors que si la marée solaire est basse, tandis que la marée lunaire est haute, nous avons le phénomène des « marées de morte-eau ».

Mais la plus remarquable des applications de la loi de la gravitation de Newton fut probablement liée à certaines irrégularités dans les mouvements de la Lune. Dans son orbite autour de la Terre, notre satellite est, bien entendu, principalement guidé par la forte attraction de notre globe. S'il n'y avait aucun autre corps dans l'univers, alors le centre de la Lune devrait nécessairement effectuer une ellipse, et le centre de la Terre se trouverait au foyer de cette ellipse. Cependant, la nature ne confère pas aux mouvements la simplicité que cette disposition impliquerait, car le Soleil intervient comme source de perturbation. Le Soleil attire la Lune, et le Soleil attire la Terre, mais à des degrés différents, et la conséquence est que le mouvement de la Lune par rapport à la Terre est sérieusement affecté par l'influence du Soleil. Elle ne peut pas se déplacer exactement dans une ellipse, tout comme la Terre n'est pas exactement située en son foyer. L'importance de l'exploit de Newton dans la résolution de ce problème se comprendra si l'on se rend compte qu'il ne devait pas seulement déterminer, à partir de la loi de la gravitation, la nature de la perturbation de la Lune, mais également construire les outils mathématiques qui seuls pouvaient permettre d'effectuer de tels calculs.

Les ressources du génie de Newton semblaient cependant pouvoir répondre à presque toutes les demandes qui pouvaient lui être adressées. Il vit que chaque planète devait perturber l'autre, et c'est ainsi qu'il parvint à expliquer de manière satisfaisante certains phénomènes qui avaient laissé perplexe tous les chercheurs précédents. Ce mouvement mystérieux par lequel le pôle de la Terre oscille parmi les étoiles était depuis bien longtemps une énigme non résolue, mais Newton démontra que la Lune saisissait par son attraction la masse protubérante des régions équatoriales de la Terre, et faisait ainsi incliner l'axe de la Terre d'une manière qui justifiait ce phénomène connu, mais jamais expliqué depuis deux mille ans. Toutes ces découvertes furent regroupées dans son ouvrage immortel : « Principes mathématiques de la philosophie naturelle[1] ».

Jusqu'à l'année 1687, année de la publication des « Principes mathématiques de la philosophie naturelle », Newton avait mené une vie recluse à Cambridge en étant entièrement occupé par ces recherches transcendantes auxquelles nous avons fait référence. Mais cette année-là, il sortit de sa réclusion dans des circonstances d'un intérêt historique considérable. Le roi Jacques II tenta de porter atteinte aux droits et privilèges de l'université de Cambridge en ordonnant que le père François, un moine bénédictin, fût reçu comme un maître en arts au sein de l'université, sans avoir prêté les serments d'allégeance et de suprématie. L'université refusa catégoriquement de se plier à cet ordre arbitraire. Le vice-chancelier fut donc convoqué pour répondre de cet acte d'outrage à l'autorité de la Couronne. Newton était l'un des neuf délégués qui furent choisis pour défendre l'indépendance de l'université devant la Haute Cour. Ils parvinrent à démontrer que Charles II, qui avait publié un MANDAMUS dans des circonstances assez similaires, avait été incité après mûre réflexion à le retirer. Cet argument parut satisfaisant, et l'université obtint gain de cause. L'étape suivante de la vie publique de Newton fut son élection, par une faible majorité, en tant que membre du Parlement britannique, et pendant les années 1688 et 1689, il semble s'être consacré à ses fonctions parlementaires avec une grande régularité.

Un incident qui eut lieu en 1692 fut apparemment la cause d'une perturbation considérable de l'équanimité de Newton, voire même de sa santé. Il s'était rendu à la chapelle tôt le matin, laissant une bougie allumée au milieu de ses papiers sur son bureau. La tradition prétend que son petit chien « Diamant[2] » aurait renversé la bougie ; quoi qu'il en soit, lorsque Newton revint, il décou-

1. Titre original : « Principia » qui est d'ailleurs lui-même une abréviation du titre original complet : « Philosophiae naturalis principia mathematica ».
2. Le nom original du chien étant « Diamond ».

vrit que de nombreux documents de grande valeur furent détruits dans une conflagration. La perte de ces manuscrits semble avoir eu de graves conséquences. En effet, il a été affirmé que la détresse de Newton le réduisit à un état d'aberration mentale pendant une période considérable. Cela n'a apparemment pas été confirmé, mais il ne fait aucun doute qu'il fut très troublé, car le 13 septembre 1693, il écrivit à M. Pepys :

« Je suis extrêmement troublé par la situation dans laquelle je me trouve, et je n'ai ni mangé ni dormi convenablement au cours de ces douze derniers mois, et je n'ai pas retrouvé mon équilibre mental d'antan. »

Malgré la renommée que Newton avait acquise par la publication de son ouvrage « Principes mathématiques de la philosophie naturelle » et par toutes ses recherches, le gouvernement n'avait pas encore accordé la moindre attention à l'homme de science le plus illustre que ce pays ou tout autre ait jamais produit. Plusieurs de ses amis s'étaient efforcés de lui procurer une nomination permanente, mais sans succès. Cependant, il arriva que M. Montagu, qui avait siégé avec Newton au Parlement, fût nommé chancelier de l'Échiquier en 1694. Désireux de se distinguer dans ses nouvelles fonctions, M. Montagu se consacra à améliorer la monnaie courante, qui était alors très dévaluée. Heureusement, l'occasion de nommer un nouveau fonctionnaire à la Maison de la Monnaie[1] se présenta, et le 19 mars 1695, M. Montagu écrivit à M. Newton pour lui offrir le poste de gardien de la monnaie. Le salaire devait être de cinq ou six cents livres par an, et le travail n'exigeait pas plus de présence que Newton ne pouvait en fournir. Le professeur lucasien accepta ce poste et entra immédiatement dans ses nouvelles fonctions.

Les connaissances en physique que Newton avait acquises par ses expériences lui furent très précieuses dans le cadre de ses fonctions à la Maison de la Monnaie. Il mena à bien la réforme de la monnaie avec beaucoup de talent en l'espace de deux ans, et en récompense de ses efforts, il fut nommé, en 1697, au poste de directeur de la Monnaie, avec un salaire compris entre 1. 200 et 1. 500 livres par an. En 1701, ses fonctions à la Maison de la Monnaie étaient tellement contraignantes qu'il démissionna de son poste de professeur lucasien à Cambridge, et dut par la même occasion renoncer à sa bourse au Trinity College. Cela mit fin à ses liens avec l'université de Cambridge. Il convient toutefois de souligner qu'à un moment quelque peu antérieur dans sa carrière, il était sur le point d'être nommé à un poste qui aurait pu permettre à l'université de retenir le grand philosophe en son sein. Certains de ses amis avaient presque réussi à obtenir sa nomination au poste de doyen du King's College de Cambridge, mais cette nomination échoua dans la mesure où il

1. De son nom original : « Mint ». Il s'agit d'un organisme gouvernemental du Royaume-Uni qui est en charge de la frappe de la monnaie britannique.

était impossible de déroger à la loi qui exigeait que le doyen du King's College fût membre des Ordres.

À l'époque, il était souvent d'usage que d'illustres mathématiciens, après avoir découvert la solution d'un problème inédit et frappant, publiassent ce problème comme un défi au monde entier, tout en ne dévoilant pas leur propre solution. Un exemple célèbre de cette pratique se trouve dans ce que l'on appelle le problème du brachistochrone, qui fut résolu par John Bernouilli. La nature de ce problème peut être mentionnée. Il s'agissait de trouver la forme de la courbe le long de laquelle un corps glisserait d'un point (A) à un point (B) en un temps minimal. On pourrait d'abord penser que la ligne droite reliant A à B, puisqu'elle représente sans aucun doute la distance la plus courte entre les points, serait également la voie de descente la plus rapide ; mais il n'en est rien. Il existe une courbe, le long de laquelle une bille, dirons-nous, descendrait sur un fil souple de A à B en moins de temps qu'il n'en faudrait à cette même bille pour descendre le fil tendu. Le problème de Bernouilli était de trouver quelle devait être cette courbe. Newton le résolut correctement ; il montra que la courbe était une partie de ce qu'on appelle une cycloïde, c'est-à-dire une courbe comme celle qui est décrite par un point sur la jante d'une roue de chariot lorsque la roue tourne sur elle-même. La perspicacité géométrique de Newton était telle qu'il put communiquer la solution du problème au président de la Royal Society le jour qui suivit celui où il l'avait reçu.

En 1703, Newton, dont la renommée mondiale était désormais établie, fut élu président de la Royal Society. D'année en année, il fut réélu à ce poste éminent, et son mandat, qui dura vingt-cinq ans, prit fin en même temps que sa vie. Ce fut dans l'exercice de ses fonctions de président de la Royal Society que Newton entra en contact avec le prince George du Danemark. En avril 1705, la reine se rendit à Cambridge en tant qu'invitée du Dr Bentley, qui était alors directeur du Trinity College, et lors d'une cour tenue à Trinity Lodge le 15 avril 1705, Newton reçut l'honneur d'être fait chevalier.

Incité par ses illustres amis, qui cherchaient à promouvoir la connaissance, Newton se consacra à la publication d'une nouvelle édition des « Principes mathématiques de la philosophie naturelle ». Cependant, ses fonctions à la Maison de la Monnaie, ajoutées au devoir suprême de poursuivre ses recherches initiales, ne lui laissaient que peu de temps pour la simple tâche de révision. Il fut donc incité à s'associer à cette fin à un jeune mathématicien de renom, Roger Coates, membre du Trinity College de Cambridge, qui avait récemment été nommé professeur plumien[1] d'astronomie. Le 27 juillet 1713, Newton,

1. La chaire de professeur plumien d'astronomie et de philosophie expérimentale est une des deux chaires d'astronomie de l'université de Cambridge avec celle de professeur lowndesien d'astronomie et de géométrie. Cette chaire a été créée en 1704 par Thomas Plume, membre du Christ's College et archidiacre de Rochester.

qui était désormais un personnage favori de la cour, rendit visite à la reine et lui remit un exemplaire de la nouvelle édition des « Principes mathématiques de la philosophie naturelle ».

Tout au long de sa vie, Newton semble avoir été très intéressé par les études théologiques, et il consacra tout particulièrement son attention au sujet des prophéties. Il laissa derrière lui un manuscrit sur les prophéties de Daniel et l'apocalypse de Saint-Jean, et il écrivit également divers articles théologiques. De nombreux autres sujets retenaient de temps à autre son attention. Il étudiait les lois de la chaleur ; il faisait des expériences en poursuivant les rêves de l'alchimiste, tandis que le philosophe qui avait révélé le mécanisme des astres se détendait parfois en essayant d'interpréter les hiéroglyphes. Dans les dernières années de sa vie, il endura avec ténacité une pénible maladie, et le lundi 20 mars 1727, il succomba à l'âge de quatre-vingt-cinq ans. Le mardi 28 mars 1727, il fut enterré dans l'abbaye de Westminster.

Bien que Newton eût vécu assez longtemps pour recevoir les honneurs que ses stupéfiantes découvertes méritaient à juste titre, et bien que pendant de nombreuses années de sa vie sa renommée fût bien supérieure à celle de tous ses confrères, on peut dire sans exagération que, dans les années qui ont suivi, la renommée de Newton n'a cessé de croître, si bien qu'elle n'a jamais été aussi grande qu'aujourd'hui.

Il est difficile de savoir s'il faut davantage admirer les découvertes sublimes auxquelles il aboutit, ou le caractère extraordinaire des méthodes intellectuelles qui permirent de les réaliser. D'un point de vue comme de l'autre, les « Principes mathématiques de la philosophie naturelle » de Newton est sans conteste le plus grand ouvrage scientifique qui ait jamais été publié.

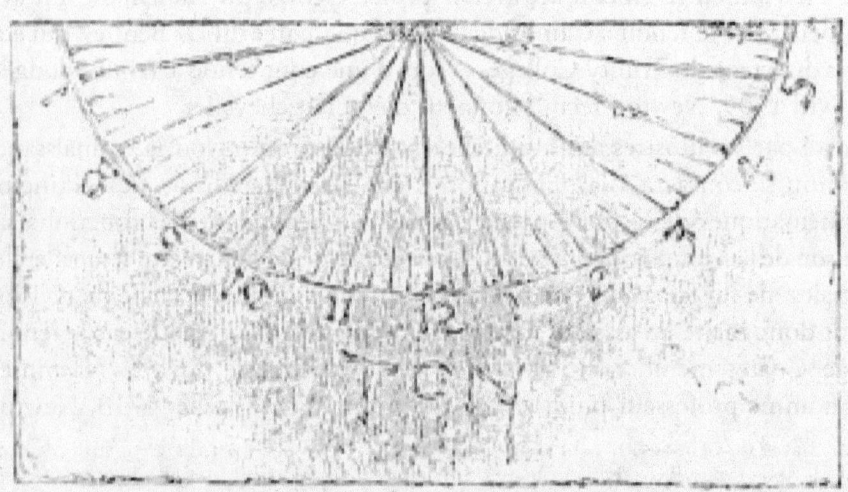

Le cadran solaire de sir Isaac Newton à la *Royal Society*

FLAMSTEED

Flamsteed

Parmi les manuscrits conservés à l'observatoire de Greenwich se trouvent certains documents dans lesquels Flamsteed relate sa propre vie. Nous pouvons commencer notre esquisse en citant le passage suivant de cette autobiographie : « Afin de me préserver de l'oisiveté et de me divertir, je voulais faire ici un récit de ma vie, de ma jeunesse, avant que les actions de celle-ci, et les providences de Dieu à cet égard ne disparaissent de ma mémoire ; j'ai également voulu observer les accidents de ma vie, et les inclinations de mon esprit, afin que quiconque lit ces écrits puisse voir que je n'étais pas entièrement absorbé, que ce soit par les affaires de mon père ou par mes mathématiques, mais que j'admettais et trouvais du temps pour d'autres préoccupations tout aussi importantes. »

Le principal intérêt qui se rattache au nom de Flamsteed vient du fait qu'il fut le premier de l'illustre lignée des astronomes royaux qui ont présidé l'observatoire de Greenwich. En cette qualité, Flamsteed put apporter une aide matérielle à Newton en lui fournissant les observations nécessaires à sa théorie lunaire.

Le 19 août 1646, John Flamsteed naquit à Denby, dans le Derbyshire. Sa mère décéda alors qu'il avait trois ans, et la seconde femme, que son père épousa trois ans plus tard, ne vécut que jusqu'à ses huit ans. Flamsteed avait également deux jeunes sœurs. Dans sa jeunesse, le futur astronome nous raconte qu'il était très friand de ces romances qui touchent l'imagination des garçons, mais comme il le déclare lui-même : « à douze ans, j'ai abandonné toutes ces fictions délirantes pour me consacrer à la lecture des meilleures d'entre elles, qui, même si elles n'étaient pas probables, ne semblaient pas impossibles à imaginer. » Lorsque Flamsteed eut quinze ans, il se lança dans un travail bien plus sérieux, car il avait lu l'oeuvre de Plutarque les *Vies parallèles*[1], *L'histoire romaine*[2] de Tacite et de nombreux autres ouvrages du même genre. En 1661, il tomba malade d'une grave affection rhumatismale, qui le contraignit à se déscolariser. C'est alors qu'il reçut pour la première fois les premières notions d'une éducation scientifique. Toutefois, il avait déjà atteint ses seize ans avant de faire des progrès en arithmétique. Il nous raconte que son père lui enseigna « la théorie des fractions » et « la règle d'or de trois », des leçons qu'il semble avoir apprises avec aisance et rapidité. Un des livres qu'il lisait à cette époque attirait son attention sur les instruments d'astronomie, et il fut ainsi amené à se construire un quadrant, avec lequel il pouvait effectuer quelques observations astronomiques élémentaires. Il élabora ensuite un tableau pour déterminer l'altitude du Soleil à différentes heures, et manifesta ainsi ce penchant pour la pratique de l'astronomie qu'il allait tant développer par la suite. Il semble que ces études scientifiques furent déconseillées par son père, qui souhaitait que son fils suivît une carrière commerciale. Cependant, l'inclination naturelle de Flamsteed le poussa à poursuivre des travaux astronomiques, malgré les obstacles qui se dressaient sur sa route. Malheureusement, sa constitution fragile semble s'être accentuée, et il venait d'achever sa dix-huitième année, « lorsque, pour reprendre ses propres mots, l'hiver arriva et me cloua de nouveau près de la cheminée, d'où la chaleur et la sécheresse de l'été précédent avaient heureusement pu m'en délivrer auparavant. Mais, comme ce n'était pas une saison propice à la médecine, on jugea bon de me laisser en paix cet hiver, et de faire appel à un autre médecin au printemps ».

Il semble qu'à cette époque, un charlatan répondant au nom de Valentine Greatrackes avait la réputation d'avoir effectué des guérisons des plus étonnantes en Irlande, simplement par l'action de ses mains, sans recourir à aucun médicament. Le père de Flamsteed, désespérant de trouver un remède pour

1. Titre original : *Lives*
2. Titre original : *Roman History*

son fils dans la branche légitime de la profession, l'envoya en Irlande le 26 août 1665, alors qu'il était âgé de « dix-neuf ans, six jours et onze heures ». Le jeune astronome, accompagné d'un ami, arriva un mardi à Liverpool, mais le vent ne leur étant pas favorable, ils y restèrent jusqu'au vendredi suivant, date à laquelle le vent tourna vers l'est. Ils embarquèrent donc à midi sur un navire appelé le *Supply*, et arrivèrent le samedi soir à Dublin. Toutefois, avant de pouvoir débarquer, ils faillirent faire naufrage sur l'île de Lambay. Une fois ce péril évité, un long délai de quarantaine s'écoula avant qu'ils ne fussent enfin autorisés à débarquer. Le jeudi 6 septembre, ils quittèrent Dublin, où ils avaient séjourné à l'hôtel « Ship », situé dans Dame Street, pour se rendre à Assaune, où Greatrackes recevait ses patients.

La maison de Flamsteed

Flamsteed donne un intéressant récit de ses voyages en Irlande. Le premier jour, ils dînèrent à Naas et le 8 septembre, ils atteignirent Carlow, une ville dépeinte comme l'une des plus belles qu'ils purent voir au cours de leur voyage. Dans la matinée du dimanche 10 septembre, après avoir perdu leur chemin à plusieurs reprises, ils atteignirent Castleton, communément appelé *Four Mile Waters*. Flamsteed demanda à l'hôte de l'auberge où ils pourraient trouver une église, mais on lui répondit que le pasteur vivait à vingt kilomètres de là, et qu'ils ne faisaient pas de sermon sauf lorsqu'il venait récolter sa dîme une fois par an, et une femme ajouta que : « ils avaient bien assez de tout ce qui était nécessaire, à l'exception de la parole de Dieu ». Les voyageurs se rendirent donc à Cappoquin, qui se situe en amont de la rivière Blackwater, sur la route de Lismore, à treize kilomètres de Youghal. De là, ils partirent immédiatement à pied pour Assaune, situé à environ deux kilomètres de Cappoquin, et en entrant dans la maison de M. Greatrackes, ils le virent toucher plusieurs malades, « dont certains étaient presque guéris, d'autres étaient en voie de guérison, et quelques-uns sur qui l'imposition des mains n'avait aucun effet». Flamsteed fut touché par le célèbre charlatan dans l'après-midi du 11 septembre, mais nous ne sommes guère surpris de sa remarque selon laquelle «il ne trouva aucun remède à sa maladie.» Le lendemain matin, l'astronome revint voir M. Greatrackes, qui avait «une sorte de présence majestueuse, mais affable, et un comportement calme.» Même après que le troisième attouchement fut effectué, aucun bienfait ne semble en avoir été tiré. Il faut toutefois noter, à la décharge de M. Greatrackes, qu'il refusa d'accepter tout paiement de Flamsteed, parce qu'il était étranger.

Estimant qu'il était inutile de prolonger son séjour plus longtemps, Flamsteed et son ami prirent le chemin du retour vers Dublin. Au cours de son voyage, il semble avoir été très impressionné par Clonmel, qu'il dépeint comme une «ville très agréablement située». Mais à cette époque, un voyage en Irlande était une initiative si importante que lorsque Flamsteed revint sain et sauf à Derby après un mois d'absence, il ajouta: «Pour la providence de Dieu dans ce voyage, que son nom soit loué, amen.»

Quant aux bienfaits que l'expédition devait apporter à sa santé, on peut citer ses propres paroles: «Au cours de l'hiver suivant, je fus plutôt bien portant, et ma maladie n'était pas aussi violente qu'elle l'était autrefois à cette période. Mais que ce fût par la miséricorde de Dieu je reçus cela par le toucher de M. Greatrackes, ou par mon voyage et mes vomissements en mer, je ne suis pas certain; mais, par certaines circonstances, je suppose que je reçus un bénéfice des deux.»

Il est évident que l'intérêt de Flamsteed pour toutes les questions astronomiques s'était considérablement développé à cette époque. Il étudia la construction des cadrans solaires, établit un catalogue de soixante-dix étoiles fixes, avec leur position dans le ciel, et calcula les circonstances de l'éclipse solaire qui devait se produire le 22 juin 1666. Il est intéressant de noter que, même à cette époque, les théories des astrologues jouissaient encore d'une grande crédibilité, et Flamsteed consacrait une bonne partie de son temps à des études et des calculs astrologiques. Il étudia les méthodes de détermination de la natalité, mais un soupçon, voire plus qu'un soupçon, semble avoir traversé son esprit quant à la valeur de ces prédictions astrologiques, car il déclara *in fine*: «J'ai constaté que l'astrologie donnait généralement de forts indices hypothétiques, et non des déclarations exactes.»

Cependant, pendant tout ce temps, le futur astronome royal progressait sans cesse dans des recherches astronomiques très pointues. Il avait étudié l'obliquité de l'écliptique avec une extrême attention, pour autant que les circonstances de l'observation astronomique le permettaient à l'époque. Il avait également cherché à découvrir la distance du Soleil à la Terre, dans la mesure où elle pouvait être obtenue en déterminant le moment où la Lune était précisément à moitié éclairée, et il avait mesuré avec une grande précision la durée de l'année tropicale. On constate ainsi que, même à l'âge de vingt ans, Flamsteed avait fait de grands progrès, si l'on prend en compte combien son temps fut entravé par sa maladie.

D'autres branches de l'astronomie commencèrent également à attirer son attention. On apprend qu'en 1669 et 1670, il compara les planètes Jupiter et Mars avec certaines étoiles fixes près desquelles elles passèrent. Ses instruments, bien que très imparfaits, étaient toutefois suffisants pour lui permettre de mesurer les intervalles entre les planètes et les étoiles sur la sphère céleste. Comme il connaissait déjà la position des étoiles, Flamsteed pouvait ainsi obtenir la position des planètes. C'est encore essentiellement de cette manière que les astronomes d'aujourd'hui procèdent lorsqu'ils souhaitent déterminer la position des planètes, dans la mesure où, directement ou indirectement, ces positions sont toujours obtenues en fonction des étoiles fixes. Par ses observations à cette époque, il est vrai que Flamsteed ne put obtenir un grand degré de précision ; il parvint cependant à prouver qu'il ne fallait pas se baser sur les tableaux qui donnaient ordinairement la position des planètes.

Les travaux de Flamsteed en astronomie et dans les branches scientifiques associées commençaient à être connus de tous, et il correspondait peu à peu avec de nombreux savants de renom. L'une des premières occasions qui firent la renommée des talents du jeune astronome fut la publication de calculs concernant certains phénomènes astronomiques qui devaient se produire en l'an 1670. Lors de la révolution mensuelle de la Lune, son disque passe au-dessus des étoiles qui se trouvent sur sa trajectoire. La disparition d'une étoile par l'interposition de la Lune est appelée « occultation ». Comme notre satellite est relativement proche de nous, la position que la Lune semble occuper dans le ciel varie d'une partie à l'autre de la Terre. Il arrive donc qu'une étoile occultée pour un observateur situé dans une localité ne le soit pas pour un observateur situé dans une autre. Même lorsqu'une occultation est visible depuis les deux locations, les moments où l'étoile disparaît de la vue sont, en général, différents. De nombreux calculs sont donc nécessaires pour déterminer les circonstances dans lesquelles les occultations d'étoiles peuvent être visibles depuis une station particulière. Ayant un penchant pour de tels calculs, Flamsteed calcula les occultations qui devaient se produire en l'an 1670, étant donné que plusieurs étoiles remarquables devaient être occultées par la Lune au cours de cette année. Bien entendu, de nos jours, ces informations figurent dans l'almanach nautique, mais il y a quelques siècles, il n'existait pas de source de connaissances astronomiques telle que celle que l'on retrouve dans cette inestimable publication si bien connue des astronomes et des navigateurs. En conséquence, Flamsteed envoya les résultats de ses travaux au président de la Royal Society. Le document qui les contenait fut reçu très favorablement, et fit aussitôt connaître Flamsteed auprès des membres les plus éminents de cet illustre organisme, dont l'un d'entre eux, M. Collins, devint son ami fidèle et son correspondant tout au long de sa vie. Le père de Flamsteed fut naturellement enchanté de la remarquable attention que son fils recevait de la part des plus grands et des plus érudits ; en conséquence, il lui demanda de se rendre à Londres, afin de faire personnellement la connaissance de ces amis scientifiques qu'il n'avait auparavant connus que par correspondance. Flamsteed fut ravi de saisir cette occasion. C'est ainsi qu'il fit la connaissance du Dr Barrow, et surtout de Newton, qui était alors professeur de mathématiques lucasien à Cambridge. Il semblerait que ce fût à la suite de cette visite à Londres que Flamsteed devînt membre du Jesus College[1] de Cambridge. Nous n'avons que peu d'informations sur son parcours universitaire, mais quoi qu'il en soit, il obtint son diplôme de maîtrise le 5 juin 1674.

Jusqu'à cette époque, il semblerait que Flamsteed fût impliqué, dans une certaine mesure, dans les affaires menées par son père. Il est vrai qu'il ne donne pas de détails explicites, mais il y a de fréquentes références aux déplacements qu'il devait faire pour des raisons professionnelles. Mais le moment approchait où Flamsteed allait commencer une carrière indépendante, et il semble qu'il obtint son diplôme à Cambridge dans le but d'entrer dans les Ordres, afin de pouvoir s'installer dans un petit logement près de Derby, qui était la propriété d'un ami de son père, et qui serait à la disposition du jeune astronome. Cependant, ce projet ne fut pas réalisé, mais Flamsteed ne nous explique pas les raisons de son échec, sa seule remarque étant : « La bonne providence de Dieu, qui m'avait destiné à une autre fonction, en décida autrement ».

Sir Jonas Moore, l'un des amis influents que les talents de Flamsteed avaient attirés, semble lui avoir procuré le poste d'astronome royal, avec un salaire de cent livres par an. Un salaire plus élevé semble avoir été initialement prévu pour cette fonction récemment créée, mais comme Flamsteed était résolu à entrer dans les Ordres, un salaire moins élevé fut jugé suffisant dans son cas. La construction de l'observatoire, où devait prendre place le premier astronome royal, semble avoir été menée à bien, ou du moins, sa progression fut accélérée, d'une manière quelque peu curieuse.

Un Français, du nom de Le sieur de Saint-Pierre, vint à Londres pour promulguer un plan permettant de découvrir les longitudes, un sujet alors très important. Il apporta avec lui des contacts avec des personnalités éminentes, et son projet attira beaucoup d'attention. Les propositions qu'il fit furent portées à la connaissance de Flamsteed, qui fit remarquer que les projets du Français

1. Il s'agit d'un des trente et un *collèges* qui composent l'université de Cambridge.

étaient tout à fait inapplicables dans l'état actuel de la science astronomique, dans la mesure où les positions des étoiles n'étaient pas connues avec le degré de précision qui serait nécessaire pour que de telles méthodes fussent appliquées. Flamsteed poursuivit en déclarant : « Je ne reçus plus de nouvelles du Français après cela, mais j'appris que mes lettres furent présentées au roi Charles. Il fut stupéfait de l'affirmation selon laquelle les positions des étoiles fixes étaient fausses dans le catalogue, et déclara, avec une certaine véhémence, qu'il devait les faire à nouveau observer, examiner et corriger, pour l'usage de ses marins. »

Le premier point à régler était le site du nouvel observatoire. Hyde Park et Chelsea College furent tous deux mentionnés comme des lieux appropriés, mais, à la suggestion de sir Christopher Wren, c'est Greenwich Hill qui fut finalement choisi. Le roi accorda une subvention de cinq cents livres. Il fournit des briques provenant du fort de Tilbury, tandis que les matériaux tels que le bois, le fer et le plomb provenaient d'une porterie démolie de la tour de Humphrey[1]. Le roi promit également toute autre aide matérielle qui pourrait être nécessaire. La première pierre de l'observatoire royal fut posée le 10 août 1675 et, en quelques années, le bâtiment fut érigé afin de permettre la naissance de la pratique moderne de l'astronomie. Flamsteed s'efforça avec une extraordinaire diligence, et en dépit de nombreuses difficultés, d'obtenir une quantité suffisante d'instruments astronomiques et d'organiser la poursuite de ses observations. Malgré les promesses du roi, l'astronome ne disposait cependant que de peu de moyens, et il n'avait aucun assistant pour l'aider dans son travail. Il en découle que toutes les observations, ainsi que les réductions et, en réalité, tous les travaux annexes de l'observatoire devaient être effectués par lui-même. Cependant, Flamsteed, comme nous l'avons vu, avait beaucoup d'amis loyaux. Sir Jonas Moore, en particulier, lui apportait en permanence une aide précieuse et l'encourageait par sa chaleureuse sympathie et son vif intérêt pour l'astronomie. Les travaux du premier astronome royal furent fréquemment interrompus par des crises récurrentes provenant des maux dont nous avons déjà parlé. Il déclara lui-même que : « ses troubles sont tellement présents qu'il ne peut les faire disparaître », et il perdit beaucoup de temps à être épuisé par ces maux de tête, ainsi que par des affections plus graves.

Au cours de l'année 1678, il travailla à plein régime dans son observatoire. Il se consacra tout particulièrement au mouvement de la Terre, qu'il chercha à déduire des observations du Soleil et de Vénus. Mais ce projet, ainsi que de nombreuses autres recherches astronomiques qu'il entreprit, n'étaient que secondaires par rapport à celui dont il fit la tâche principale de sa vie, à savoir la constitution d'un catalogue d'étoiles fixes. À l'époque où Flamsteed commen-

1. De son nom original : *The Duke Humphrey Tower* qui était à l'origine située à l'emplacement actuel de l'observatoire royal et qui fut par conséquent démolie pour pouvoir construit l'observatoire de Greenwich.

ça sa carrière, le seul catalogue d'étoiles fixes disponible était celui de Tycho Brahe. Cet ouvrage fut publié au début du XVIIe siècle et contenait environ mille étoiles. Les positions assignées à ces étoiles, bien qu'obtenues avec une incroyable habileté, étant donné les nombreuses difficultés rencontrées par Tycho, étaient tout à fait inexactes lorsqu'elles furent jugées selon nos normes modernes. Les instruments de Tycho étaient inévitablement très rudimentaires, et il n'avait, bien entendu, aucun télescope pour l'aider. Par conséquent, ce ne fut que par un simple procédé d'observation qu'il put obtenir la position des étoiles. Il faut également se rappeler que Tycho n'avait pas d'horloges ni de micromètres. Il n'avait, en réalité, que peu de connaissances correctes sur les mouvements des astres pour le guider. Pour déterminer les longitudes de quelques étoiles principales, il eut l'ingénieuse idée de mesurer de jour la position de Vénus par rapport au Soleil, une observation rendue possible sans l'aide d'un télescope grâce à la luminosité exceptionnelle de cette planète, puis d'observer de nuit la position de Vénus par rapport aux étoiles.

Dans son introduction au *British Catalogue of Stars*[1], M. Baily fit remarquer que « les observations de Flamsteed, par un heureux concours de circonstances, marquèrent le début d'une ère nouvelle et brillante. Il se trouve qu'à cette époque, l'esprit puissant de Newton était orienté vers ce sujet ; une relation amicale existait alors entre ces deux éminents personnages ; et c'est ainsi que les premières observations qui pouvaient prétendre à l'exactitude furent immédiatement apportées pour aider notre illustre géomètre dans ces profondes recherches sur lesquelles il s'était alors engagé. La première édition des *Principes mathématiques de la philosophie naturelle* témoigne de l'aide apportée par Flamsteed à Newton dans ces recherches, bien que le premier considère que la reconnaissance ne soit pas aussi ample qu'elle aurait dû l'être. »

Bien que les observations de Flamsteed ne possèdent pas la précision de celles réalisées à une époque plus récente, où l'on disposait d'instruments bien supérieurs aux siens, elles présentent néanmoins un intérêt particulier de par leur ancienneté. Cette circonstance leur confère une importance particulière pour l'astronome, dans la mesure où elles sont calculées pour nous éclairer sur les mouvements propres des étoiles. L'œuvre de Flamsteed peut, en effet, être considérée comme l'origine de tous les catalogues ultérieurs, et la nomenclature qu'il adopta, bien que, sur certains points, on ne puisse pas la considérer comme étant très défendable, est néanmoins celle qui fut adoptée par tous les astronomes qui le succédèrent. Il y avait également un grand nombre d'erreurs, comme on pouvait s'y attendre dans un ouvrage d'une telle ampleur, composé presque entièrement de données chiffrées. Beaucoup de ces erreurs furent

1. De son titre original complet : *The Catalogue of Stars of the British Association for the Advancement of Science*. Cet ouvrage fut publié en 1845 et recensa la position de 8377 étoiles.

corrigées par Baily lui-même, l'éditeur assidu de *Flamsteed's Life and Works*[1], car Flamsteed fut si accablé par diverses causes dans la dernière partie de sa vie, et fut si sujet à des infirmités tout au long de sa carrière, qu'il fut incapable de réviser ses calculs avec tout le soin qui aurait été nécessaire. En effet, il observa de nombreuses étoiles supplémentaires qu'il ne mentionna jamais dans le catalogue d'étoiles britannique. Comme le souligne bien Baily : « il est plutôt étonnant qu'il pût accomplir autant de choses, compte tenu de ses faibles moyens, de sa faiblesse et des douleurs qu'il éprouvait constamment. »

Vers la fin de sa vie, Flamsteed eut le malheur de s'éloigner de ses plus éminents scientifiques contemporains. Il avait fourni à Newton des positions de la Lune, à la demande pressante de l'auteur des *Principes mathématiques de la philosophie naturelle*, afin que la théorie lunaire fût soigneusement comparée avec les observations. Mais Flamsteed semble avoir estimé que dans sa nouvelle demande d'informations similaires, Newton semblait exiger comme un dû ce que Flamsteed considérait comme une faveur. Cette affaire suscita un différend considérable, et il existe de nombreuses lettres et documents, relatifs aux difficultés qui survinrent par la suite, qui ne sont sans doute pas très honorables pour aucune des parties.

Malgré sa faible constitution, Flamsteed vécut jusqu'à l'âge de soixante-treize ans, sa mort survenant le dernier jour de l'année 1719.

1. De son titre complet original : *An Account of the Revd. John Flamsteed, the First Astronomer*, Royal publié en 1835.

HALLEY

Halley

Isaac Newton n'avait que quatorze ans lorsque naquit Edmund Halley, qui était destiné à devenir l'ami très proche de Newton et l'un de ses plus illustres collègues scientifiques. Il ne fait aucun doute que la renommée d'astronome que Halley finit par acquérir, aussi grande fût-elle, aurait été encore bien plus grande si elle n'avait pas été quelque peu amoindrie par le fait qu'il eut la malchance de rayonner dans le même ciel que celui illuminé par le génie sans égal de Newton.

Edmund Halley naquit le 29 octobre 1656 à Haggerston, dans la paroisse de St Leonard, dans le district de Shoreditch. Son père, qui portait le même nom que son célèbre fils, était savonnier à Winchester Street, à Londres, et il avait mené ses affaires avec un tel succès qu'il avait accumulé une vaste fortune. Je n'ai pas été en mesure d'obtenir davantage de détails sur les débuts de la vie du futur astronome. Cependant, il semblerait que, dès l'enfance, il fit preuve d'une aptitude remarquable pour l'acquisition de divers types de connaissances, et d'une certaine disposition pour les inventions mécaniques. Halley semble avoir reçu une bonne éducation à la St Paul's School[1], alors dirigée par le Dr Thomas Gale.

Le jeune philosophe y devançait rapidement ses concurrents dans les diverses branches de l'enseignement scolaire ordinaire. Sa supériorité était cependant plus manifeste en mathématiques, et en tant qu'évolution naturelle de tels penchants, on apprend que lorsqu'il quitta l'école, il avait déjà fait de grands progrès en astronomie. À l'âge de dix-sept ans, il fut admis comme « commoner[2] » au Queen's College d'Oxford, et la réputation qu'il apporta avec lui à l'université peut être déduite de la remarque de l'auteur de *Athenae Oxonienses*, selon laquelle Halley arriva à Oxford : « avec des compétences en Latin, en Grec et en Hébreu, ainsi qu'une connaissance de la géométrie telle qu'il était capable de fabriquer un cadran complet ». Bien que ses études fussent d'une nature relativement variée, il est évident que, dès le début, son domaine de prédilection fut l'astronomie. Ses premiers travaux d'observation pratique furent liés à une éclipse qu'il observa depuis la maison de son père à Winchester Street. Il semble également qu'il eût étudié les branches théoriques de l'astronomie au point de s'être familiarisé avec l'application des mathématiques à des problèmes quelque peu abstrus.

Jusqu'à l'époque de Kepler, les philosophes avaient considéré pratiquement comme un axiome que les corps célestes devaient effectuer une révolution circulaire et que le mouvement de la planète autour de l'orbite qu'elle décrivait devait être uniforme. Nous avons déjà vu comment ce grand philosophe, après un travail acharné, parvint à prouver que les orbites des planètes n'étaient pas des cercles, mais des ellipses de faible excentricité. Cependant, Kepler ne put se défaire de l'idée dominante selon laquelle le mouvement angulaire de la planète devait être de caractère uniforme autour d'un point. Il avait en effet prouvé que le mouvement autour du foyer de l'ellipse dans laquelle se trouve le Soleil n'est pas de cette nature. L'une de ses découvertes les plus importantes concernait même le fait qu'à certains moments de son orbite, une planète se déplace autour du Soleil avec une vitesse angulaire supérieure à d'autres. Mais il se trouve que dans les trajectoires elliptiques qui ne diffèrent que très peu des cercles, comme c'est le cas pour toutes les orbites planétaires les plus importantes, le mouvement autour du foyer vide de l'ellipse est presque uniforme. Il semblait naturel de supposer que c'était précisément le cas, et que dans cette éventualité chacun des deux foyers de l'ellipse aurait eu une importance par-

1. Il s'agit d'une école indépendante sélective pour les garçons âgés de 13 à 18 ans, qui fut fondée en 1509 par John Colet et située au bord de la Tamise, dans le quartier de Barnes, à Londres.
2. Il s'agit d'un statut typiquement anglais qui s'applique dans les universités telles que celle d'Oxford et qui désigne le fait qu'un étudiant paie lui-même sa pension.

ticulière par rapport au mouvement de la planète. Toutefois, le jeune Halley démontra qu'en ce qui concerne le foyer vide, le mouvement de la planète autour de celui-ci, bien que presque uniforme, ne l'était pas exactement, et à l'âge de dix-neuf ans, il publia un traité sur le sujet qui le plaça immédiatement au premier rang des astronomes théoriciens.

Mais Halley n'avait pas l'intention de se contenter de sa plume en tant qu'astronome. Il désirait vivement s'engager dans le travail pratique de l'observation. Il voyait que les progrès de l'astronomie exacte devaient essentiellement reposer sur la détermination de la position des étoiles avec la plus grande précision possible. Il décida donc de se pencher sur ce sujet qui avait été initié avec tant de succès par Tycho Brahe.

De nos jours, les astronomes des grands observatoires nationaux se consacrent assidûment à déterminer la position des étoiles. La connaissance de la position exacte de ces corps est en effet d'une importance capitale, non seulement pour les besoins de l'astronomie scientifique, mais également pour la navigation et pour les vastes opérations topographiques dans lesquelles une grande précision est requise. Le fait que Halley décida de se concentrer sur ce travail démontre clairement la perspicacité scientifique du jeune astronome.

Cependant, Halley découvrit que Hevelius, qui était installé à Dantzig, et Flamsteed, l'astronome royal de Greenwich, étaient tous deux engagés dans des travaux de cette nature. Il décida donc de diriger ses efforts d'une manière qui lui semblait plus utile à la science. Il laissa aux deux astronomes susmentionnés le soin d'étudier les étoiles de l'hémisphère Nord, et il chercha à s'approprier un secteur jusqu'alors presque entièrement inexploité. Il décida de se rendre dans l'hémisphère Sud, afin d'y mesurer et d'étudier les étoiles non visibles en Europe, de manière à ce que son travail complète celui des astronomes du Nord, et que le résultat conjoint de ses travaux et des leurs constitue une étude complète des étoiles les plus importantes de la surface du ciel.

De nos jours, après que tant de fervents étudiants se soient consacrés à l'étude de la nature, il semble difficile pour un débutant de trouver un territoire vierge où commencer ses explorations. On peut cependant affirmer que Halley eut le privilège de commencer à travailler dans une région magnifique, dont on ignorait jusqu'alors presque entièrement le contenu. En effet, aucune des étoiles qui se trouvaient dans une position telle qu'elles étaient invisibles depuis l'observatoire de Tycho Brahe à Uraniborg, au Danemark, ne pouvait être considérée comme dûment observée. Il y avait sans doute une rumeur selon laquelle un Hollandais avait observé les étoiles du Sud depuis l'île de Sumatra, et que certaines étoiles étaient indiquées dans le ciel austral sur un globe céleste. Cependant, après examen, Halley constata que l'on ne pouvait se fier aux résultats obtenus, si bien que l'on peut considérer que le terrain qu'il avait à sa disposition était pratiquement inexploité.

À l'âge de vingt ans, sans même avoir attendu de passer le diplôme universitaire que les autorités auraient été heureuses de décerner à un étudiant si prometteur, ce fervent étudiant de la nature demanda à son père la permission de se rendre dans l'hémisphère Sud afin d'étudier les étoiles qui se situent autour du pôle austral. Son père possédait les moyens nécessaires, et il eut également la sagacité de soutenir le jeune astronome. Il fut en effet très soucieux de faciliter au maximum la tâche de son fils si prometteur. Il lui fournit une allocation de 300 livres par an, ce qui était considéré comme une somme très généreuse à cette époque. Halley reçut également des lettres de recommandation du roi Charles II, ainsi que des directeurs de la Compagnie britannique des Indes orientales[1]. En 1676, il embarqua donc avec ses instruments sur l'un des navires de la Compagnie britannique des Indes orientales pour l'île de Sainte-Hélène, qu'il avait choisie comme théâtre de ses travaux.

Après trois mois de navigation peu mouvementée, l'astronome débarqua à Sainte-Hélène, équipé d'un sextant de un mètre soixante de rayon et d'un télescope de sept mètres de long, et se plongea aussitôt avec ardeur dans l'étude du ciel austral. Cependant, il se heurta à une très grande déception. Le climat de cette île lui avait été présenté comme très favorable à l'observation astronomique ; mais au lieu du ciel d'un bleu pur qu'on lui avait fait espérer, il constata qu'il était presque toujours plus ou moins nuageux, et que la pluie était fréquente, si bien que ses observations étaient fortement interrompues. Pour cette raison, il ne resta à Sainte-Hélène qu'une seule année, ayant, durant cette période, et malgré de nombreuses difficultés, accompli un travail qui lui valut le titre de « notre Tycho du Sud ». C'est ainsi que Halley établit sa renommée d'astronome sur ce même rocher solitaire situé au milieu de l'Atlantique qui, près d'un siècle et demi plus tard, devint le théâtre de l'emprisonnement de Napoléon, lorsque son étoile, en laquelle il croyait si fermement, s'était irrémédiablement fixée.

De retour en Angleterre, Halley prépara une carte qui montrait le résultat de ses travaux, et il la présenta au roi en 1677. Tout comme son grand prédécesseur Tycho, Halley ne méprisait pas totalement l'art d'être courtisan, car il s'efforça de faire entrer une nouvelle constellation dans le groupe autour du pôle sud qu'il appela « Le Chêne de Charles[2] », ajoutant une description selon laquelle les incidents dont « Le Chêne de Charles » était le symbole étaient suffisamment importants pour être inscrits à la surface des cieux.

Il y a des raisons de penser que le roi Charles II appréciait à sa juste valeur la

1. De son nom original : *East India Company*

2. De son nom original : *The Royal Oak* qui fait référence au chêne où Charles II se serait caché des troupes d'Oliver Cromwell après la Bataille de Worcester. Elle était située entre les constellations de la Croix du Sud et de la Carène.

renommée scientifique que l'un de ses sujets avait acquise, et c'est probablement grâce à l'influence du roi que Halley fut nommé maître en arts à Oxford le 18 novembre 1678. À cette occasion, il fut fait spécialement mention de ses observations à Sainte-Hélène, comme preuve de ses résultats exceptionnels en mathématiques et en astronomie. Ce diplôme constituait un grand honneur pour ce jeune homme qui, comme nous l'avons vu, avait quitté son université avant d'avoir eu l'occasion d'obtenir son diplôme de la manière traditionnelle.

Le 30 novembre de la même année, l'astronome reçut une autre récompense en étant élu membre de la Royal Society. Dès lors, il prit une part très active aux activités de cette dernière, et les nombreux articles qu'il lut devant elle représentent une partie très importante de cette remarquable série de revues scientifiques connue sous le nom de *Philosophical Transactions*[1]. Par la suite, il fut élu au poste important de secrétaire de la Royal Society, et il s'acquitta de ses fonctions jusqu'à ce que sa nomination à Greenwich nécessitât sa démission.

Un an après son élection comme membre de la Royal Society, Halley fut choisi par celle-ci pour la représenter dans un débat qui s'était engagé avec Hevelius. La nature de ce dernier, ou plutôt le fait qu'un débat fût nécessaire peut sembler étrange aux astronomes modernes, car il s'agit d'un point sur lequel il semble aujourd'hui impossible que les opinions divergent. Cependant, il ne faut pas oublier que l'époque de Halley était, toutes proportions gardées, celle de l'enfance en ce qui concerne l'art de l'observation astronomique, et que les questions qui semblent aujourd'hui être évidentes étaient bien souvent, à cette époque, l'occasion d'une réflexion sérieuse et anxieuse. La question particulière sur laquelle Halley devait représenter la Royal Society peut être énoncée simplement : lorsque Tycho Brahe fit ses mémorables recherches sur la position des étoiles, il n'avait aucun télescope pour l'aider. Les célèbres instruments d'Uraniborg étaient simplement équipés de mires, grâce auxquelles le télescope était pointé vers une étoile suivant le même principe qu'un fusil visant une cible. Peu de temps après l'époque de Tycho, Galilée inventa le télescope. Bien entendu, tout le monde reconnut immédiatement les avantages extraordinaires que le télescope offrait en ce qui concerne la simple question de la visibilité des objets. Mais les répercussions de l'invention de Galilée sur ce que nous pouvons appeler la phase de mesure de l'astronomie ne furent pas immédiates. Si une étoile est visible à l'œil nu, on peut déterminer sa position à l'aide d'instruments tels que ceux utilisés par Tycho, c'est-à-dire sans l'aide d'un télescope. Cependant, on peut également se servir d'un instrument dans lequel on ne voit pas l'étoile directement, mais par l'intermédiaire d'un télescope. La position de l'étoile peut-elle être déterminée plus précisément par cette dernière méthode que lorsque le télescope n'est pas utilisé ? Avec nos connais-

1. De son nom complet : *The Philosophical Transactions of the Royal Society*

sances actuelles, la réponse ne fait évidemment aucun doute ; toute personne familière avec les instruments astronomiques sait que l'on peut déterminer la position d'une étoile de manière bien plus précise avec un télescope qu'avec un simple appareil de visée. En réalité, un observateur aurait autant de chances de commettre une erreur d'une minute avec l'appareil de visée de l'instrument de Tycho, qu'une erreur d'une seconde avec le télescope moderne, ou, pour formuler la question autrement, on peut dire, de manière générale, que la méthode télescopique pour déterminer de la position des étoiles ne conduit pas à des erreurs supérieures à un soixantième de celles qui sont inévitables lorsque nous utilisons la méthode de Tycho.

Mais bien que cela paraisse évident à l'astronome moderne, ce n'était pas du tout le cas à l'époque de Halley qui fut donc envoyé pour discuter de la question avec les astronomes continentaux. Hevelius, en tant que représentant de l'ancienne méthode, utilisée avec tant de succès par Tycho, soutenait qu'un instrument pouvait être pointé plus précisément sur une étoile à l'aide de mires que par l'usage d'un télescope, et contestait vigoureusement les arguments de ceux qui pensaient que cette dernière méthode était la plus appropriée. Le 14 mai 1679, Halley se mit en route pour Dantzig, et le caractère énergique de cet homme peut être jugé par le fait que, la nuit même de son arrivée, il commença à effectuer les observations nécessaires. À cette époque, les télescopes astronomiques n'avaient atteint qu'une fraction de la perfection que possèdent les instruments de nos observatoires modernes, et il n'est donc pas surprenant que les résultats de l'essai ne fussent pas immédiatement concluants. Halley semble avoir consacré beaucoup de temps à cette enquête ; en effet, il resta à Dantzig pendant plus de douze mois. À son retour en Angleterre, il fit l'éloge de la maîtrise dont Hevelius faisait preuve dans l'utilisation de ses méthodes archaïques, mais Halley était néanmoins un observateur bien trop avisé pour être déstabilisé dans sa préférence pour la méthode d'observation télescopique.

L'année suivante, notre jeune astronome entreprit un voyage continental, et nous, qui nous plaignons lorsque la traversée de la Manche dure plus d'une heure ou deux, pouvons noter la remarque de Halley dans sa lettre à Hooke datée du 15 juin 1680 : « Ayant eu du mauvais temps, nous avons mis quarante heures pour nous rendre de Douvres à Calais. » La renommée scientifique qu'il avait déjà atteinte était telle qu'il fut reçu à Paris avec une grande attention. Une grande partie de son temps semble avoir été passée à l'observatoire de Paris, où Cassini, le génie qui le présidait, lui-même astronome à la réputation amplement méritée, avait réservé un accueil chaleureux à son visiteur anglais. Ils observèrent ensemble la position de la splendide comète qui attirait alors l'attention du monde entier, et Halley trouva les travaux ainsi effectués d'une grande utilité lorsqu'il vint par la suite à étudier la trajectoire suivie par ce corps. Halley fut assez sage pour ne pas ménager ses efforts afin de profiter au maximum de ses relations avec les éminents savants de la capitale française. Dans la suite de son périple, il visita les principales villes du continent, laissant partout derrière lui le souvenir d'un tempérament aimable et d'une intelligence exceptionnelle.

En 1682, après son retour en Angleterre, Halley épousa une jeune femme du nom de Mary Tooke, avec laquelle il vécut heureux jusqu'à sa mort, cinquante-cinq ans plus tard. Une fois marié, il s'installa à Islington, où il construisit ses instruments et reprit ses observations.

Les astronomes ont souvent eu la chance de rendre des services pratiques à l'humanité grâce à leurs recherches, et les exploits de Halley à cet égard méritent d'être soulignés. Quelques années après s'être installé en Angleterre, il publia un article important sur la variation de la boussole magnétique, car on appelle ainsi l'écart de l'aiguille par rapport au véritable nord. Ce sujet avait effectivement suscité très tôt son attention, et il continua à s'y intéresser de près jusqu'à la fin de sa vie. En ce qui concerne ses travaux dans ce domaine, Sir John Herschel déclare : « C'est à Halley que l'on doit la première évaluation de la complexité réelle du magnétisme. Il est en effet formidable, et c'est une preuve flagrante du discernement et de la sagacité de cet homme extraordinaire d'avoir été capable, avec les informations dont il disposait, de tirer de telles conclusions et d'avoir une vision aussi large et complète du sujet que celle qu'il semble avoir appliquée. » En 1692, Halley expliqua sa théorie du magnétisme terrestre, et supplia les capitaines de navires de prendre des observations sur les variations de la boussole dans toutes les recoins du monde, et de les communiquer à la Royal Society, « afin que tous les faits soient rapidement à disposition pour ceux qui devront par la suite compléter ce sujet difficile et compliqué. »

On peut juger de la mesure avec laquelle Halley était en avance sur ses contemporains dans l'étude du magnétisme terrestre par le fait que le sujet fut pratiquement abandonné jusqu'en 1811. L'intérêt qu'il y portait n'était pas seulement théorique et ne pouvait être entretenu en restant les bras croisés. Comme tout véritable chercheur, il désirait ardemment soumettre sa théorie à la vérification par l'expérience et, à cette fin, Halley décida d'observer lui-même la variation magnétique. Il obtint du roi Guillaume III le commandement d'un navire appelé le « Paramour Pink », avec lequel il se mit en route pour les mers du sud en 1694. Cependant, cette expédition ne fut pas couronnée de succès, car au passage de l'équateur terrestre, certains de ses hommes tombèrent malades et l'un de ses lieutenants fit une mutinerie, ce qui l'obligea à revenir l'année suivante avec sa mission inachevée. Le gouvernement licencia le lieutenant, et Halley, s'étant procuré un deuxième navire plus petit pour accompagner le « Paramour Pink », reprit la mer en septembre 1699. Il traversa l'Atlantique jusqu'au 52e degré de latitude sud, au-delà duquel sa progression fut stoppée. « Dans ces latitudes, écrit-il, nous tombâmes sur de grandes îles de glace d'une hauteur et d'une ampleur si extraordinaires que j'ose difficilement en écrire mes pensées. »

À son retour en 1700, Halley publia une carte générale, montrant la variation de la boussole aux différents endroits qu'il avait visités. Sur cette carte, il traça des lignes reliant les localités où la variation magnétique était identique. Il donna ainsi un exemple de représentation graphique de grandes masses de faits complexes de manière à attirer immédiatement l'œil, une méthode dont on se sert souvent de nos jours.

Ce fut une visite de Halley en 1684 qui semble avoir suggéré à Newton l'idée de publier les résultats de ses recherches sur la gravitation. Halley, ainsi que d'autres scientifiques de son époque, avait sans doute perçu une faible lueur de la grande vérité que seul le génie de Newton fut capable de révéler intégralement. Halley avait en effet montré comment, en admettant que les planètes se déplacent sur des orbites circulaires autour du Soleil, et que le carré de leur temps périodique est proportionnel au cube de leur distance moyenne, on pouvait prouver que la force agissant sur chaque planète devait varier inversement au carré de sa distance au Soleil. Cependant, étant donné que chacune des planètes se déplace en réalité dans une ellipse, et par conséquent, à des distances continuellement variables du Soleil, il devient bien plus difficile de justifier mathématiquement les mouvements d'un corps en supposant que la force d'attraction varie inversement au carré de la distance. Telle était la question à laquelle Halley se trouvait confronté, mais que ses compétences mathématiques ne lui permirent pas de résoudre. Il semblerait que Hooke et sir Christopher Wren s'intéressaient tous deux au même problème ; en fait, Hooke affirmait être parvenu à une solution, mais refusait de divulguer ses résultats, prétextant son désir que les autres, ayant essayé et échoué, puissent apprendre à apprécier d'autant plus ses réalisations. Toutefois, Halley avoua que ses efforts pour trouver la solution furent infructueux, et Wren, afin d'encourager les deux autres philosophes à poursuivre leur recherche, offrit un livre d'une valeur de quarante shillings[1] à celui qui, dans un délai de deux mois, lui apporterait une preuve convaincante. Telle était la valeur que sir Christopher accordait à la loi de la gravitation, sur laquelle on peut dire que repose toute la structure de l'astronomie moderne.

Estimant ne pas être à la hauteur de la tâche, Halley se rendit à Cambridge pour consulter Newton à ce sujet et fut ravi d'apprendre que le grand mathé-

1. Il s'agit d'une ancienne monnaie du Royaume-Uni avant la décimalisation de 1971, qui avait une valeur de 12 pence ou un vingtième de livre sterling. Son symbole était la barre oblique (/).

maticien avait déjà terminé son étude. Il lui montra que le mouvement de toutes les planètes pouvait être entièrement expliqué par l'hypothèse d'une force d'attraction dirigée vers le Soleil, qui varie inversement au carré de la distance de ce corps.

Halley eut le génie de percevoir l'importance capitale des recherches de Newton, et il ne cessa d'insister auprès de cet homme de science reclus sur la nécessité de publier ses nouvelles découvertes. Il se rendit à nouveau à Cambridge dans le but d'en apprendre davantage sur les procédés mathématiques qui avaient déjà conduit Newton à ces sublimes vérités, et il encouragea à nouveau ce dernier à poursuivre ses recherches et à en faire part au monde entier. En décembre de la même année, Halley eut la satisfaction d'annoncer à la Royal Society que Newton avait promis d'envoyer à cet organisme un document contenant ses recherches sur la gravitation.

Il semble qu'à cette époque, les finances de la Royal Society étaient au plus bas. Cette impécuniosité était due au fait qu'un livre de Willoughby, intitulé *De Historia Piscium*, avait été récemment imprimé par la société, et ce, à grands frais. En réalité, les caisses étaient si peu remplies que la Royal Society avait des difficultés à payer le salaire de ses fonctionnaires permanents. Il semble que le public ne fût guère intéressé par l'histoire des poissons ou, tout du moins, le livre ne rencontra pas la demande immédiate à laquelle on s'attendait. En effet, il fut rapporté que lorsque Halley avait entrepris de mesurer la longueur d'un degré de la surface de la Terre, à la demande de la Royal Society, il fut ordonné que ses dépenses fussent couvertes soit par cinquante livres sterling, soit par cinquante livres de poissons. Ainsi, le 2 juin, le conseil de la Royal Society, après avoir dûment examiné les moyens de publier les *Principes mathématiques de la philosophie naturelle,* « ordonna que Halley prenne en charge le livre et l'imprime à ses frais », ce qu'il s'engagea à faire.

Comme nous l'avons déjà mentionné, Newton avait la particularité de détester les controverses, et il était, de fait, enclin à supprimer entièrement le troisième livre des *Principes mathématiques de la philosophie naturelle* plutôt que d'entrer en conflit avec Hooke en ce qui concerne les découvertes qui y étaient énoncées. Il pensa également à changer le nom de l'ouvrage par *De Motu Corporum Libri Duo*, mais après mûre réflexion, il conserva le titre original, en faisant remarquer, comme il l'écrivit à Halley : « Cela favorisera la vente du livre, que je ne devrais pas diminuer, maintenant qu'il est à vous », une phrase qui montre de façon irréfutable, si d'autres preuves étaient nécessaires, que Halley avait assumé la responsabilité de sa publication.

Halley ne se ménagea pas pour faire avancer la publication du grand ouvrage de son illustre ami, si bien que la même année, il fut en mesure d'en présenter une copie complète au roi Jacques II, accompagnée d'un commentaire personnel. Halley écrivit également un ensemble d'hexamètres latins en éloge au génie de Newton, qu'il imprima au début de l'ouvrage. Le dernier vers de ce spécimen de la muse poétique de Halley peut être traduit ainsi : « Nul mortel ne peut se rapprocher plus près des dieux. »

La relation amicale entre les deux plus grands astronomes de l'époque se poursuivit sans interruption jusqu'à la mort de Newton. On a prétendu, en effet, qu'une sérieuse cause de discorde était survenue entre eux. Cependant, cette affirmation n'a aucun fondement solide ; en fait, on peut la considérer comme étant écartée par le fait que durant l'année 1727, Halley prit la défense de son ami et écrivit deux articles spécialisés pour soutenir l'*Abrégé de la Chronologie*[1] de Newton, qui avait été sérieusement critiqué par un certain ecclésiastique. Il est tout à fait évident pour quiconque a étudié ces articles que l'amitié de Halley pour Newton était plus forte que jamais.

Le zèle généreux avec lequel Halley adopta et défendit les théories de Newton sur les mouvements des corps célestes fut rapidement récompensé par une brillante découverte, qui, plus que toutes ses autres recherches, rendit son nom célèbre parmi les astronomes. Après avoir expliqué le mouvement des planètes, Newton fut naturellement amené à s'intéresser aux comètes. Il s'aperçut que leurs déplacements pouvaient être entièrement expliqués comme des conséquences de l'attraction du Soleil, et il établit les principes selon lesquels l'orbite d'une comète pouvait être déterminée, à condition que les observations de sa position fussent obtenues à trois dates différentes. L'importance de ces principes ne fut reconnue plus rapidement par nul autre que par Halley, qui comprit immédiatement qu'ils fournissaient le moyen de détecter quelque chose qui ressemblerait à un ordre dans les mouvements de ces étranges astres vagabonds. La théorie de la gravitation semblait montrer que, de la même manière que les planètes effectuent une révolution autour du Soleil sous forme d'ellipses, il devait en être de même pour les comètes. Cependant, l'orbite de la comète est tellement allongée que la très petite partie de la trajectoire elliptique à l'intérieur de laquelle la comète est à la fois assez proche et assez brillante pour être vue de la Terre ne peut être distinguée d'une parabole. En appliquant ces principes, Halley pensa qu'il serait intéressant d'étudier les mouvements de certaines comètes brillantes, sur lesquelles on pouvait obtenir des observations fiables. Au terme d'un travail considérable, il établit les trajectoires de vingt-quatre de ces corps, qui étaient apparus entre les années 1337 et 1698. Parmi ceux-ci, il en remarqua trois dont les trajectoires se ressemblaient tellement qu'il fut amené à conclure que ces trois comètes ne pouvaient être que trois

1. Il s'agit d'un écrit de Newton destiné à la princesse de Galles qui précède la publication du détail de ses idées chronologiques qui sera finalement publié en 1728, après la mort de Newton, sous le titre de la *Chronologie des anciens royaumes corrigée*, de son titre original : *Chronology of ancient kingdoms amended*.

apparitions différentes du même corps. Le premier de ces phénomènes eut lieu en 1531, le second fut observé par Kepler en 1607, et le troisième par Halley lui-même en 1682. Ces dates laissaient entendre que les phénomènes observés pouvaient être dus aux retours successifs d'une seule et même comète après des intervalles de soixante-quinze ou soixante-seize ans. En examinant de plus près les anciens rapports, Halley découvrit qu'une comète avait été observée en 1456, soit, comme on peut le constater, soixante-quinze ans avant 1531. Une autre avait été observée soixante-seize ans avant 1456, à savoir en 1380, et une autre soixante-quinze ans avant, en 1305.

Ayant ainsi constaté qu'une comète avait été recensée à plusieurs reprises à des intervalles de soixante-quinze ou soixante-seize ans, Halley fut amené à conclure que ces apparitions étaient liées à un seul et même objet, qui était un vassal obéissant du Soleil, effectuant un voyage excentrique autour de ce dernier sur une période de soixante-quinze ou soixante-seize ans. Pour comprendre l'importance de cette découverte, il faut se rappeler qu'avant l'époque de Halley, une comète, si elle n'était pas considérée comme un signe de mécontentement divin ou comme un présage de désastre imminent, était au moins considérée comme un visiteur occasionnel du système solaire, arrivant d'on ne sait où et partant vers on ne sait quelle destination.

Il restait un test ultime à appliquer à la théorie de Halley. La question se posait de savoir à quelle date cette comète allait être à nouveau observée. Il faut remarquer que la question était rendue complexe par le fait que le corps, au cours de son voyage autour du Soleil, était exposé à l'action perturbatrice incessante produite par l'attraction des différentes planètes. Ainsi, la comète ne décrit pas une simple ellipse comme elle le ferait si l'attraction du Soleil était la seule force contrôlant son mouvement. Chacune des planètes incite la comète à s'écarter de sa trajectoire, et bien que ces attractions soient insignifiantes par rapport à la force suprême du Soleil, l'écart par rapport à l'ellipse est néanmoins suffisant pour produire des irrégularités notables dans le mouvement de la comète. À l'époque où vivait Halley, il n'existait aucun moyen de calculer avec précision l'effet de la perturbation qu'une comète pouvait subir par l'action des différentes planètes. Halley fit preuve de sa sagacité astronomique habituelle en estimant que Jupiter retarderait dans une certaine mesure le retour de la comète. S'il n'y avait pas eu cette perturbation, la comète aurait apparemment dû revenir en 1757 ou au début de l'année 1758. Mais l'attraction de la grande planète causerait un retard, de sorte que Halley assigna comme date de sa réapparition soit la fin de 1758, soit le début de 1759. Halley était conscient qu'il ne pourrait pas vivre assez longtemps pour assister à la réalisation de sa prédiction, mais il déclara : « Si elle revient, selon nos prédictions, vers l'année 1758, la postérité impartiale ne manquera pas de reconnaître qu'elle fut découverte pour la première fois par un Anglais.» C'était, en effet, une prédiction exceptionnelle d'un événement qui devait se produire cinquante-trois ans après qu'elle fut prononcée. La manière dont elle se réalisa constitue l'un des événements les plus marquants de l'histoire de l'astronomie. La comète fut aperçue pour la première fois le jour de Noël 1758, et passa par son point le plus proche du Soleil le 13 mars 1759. Halley reposait alors dans sa tombe depuis dix-sept ans, mais la vérification de sa prophétie conféra à son nom une gloire qui le fera perdurer dans les annales de l'astronomie. La comète fit une nouvelle apparition en 1835, et sa prochaine apparition aura lieu vers 1910.

Halley se lança par la suite dans un travail qui, bien que moins impressionnant que ses découvertes sur les comètes, reste néanmoins d'une valeur inestimable pour l'astronomie. Il entreprit une série de recherches dans le but d'améliorer notre connaissance des mouvements des planètes. Cette tâche fut pratiquement achevée en 1719, mais les résultats ne furent publiés qu'après sa mort, en 1749. Au cours de ses recherches, il fut amené à étudier attentivement le mouvement de Vénus, et reconnut ainsi pour la première fois l'importance singulière qui s'attache au phénomène du transit de cette planète devant le Soleil. Halley comprit que ce transit, qui devait avoir lieu en 1761, serait l'occasion idéale de déterminer la distance du Soleil et de découvrir ainsi l'échelle de notre système solaire. Il prédit les circonstances du phénomène avec une exactitude stupéfiante, compte tenu de ses sources d'information, et c'est incontestablement grâce aux efforts de Halley pour faire comprendre aux astronomes l'importance de ce phénomène que nous sommes redevables de l'intérêt sans précédent qu'il suscita et de l'énergie que les scientifiques déployèrent pour l'observer. L'illustre astronome n'avait aucun espoir d'être lui-même témoin de l'événement, car ce dernier ne devait se produire que bien des années après sa mort. Toutefois, cela ne diminua pas sa volonté de faire comprendre à ceux qui seraient alors en vie l'importance de cet événement ni ne le poussa à négliger tout ce qui pouvait contribuer au succès de ces observations. Comme nous le savons maintenant, Halley surestima quelque peu la valeur du transit de Vénus comme moyen de déterminer la distance du Soleil. Le fait est que les circonstances sont telles que l'observation du temps de contact entre la bordure de la planète et celle du Soleil ne pouvait être effectuée avec la précision qu'il escomptait.

En 1691, Halley se porta candidat au poste de professeur savilien[1] d'astronomie à Oxford. Cependant, il ne fut pas retenu, car sa candidature fut contes-

1. Qualifie le professeur qui est en charge de la chaire d'astronomie à l'université d'Oxford. Le poste de professeur savilien d'astronomie a été créé à l'Université d'Oxford en 1619. Il a été fondé par sir Henry Savile, un mathématicien et érudit classique qui était directeur du Merton College, Oxford et prévôt du Eton College.

tée par Flamsteed, l'astronome royal de l'époque, et un autre professeur fut nommé. Il fut quelque peu consolé de cette déception par le fait qu'en 1696, grâce à l'influence amicale de Newton, il fut nommé contrôleur adjoint de la Monnaie de Chester, une fonction qu'il ne conserva pas longtemps, puisqu'elle fut supprimée deux ans plus tard. Enfin, en 1703, il obtint ce qu'il avait vainement cherché auparavant, et fut nommé à la chaire savilienne.

Ses observations de l'éclipse de Soleil, qui eut lieu en 1715, contribuèrent grandement à la réputation de Halley. Ce phénomène suscita une attention particulière, dans la mesure où il s'agissait de la première éclipse totale de Soleil visible à Londres depuis l'an 1140. Halley effectua les calculs nécessaires et prédit les différentes circonstances avec une précision bien supérieure à celle de l'annonce officielle. Il observa lui-même le phénomène depuis les locaux de la Royal Society et décrivit minutieusement l'atmosphère extérieure du Soleil, connue aujourd'hui sous le nom de couronne solaire, sans toutefois se prononcer sur la nature solaire ou lunaire de cet appendice.

Halley fut finalement invité à occuper la noble fonction qu'il était, parmi tous les hommes, le plus apte à remplir. Le 9 février 1720, il fut nommé astronome royal en succession de Flamsteed. Il trouva l'observatoire royal dans un état des plus déplorables. En effet, il n'y avait pas d'instruments ni rien qui fût mobile, car ces biens, qui étaient la propriété de Flamsteed, furent retirés par sa veuve, et bien que Halley tentât d'acheter à cette dame certains des instruments que son prédécesseur avait utilisés, les regrettables différends personnels qui avaient existé entre lui et Flamsteed, et qui avaient empêché, comme nous l'avons déjà mentionné, son élection au poste de professeur savilien d'astronomie, empêchèrent toute négociation. L'observatoire de Greenwich revêtait à cette époque une apparence très différente de celle que le visiteur moderne, qui est assez chanceux pour y entrer, peut aujourd'hui contempler. Non seulement Halley le trouva dépourvu d'instruments, mais on apprend en outre qu'il n'avait aucun assistant et qu'il fut contraint de gérer seul l'ensemble des activités de l'établissement.

Toutefois, en 1721, il obtint une subvention de 500 livres de la part du Board of Ordnance[1], ce qui lui permit de faire construire un instrument de transit la même année. Quelque temps plus tard, il se procura un quadrant de 2,5 mètres et, à l'aide de ces instruments, à l'âge de soixante-quatre ans, il entreprit une série d'observations sur la Lune. Il avait l'intention, si sa santé le lui permettait, de poursuivre ses observations pendant une période de dix-huit ans, ce qui constitue, comme tous les astronomes le savent, un cycle très im-

1. Le Board of Ordnance constituait en Angleterre un ministère autonome, chargé de présenter au vote du parlement la politique d'approvisionnement des armées, en particulier sur le plan des matériels.

portant en ce qui concerne les mouvements lunaires. L'objectif principal de cette grande initiative était de perfectionner la théorie du mouvement de la Lune, afin qu'elle puisse servir à déterminer avec plus de précision les longitudes en mer. Halley mena à bien cette tâche qu'il s'était imposée, et les tables déduites de ses observations, publiées après sa mort, furent adoptées presque universellement par tous les astronomes, à l'exception des Français.

L'observatoire de Greenwich à l'époque de Halley

Durant toute sa vie, Halley fut étonnamment préservé de toute forme de maladie, mais en 1737, il fut victime de paralysie. Malgré cela, il travailla assidûment sur son télescope jusqu'en 1739, date à laquelle sa santé commença à se dégrader rapidement. Il décéda le 14 janvier 1742, à l'âge de quatre-vingt-six ans, conservant ses facultés mentales jusqu'à la fin. Il fut enterré dans le cimetière de l'église de Lee dans le comté de Kent, dans la même tombe que sa femme, décédée cinq ans auparavant. L'amiral Smyth nous informe que Pond, un futur astronome royal, fut par la suite enterré dans la même tombe.

Halley semble avoir été généreux et candide, et totalement dépourvu de toute trace de jalousie ou de rancune. Il était de taille plutôt moyenne et de corpulence modeste ; son teint était clair et on dit qu'il avait toujours parlé et agi avec une rare vivacité. Dans l'éloge prononcé à son égard à l'Académie des sciences de Paris, dont Halley fut nommé membre en 1719, il fut déclaré : « Il possédait toutes les qualités nécessaires pour plaire aux princes désireux de s'instruire, avec une vaste connaissance et une présence d'esprit constante ; ses réponses étaient promptes, et en même temps pertinentes, judicieuses, courtoises et sincères. »

Ainsi, on constate que Pierre le Grand était l'un de ses plus fervents admirateurs. Il consultait l'astronome sur des sujets liés à la construction navale et l'invitait à sa propre table. Mais Halley possédait des qualités plus nobles que sa capacité à plaire aux princes. Il était capable de susciter et de conserver l'amour et l'admiration de ses égaux. Cela était dû à son caractère chaleureux, à son dévouement désintéressé envers ses amis et à la gaieté et la bonne humeur qui imprégnaient sa conversation.

BRADLEY

James Bradley

James Bradley descendait d'une ancienne famille du comté de Durham. Il naquit en 1692 ou 1693, à Sherbourne, dans le Gloucestershire, et fit ses études à la Grammar School1 de Northleach. De là, il se rendit à Oxford, où il fut admis comme *commoner*[2] au Balliol College, le 15 mars 1711. Alors qu'il était étudiant, il passa une grande partie de son temps dans l'Essex avec son oncle maternel, le révérend James Pound, qui était un homme de science réputé et un grand observateur des étoiles. Ce fut sans doute au contact de son oncle que le jeune Bradley devint si expert dans l'utilisation des instruments astronomiques, mais les découvertes immortelles qu'il fit par la suite prouvent qu'il était un astronome né.

La première démonstration des compétences de Bradley semble figurer dans deux observations qu'il fit en 1717 et 1718. Elles furent publiées par Halley, dont l'acuité l'avait amené à percevoir les extraordinaircs talents scientifiques du jeune astronome. Une autre illustration de la sagacité dont Bradley fit preuve, déjà au tout début de sa carrière astronomique, se trouve dans une re-

1. Une *Grammar School* correspond à un établissement d'enseignement secondaire ou, plus rarement, d'enseignement primaire dans les pays anglophones.
2. Étudiant non boursier

marque de Halley, qui déclare : « Le Dr Pound et son neveu, M. Bradley, ont, en ma présence, lors de la dernière opposition du Soleil avec Mars, démontré ainsi le caractère infime de la parallaxe du Soleil, et que celle-ci n'était ni supérieure à douze secondes ni inférieure à neuf secondes. » Pour bien comprendre la signification de ces propos, il faut observer que la détermination de la parallaxe du Soleil revient à déterminer la distance entre la Terre et le Soleil. Au moment où nous écrivons ces lignes, cette unité de mesure céleste très importante n'était que partiellement connue, et les observations de Pound et Bradley pouvaient être interprétées comme signifiant que, à partir de leurs observations, ils étaient arrivés à la conclusion que la distance entre la Terre et le Soleil devait être supérieure à 147 millions de kilomètres et inférieure à 200 millions. Bien entendu, on sait aujourd'hui qu'ils n'avaient pas tout à fait raison, car la distance réelle du Soleil est d'environ 150 millions de kilomètres. Cependant, on ne peut s'empêcher de penser que c'était une démarche tout à fait remarquable de la part de cet astronome émérite et de son brillant neveu que de déterminer une magnitude qui ne fut connue avec précision que cinquante ans plus tard.

Une des toutes premières tâches du travail astronomique sur lequel Bradley porta son attention fut les éclipses des satellites de Jupiter. Ces phénomènes sont particulièrement attrayants dans la mesure où ils peuvent être si aisément observés, et Bradley trouva extrêmement intéressant de calculer les moments où les éclipses devaient avoir lieu, puis de comparer ses observations avec les moments prédits. Le succès qu'il rencontra dans ces travaux, ainsi que dans d'autres, fit grandir la réputation de Bradley en tant qu'astronome, si bien que le 6 novembre 1718, il fut élu membre de la Royal Society.

Jusque-là, les recherches astronomiques de Bradley avaient été plutôt celles d'un amateur que celles d'un astronome professionnel, et comme il ne paraissait pas probable, de prime abord, que son travail scientifique pût aboutir à une situation permanente, il devint nécessaire pour le jeune astronome de choisir une profession. Il avait toujours eu l'intention de se tourner vers la religion, mais pour une raison qui nous est inconnue, il n'entra pas dans les Ordres dès que son âge l'aurait autorisé à le faire. Cependant, en 1719, l'évêque de Hereford offrit à Bradley le vicariat de Bridstow, près de Ross, dans le Monmouthshire, et le 25 juillet 1720, ayant alors pris les Ordres de prêtre, il fut dûment institué dans son vicariat. Au début de l'année suivante, Bradley eut un complément de revenu provenant des recettes d'une vie galloise, qui, étant une sinécure, lui permettait de conserver sa fonction à Bridstow. Toutefois, il semble que ses occupations cléricales n'étaient pas très exigeantes en ce qui concerne son temps, car il était encore en mesure de rendre de longues et fréquentes visites à son oncle à Wandsworth, qui, étant lui-même un ecclésiastique, semble avoir reçu une aide occasionnelle dans ses fonctions pastorales de la part de son neveu astronome.

Cependant, le moment arriva bientôt où Bradley put faire un choix entre poursuivre l'exercice de sa profession de religieux ou se consacrer à une carrière scientifique. La chaire d'astronomie savilienne de l'université d'Oxford était devenue vacante suite au décès du Dr John Keill. Les lois interdisaient au professeur savilien d'occuper également un poste religieux, et M. Pound aurait certainement été élu à ce poste s'il avait consenti à renoncer à ses prérogatives dans l'Église. Mais Pound ne souhaita pas renoncer à sa fonction religieuse, et bien que deux ou trois autres candidats fussent en lice, les talents de Bradley étaient si remarquables qu'il fut dûment élu, sa volonté de renoncer à sa profession religieuse ayant été préalablement confirmée.

Il ne fait aucun doute qu'avec des amis aussi influents que ceux que Bradley possédait, il aurait fait de grands progrès s'il était resté fidèle à sa profession religieuse. En effet, l'évêque Hoadly, accompagné d'autres faveurs, avait déjà fait de l'astronome son chapelain. Toutefois, la nature captivante de l'intérêt de Bradley pour l'astronomie le poussa à sacrifier toutes ses autres perspectives par rapport à celles qu'offrait la chaire savilienne. Ce n'est pas que Bradley se trouvait dépourvu d'intérêt pour les fonctions cléricales, mais il estimait que ses capacités trouveraient leur véritable expression dans l'exercice des fonctions scientifiques de la chaire d'Oxford plutôt que dans la responsabilité spirituelle d'une paroisse. Le 26 avril 1722, Bradley prononça son discours inaugural dans ce nouveau poste auquel il était destiné à apporter un tel éclat.

Il faut, bien entendu, se rappeler qu'à cette époque, l'art de construire un télescope astronomique était encore très peu maîtrisé. La seule méthode connue pour surmonter les difficultés particulières que présente la construction d'un télescope réfracteur était de lui donner la plus grande longueur possible. De fait, Bradley effectua plusieurs de ses observations avec un instrument dont le foyer était de 64 mètres. Dans ce cas de figure, aucun tube ne pouvait être utilisé et le verre de la lunette était simplement fixé au sommet d'une grande colonne. Malgré les inconvénients et la lourdeur d'un tel instrument, Bradley réussit à effectuer de nombreuses mesures précises. Il observa, par exemple, le transit de Mercure au-dessus du disque solaire le 9 octobre 1723 ; il observa également les dimensions de la planète Vénus, tandis qu'une comète découverte par Halley le 9 octobre 1723 fut attentivement observée à Wanstead jusqu'au milieu du mois suivant. La première des remarquables contributions de Bradley aux *Philosophical Transactions*[1] était liée à cette comète, et la quantité de travail considérable qu'il accomplit à ce sujet peut être constatée en examinant son livre de calculs qui existe encore aujourd'hui.

1. De son nom complet : *The Philosophical Transactions of the Royal Society*

Le moment approchait où Bradley allait faire la première de ces deux grandes découvertes qui ont conféré à son nom un prestige qui le place au tout premier rang des découvreurs astronomiques. Comme cela s'est souvent produit dans l'histoire des sciences, le premier de ces deux grands exploits fut réalisé alors que Bradley poursuivait des recherches destinées à des fins tout à fait différentes. On savait depuis longtemps que, comme la Terre parcourt une vaste orbite, de près de 320 millions de kilomètres de diamètre, au cours de son voyage annuel autour du Soleil, les positions apparentes des étoiles devaient varier dans une certaine mesure selon les changements de position de la Terre. Plus l'étoile est proche, plus son emplacement apparent dans le ciel est décalé, ce qui doit résulter du fait qu'elle est observée depuis différentes positions de l'orbite terrestre. On avait fait remarquer que ces variations apparentes de la position des étoiles, causées par le mouvement de la Terre, permettaient de mesurer les distances entre les étoiles. Cependant, comme ces distances sont extrêmement importantes par rapport à l'orbite que la Terre décrit autour du Soleil, toute tentative visant à déterminer les distances des étoiles par le changement de leur position s'était jusqu'à présent révélée infructueuse. Bradley décida de se lancer à nouveau dans cette recherche ; il pensait qu'en utilisant des instruments plus puissants et en effectuant des mesures plus précises, il serait en mesure de percevoir et de mesurer des déplacements qui s'étaient avérés si minimes qu'ils avaient pu échapper aux autres astronomes qui avaient précédemment fait des recherches à ce sujet. Afin de simplifier au maximum ses recherches, Bradley se concentra sur une étoile en particulier, Beta Draconis, qui passait près de son zénith. En choisissant une étoile dans cette position, il voulait éviter les difficultés qui auraient été causées par la réfraction si l'étoile avait occupé une autre position dans le ciel que celle située directement au-dessus de lui.

Nous sommes encore en mesure d'identifier l'endroit même où se trouvait le télescope qui fut utilisé lors de ces mémorables recherches. Il fut érigé dans la maison qu'occupait alors Molyneux, à l'extrémité ouest de Kew Green. La distance focale était de 7,4 mètres, et l'oculaire se trouvait à un mètre au-dessus du sol. L'instrument fut installé pour la première fois le 26 novembre 1725. Si la position de Bêta Draconis avait subi une perturbation notable en raison du mouvement de la Terre autour du Soleil, l'étoile devait sembler avoir la plus petite latitude lorsqu'elle était en conjonction avec le Soleil, et la plus grande lorsqu'elle était en opposition. L'étoile passa le méridien à midi en décembre, et sa position fut particulièrement remarquée par Molyneux le troisième jour de ce mois. Tout déplacement perceptible par parallaxe (c'est ainsi que l'on désigne le changement apparent de position dû au mouvement de la Terre) aurait déplacé l'étoile vers le nord. Toutefois, Bradley, en observant l'étoile le 17 décembre, fut surpris de constater que la position apparente de l'étoile, qui n'avait pas été déplacée vers le nord, comme ils l'avaient espéré, se trouvait au contraire un peu plus au sud que lors de l'observation précédente. Il prit le plus grand soin de s'assurer qu'il n'y avait pas d'erreur dans ses observations, et, en véritable astronome qu'il était, il examina avec la plus grande minutie toutes les circonstances du calibrage de ses instruments. Pourtant, l'étoile se dirigea vers le sud, et elle continua à avancer dans la même direction jusqu'au mois de mars suivant, date à laquelle elle ne se déplaça pas de moins de vingt secondes au sud de la position qu'elle occupait lors de la première observation. Après une courte pause, au cours de laquelle aucun mouvement apparent n'était perceptible, l'étoile, au milieu du mois d'avril, semblait revenir vers le nord. Au début du mois de juin, elle se trouvait à la même distance du zénith qu'en décembre. En septembre, l'étoile était jusqu'à trente-neuf secondes plus au nord qu'elle ne l'était en mars, puis elle retourna vers le sud, regagnant en décembre la même position qu'elle occupait douze mois auparavant.

Ce déplacement de l'étoile étant directement opposé aux mouvements qui auraient été la conséquence de la parallaxe semblait montrer que même si l'étoile avait une parallaxe, ses effets sur le lieu apparent étaient entièrement masqués par un mouvement bien plus important d'une description totalement différente. Plusieurs tentatives furent entreprises pour expliquer le phénomène, mais en vain. Bradley décida donc d'étudier le sujet plus en profondeur. L'un de ses objectifs était d'essayer de déterminer si les mêmes mouvements qu'il avait observés sur une étoile étaient également partagés par d'autres étoiles. À cette fin, il installa un nouvel instrument à Wanstead et commença à examiner minutieusement les positions apparentes de plusieurs étoiles qui passaient à différentes distances du zénith. Au cours de ces recherches, il découvrit que d'autres étoiles avaient des mouvements similaires à ceux qui le laissaient déjà si perplexe. Pendant longtemps, la cause de ces mouvements apparents resta un mystère. Cependant, l'explication de ces phénomènes remarquables lui apparut enfin, entraînant ainsi sa grande découverte.

Un jour, alors que Bradley était en mer, il remarqua qu'à chaque fois que le bateau changeait d'amure, la girouette en haut du mât bougeait légèrement, comme s'il y avait eu un léger changement dans la direction du vent. Après avoir constaté ce phénomène trois ou quatre fois, il fit remarquer aux marins qu'il était très étrange que le vent change toujours juste au moment où le bateau allait virer de bord. Cependant, les marins affirmèrent qu'il n'y avait pas eu de variation du vent, mais que la girouette avait changé de position en raison du changement de cap du bateau. En fait, la position de la girouette était déterminée à la fois par le cap du bateau et par la direction du vent, et si l'un ou l'autre était modifié, il y aurait un changement correspondant dans la direction de la girouette. Cela signifiait, bien entendu, que l'observateur dans le bateau qui se déplaçait sentirait le vent venir d'un point différent de celui où le vent semblait souffler lorsque le bateau était immobile, ou lorsqu'il naviguait dans une autre direction. La sagacité de Bradley comprit dans cette observation la clef du problème qui l'avait si longtemps troublé.

On avait découvert avant l'époque de Bradley que le passage de la lumière dans l'espace n'est pas un phénomène instantané. La lumière nécessite du temps pour son voyage. Galilée supposait que le Soleil pouvait avoir atteint l'horizon avant que nous l'y observions, et il était en effet assez évident qu'une action physique, telle que la transmission de la lumière, ne pouvait avoir lieu sans un certain laps de temps. Cependant, la vitesse à laquelle la lumière se déplace réellement est si rapide que sa détermination échappait à tous les moyens d'expérimentation de l'époque. Les recherches de Roemer avaient déjà détecté des irrégularités dans les temps observés des éclipses des satellites de Jupiter, qui étaient sans doute dues à l'intervalle dont la lumière avait besoin pour traverser les espaces interplanétaires. Selon Bradley, comme la lumière ne peut se déplacer qu'à une certaine vitesse, elle peut dans une certaine mesure être considérée comme le vent qu'il avait remarqué sur le bateau. Si l'observateur était immobile, autrement dit, si la Terre était un corps immobile, la direction dans laquelle la lumière arrive réellement serait différente de celle dans laquelle elle semble arriver lorsque la Terre est en mouvement. Il est vrai que la terre ne se déplace que de 29 km par seconde, alors que la vitesse à laquelle la lumière est transportée peut atteindre 290 000 km par seconde. La vitesse de la lumière est donc dix mille fois supérieure à celle de la Terre. Mais quand bien même le vent soufflerait dix mille fois plus vite que la vitesse à laquelle le bateau naviguait, il y aurait toujours un changement, sans doute infime, dans la position de la girouette lorsque le bateau est en mouvement par rapport à la position qu'elle aurait si le bateau était immobile. Il apparut donc au plus perspicace des astronomes que lorsque le télescope était pointé vers une étoile de manière à la faire apparaître au centre du champ de vision, ce n'était pas la position réelle de l'étoile. En fait, ce n'était pas la position dans laquelle l'étoile aurait été observée si la Terre avait été immobile. Sur la base de cette hypothèse, il expliqua les mouvements apparents des étoiles par le principe connu sous le nom de : « aberration de la lumière ». Chaque circonstance était expliquée comme une conséquence des mouvements relatifs de la Terre et de la lumière provenant de l'étoile. Cette merveilleuse découverte établit à la fois de la manière la plus catégorique la nature du mouvement de la lumière, mais elle illustre aussi la vérité de la théorie copernicienne qui affirmait que la Terre tournait autour du Soleil, et elle est également de la plus haute importance pour le progrès de l'astronomie pratique. Tout observateur sait aujourd'hui que, de manière générale, la position que l'étoile semble avoir n'est pas exactement la position où elle se trouve réellement. L'observateur est toutefois capable, par le biais des principes que Bradley établit si clairement, d'appliquer à une observation la correction nécessaire pour obtenir de celle-ci la véritable position dans laquelle se trouve réellement cet astre. Cet exploit mémorable conféra aussitôt à Bradley la plus grande renommée astronomique. Il testa sa découverte de toutes les façons possibles, mais uniquement pour en confirmer la justesse de la manière la plus complète.

L'astronome royal Halley décéda le 14 janvier 1742, et Bradley fut immédiatement désigné comme son successeur. Il fut donc nommé astronome royal en février 1742. Dès son arrivée à Greenwich, il ne put mener à bien ses observations en raison de l'état déplorable dans lequel se trouvaient les instruments. Cependant, il se consacra assidûment à leur réparation, et sa première observation de transit fut enregistrée le 25 juillet 1742. Il travailla avec une telle intensité qu'un jour, il semble avoir effectué 255 observations de transit à lui seul, et en septembre 1747, il avait terminé la série d'observations qui établit sa deuxième grande découverte : la nutation de l'axe terrestre. La manière dont il fut amené à détecter ce phénomène illustre parfaitement le soin extrême avec lequel Bradley menait ses observations. Il découvrit que sur une période de douze mois, lorsque l'étoile avait terminé son mouvement dû à l'aberration, elle ne revenait pas exactement à la même position qu'elle occupait auparavant. Il pensa d'abord que cela devait être causé par un problème matériel, mais après un examen plus approfondi et une étude répétée de l'effet manifesté par de nombreuses étoiles différentes, il arriva à la conclusion que son origine devait se trouver ailleurs. Le fait est qu'un certain changement se manifeste dans la position apparente des étoiles qui n'est pas dû au mouvement de l'étoile en lui-même, mais plutôt à des changements dans les points à partir desquels les positions de l'étoile sont mesurées.

On peut expliquer ce phénomène de la manière suivante : La Terre n'étant pas une sphère, mais possédant des parties protubérantes à l'équateur, l'attraction de la Lune exerce sur ces dernières un effet de traction qui modifie constamment la direction de l'axe terrestre, et par conséquent la position du pôle doit être dans un état de fluctuation constante. Par conséquent, le pôle vers lequel l'axe de la Terre est orienté vers le ciel change lentement. Actuellement, il se trouve près de l'étoile Polaire, mais il n'y restera pas toujours. Il décrit un cercle autour du pôle de l'écliptique, ce qui nécessite environ 25 000 ans pour effectuer un tour complet. Au cours de sa progression, le pôle passera progressivement près d'une étoile, puis d'une autre, de sorte que de nombreuses étoiles assureront au fil du temps les diverses fonctions que l'étoile Polaire occupe actuellement pour nous. Ainsi, dans environ 12 000 ans, le pôle se sera rapproché de l'étoile brillante Véga. Ce déplacement du pôle était connu depuis longtemps. Mais ce que Bradley avait découvert, c'est que le pôle, au lieu de décrire un mouvement uniforme comme on l'avait supposé auparavant, suit un trajet sinueux, d'un côté et de l'autre de sa position intermédiaire. Il attribua ce phénomène aux fluctuations de l'orbite de la Lune, qui connaît un changement continu sur une période de dix-neuf ans. Ainsi, l'efficacité avec laquelle la Lune agit sur la masse protubérante de la Terre varie, et le pôle est donc amené à osciller.

Cette subtile découverte, bien que peut-être moins impressionnante à certains égards que les précédentes découvertes de Bradley sur la détection de l'aberration de la lumière, est considérée par les astronomes comme un témoignage exceptionnel de son incroyable minutie et de son savoir-faire en tant qu'observateur, et lui confère à juste titre une place unique parmi les astronomes dont les découvertes sont le fruit d'une maîtrise parfaite des instruments astronomiques.

Il n'y a que très peu de choses à raconter sur la vie privée ou familiale de Bradley. En 1744, peu de temps après avoir été nommé astronome royal, il épousa une des filles de Samuel Peach, de Chalford, dans le Gloucestershire. Il eut un seul enfant, une fille, qui devint l'épouse de son cousin, le révérend Samuel Peach, recteur du village de Compton Beauchamp, dans le comté du Berkshire.

Les deux dernières années de la vie de Bradley furent marquées par une dépression mélancolique de son esprit, due à l'appréhension de voir ses facultés rationnelles disparaître. Toutefois, il semble que le mal qu'il craignait ne l'eût jamais atteint, car il conserva ses facultés mentales jusqu'à la fin. Il décéda le 13 juillet 1762, à l'âge de soixante-dix ans, et fut enterré à Michinghamton.

WILLIAM HERSCHEL

William Herschel

William Herschel, l'un des plus grands astronomes qui aient jamais vécu, naquit à Hanovre, le 15 novembre 1738. Son père, Isaac Herschel, était un homme possédant de toute évidence de grandes capacités et dont la vie fut consacrée à l'étude et à la pratique de la musique, ce qui lui procura des revenus quelque peu précaires. Il n'avait que peu de biens matériels à léguer à ses enfants, mais il compensa largement cela en leur transmettant son génie en héritage. En effet, des traces de ce génie étaient abondamment disséminées parmi les membres de la grande famille d'Isaac, et dans le cas de son quatrième enfant, William, et de sa sœur cadette de quelques années, il était étroitement lié à cette persévérance déterminée et à cette adhésion rigoureuse aux principes qui permettaient au génie de réaliser son œuvre parfaite.

Un chroniqueur dévoué nous donne un compte rendu intéressant de la manière dont Isaac Herschel éduquait ses fils ; le récit est tiré des mémoires de quelqu'un qui, à l'époque dont il est fait mention, était une petite fille discrète de cinq ou six ans. Elle écrit :

« Mes frères étaient souvent présentés comme des solistes et des assistants dans l'orchestre de la cour, et je me souviens que j'étais souvent incapable de m'endormir à cause de leurs critiques animées sur la musique en revenant d'un concert. Souvent, je restais éveillée pour pouvoir écouter leurs commentaires dynamiques, car cela me rendait si heureuse de les voir si heureux. Mais le plus souvent, leur conversation déviait sur des sujets philosophiques, où mon frère William et mon père se disputaient fréquemment avec tant de fougue que l'intervention de ma mère était nécessaire dès que les noms de Euler, Leibnitz et Newton résonnaient un peu trop fort pour le repos de ses petits, qui devaient être à l'école à sept heures du matin. » L'enfant dont les souvenirs sont ici rapportés devint par la suite la célèbre Caroline Herschel. Le récit de sa vie, rédigé par Mme John Herschel, est un ouvrage des plus intéressants, non seulement pour l'image qu'il donne de cette femme remarquable, mais également parce qu'il fournit la meilleure image que nous puissions avoir du grand astronome auquel Caroline consacra sa vie.

Ce modeste cercle familial fut, dans une certaine mesure, dispersé lors du début de la guerre de Sept Ans en 1756. Les Français envahirent le Hanovre, qui, rappelons-le, faisait alors partie des dominions britanniques. Le jeune William Herschel avait déjà obtenu le poste de musicien titulaire dans la fanfare militaire du régiment des gardes hanovriens, et il eut la chance d'acquérir une certaine expérience de la guerre lors de la désastreuse bataille de Hastenbeck. Il ne fut pas blessé, mais il dut passer la nuit qui suivit la bataille dans un fossé, et ses méditations à cette occasion le convainquirent que la carrière de militaire n'était pas la profession parfaitement adaptée à ses goûts. Il est inutile de cacher qu'il abandonna son régiment par le procédé très simple, mais plutôt risqué de la désertion. Il lui fallut, paraît-il, se déguiser pour s'évader. Quoi qu'il en soit, il réussit par divers procédés à ne pas être repéré et à atteindre l'Angleterre en toute sécurité. Il est intéressant de savoir que de nombreuses années après que cette infraction fut commise, elle fut solennellement pardonnée. Lorsque Herschel devint un célèbre astronome et qu'il rendit visite au roi George à Windsor, ce dernier lui accorda, lors de leur première rencontre, son pardon pour avoir déserté l'armée, rédigé en bonne et due forme par Sa Majesté elle-même.

Il semble que le jeune musicien devait avoir quelques difficultés à subvenir à ses besoins pendant les premières années de son séjour en Angleterre. Ce ne fut que lorsqu'il eut atteint l'âge de vingt-deux ans qu'il réussit à obtenir une fonction permanente. Il fut alors nommé instructeur de musique de la milice de Durham. Peu de temps après, alors que ses talents étaient davantage reconnus, il fut nommé organiste à l'église paroissiale de Halifax. Ses perspectives d'avenir étant désormais assez prometteuses, et la guerre de Sept Ans étant terminée, il entreprit de rendre visite à son père à Hanovre. On peut imaginer la satisfaction avec laquelle le vieil Isaac Herschel accueillit son fils prometteur, ainsi que sa fierté parentale lorsqu'un concert fut organisé et que certaines des compositions de William y furent jouées. Si le père était si gratifié en cette occasion, quels auraient été ses sentiments s'il avait été témoin de la future carrière de son fils ? Mais il n'eut pas ce plaisir, car il mourut bien des années avant que William ne devînt astronome.

7, New King Street, à Bath, lieu de résidence de Herschel

En 1766, quelques années après son retour en Angleterre à la suite de sa visite dans son ancienne maison, on apprend que Herschel avait reçu une nouvelle promotion, celle d'organiste à l'Octagon Chapel, à Bath. Bath était alors, tout comme aujourd'hui, un lieu de vacances très en vogue, et de nombreux personnages de renom soutenaient le musicien en pleine ascension. En plus de ses compétences professionnelles, Herschel possédait d'autres atouts: son apparence était élégante, son attitude était séduisante, et même sa nationalité était un avantage certain, puisqu'il était originaire de Hanovre sous le règne du roi George III. Le dimanche, il jouait de l'orgue, au grand plaisir de la congrégation, et en semaine, il donnait des cours à des élèves en privé et préparait des représentations en public. Il était donc très occupé et semblait jouir d'une situation confortable.

Depuis sa plus tendre enfance, Herschel était doté de cette précieuse qualité qu'est la soif de savoir. Il était naturellement désireux de se perfectionner dans la théorie de la musique, et il fut donc amené à étudier les mathématiques. Une fois qu'il eut goûté aux charmes des mathématiques, il découvrit de vastes domaines de connaissances, et fut ainsi amené à s'intéresser à l'astronomie. Cette discipline semble avoir de plus en plus retenu son attention, pour finalement devenir une véritable passion. Cependant, Herschel était encore obligé, pour subvenir à ses besoins, de consacrer la majeure partie de son temps à sa profession de musicien, mais son cœur était fermement rivé vers une autre science et chaque moment libre était consacré à l'astronomie. Toutefois, pendant de nombreuses années, il continua d'exercer sa vocation initiale, et ce ne fut qu'après avoir passé le cap de la quarantaine et être devenu l'astronome le plus célèbre de l'époque, qu'il put concentrer son attention exclusivement sur son activité favorite.

Herschel débuta sa carrière d'observateur avec un télescope de très petite taille qui lui fut prêté par un ami. Cependant, il se rendit rapidement compte que pour observer tout ce qu'il voulait observer, il lui faudrait un télescope bien plus puissant, et il décida d'obtenir cet instrument en le fabriquant de ses propres mains. De prime abord, il peut paraître peu vraisemblable qu'un homme dont l'occupation était auparavant l'étude et la pratique de la musique puisse réussir à réaliser une tâche aussi technique que la construction d'un télescope. Toutefois, il convient de préciser que le type d'instrument que Herschel voulait construire reposait sur un principe très différent de celui des télescopes réfracteurs avec lesquels nous sommes familiers. Son télescope devait être ce que l'on appelle un télescope réflecteur. Dans ce type d'instrument, la puissance optique est obtenue par l'utilisation d'un miroir situé au fond du tube. L'astronome regarde à travers le tube EN DIRECTION DE SON MIROIR et observe le reflet des étoiles grâce à celui-ci. Son efficacité en tant que télescope dépend entièrement de la précision avec laquelle la forme souhaitée a été donnée au miroir. La surface doit être légèrement creuse, et cela doit être fait avec une précision telle que le moindre défaut de fabrication sur ce point essentiel compromettrait le bon fonctionnement du télescope.

Le miroir utilisé par Herschel était un mélange composé de deux tiers de cuivre et d'un tiers d'étain ; l'alliage ainsi obtenu est un matériau extrêmement dur, très difficile à couler dans la forme appropriée et à travailler par la suite. Cependant, une fois poli, il possède un éclat pratiquement identique à celui de l'argent. Le processus par lequel Herschel coula et façonna ses réflecteurs fut à peine détaillé. Toutefois, on nous raconte que plus tard, après que ses télescopes devinrent célèbres, il gagna une somme d'argent considérable en fabriquant et en vendant de tels instruments. C'est peut-être la raison pour laquelle il ne jugea jamais opportun de publier des détails très explicites quant aux méthodes utilisées pour obtenir ses remarquables réalisations.

Caroline Herschel

Depuis l'époque d'Herschel, de nombreux autres astronomes, notamment le défunt comte de Rosse, avaient mené des expériences dans le même domaine et étaient parvenus à fabriquer des télescopes nettement plus grands, et probablement plus perfectionnés que ceux qu'Herschel semble avoir construits. Les détails de ces dernières méthodes sont désormais bien connus et sont largement mis en pratique. De nombreux amateurs ont ainsi réussi à fabriquer des télescopes en suivant les instructions si clairement établies par lord Rosse et les autres spécialistes. En effet, il semblerait que quiconque possédant quelques compétences mécaniques et beaucoup de patience ne devrait pas rencontrer de grandes difficultés pour construire un télescope aussi puissant que celui qui fit la renommée de Herschel. Toutefois, il convient de mentionner que, de nos jours, le matériau généralement utilisé pour le miroir est plus souple que la substance métallique utilisée par Herschel et par lord Rosse. Un télescope à réflexion actuel ne serait pas doté d'un miroir en alliage appelé métal spéculaire, dont j'ai déjà mentionné la composition. On jugea plus avantageux de recourir à un miroir en verre soigneusement façonné et poli, comme l'aurait été un miroir métallique, puis d'appliquer sur la surface polie de ce verre une fine couche d'argent appliquée par un procédé chimique. Les miroirs en verre argenté sont tellement plus légers et plus faciles à construire que les anciens miroirs métalliques sont presque totalement obsolètes. Cependant, le miroir métallique présente toujours l'avantage de conserver, à condition de l'entretenir correctement, sa surface brillante et intacte pendant une période bien plus longue que le revêtement d'argent sur le verre. Cependant, le processus de réargentage d'un verre est devenu si simple que l'avantage qu'il possède n'est pas si important qu'on pourrait le croire à première vue.

Vue sur la rue, la maison de Herschel, à Slough

Plusieurs années s'écoulèrent après que l'attention d'Herschel fut portée pour la première fois sur l'astronomie, avant qu'il ne récoltât la récompense de ses efforts par la possession d'un télescope capable de révéler de façon adéquate certaines des merveilles du ciel. En 1774, alors que l'astronome était âgé de trente-six ans, il aperçut pour la première fois des étoiles avec un instrument de sa propre construction. Nuit après nuit, dès que ses activités musicales étaient terminées, il sortait ses télescopes, quelquefois dans le petit jardin à l'arrière de sa maison à Bath, et quelquefois dans la rue devant son entrée. Ce qui le caractérisait, c'était qu'il s'efforçait toujours de perfectionner ses appareils. Il fabriquait sans cesse de nouveaux miroirs, essayait de nouvelles lentilles, ou des combinaisons de lentilles pour faire office d'oculaires, ou envisageait des modifications dans le support du télescope. Son enthousiasme était tel que sa maison, selon les dires, était sans cesse encombrée des indices habituels de la présence d'un ouvrier, au grand désarroi de sa sœur qui, à cette époque, était venue s'installer chez lui et s'occupait de l'entretien de sa maison. En effet, elle se plaignait que, dans sa fougue astronomique, il oubliait parfois d'ôter, avant d'entrer dans son atelier, les beaux volants en dentelle qu'il portait lorsqu'il dirigeait un concert, et que, par conséquent, ceux-ci étaient salis par la poix qui servait à polir ses miroirs.

Cette sœur, qui occupe une place si particulière dans l'histoire de la science, est la même petite fille à laquelle nous avons déjà fait référence. Dès son plus jeune âge, elle semble avoir éprouvé une profonde admiration pour son brillant frère William. La plus grande satisfaction de son enfance et de sa vie adulte fut de lui rendre service autant qu'elle le pouvait ; aucun homme de science ne reçut jamais une aide plus compétente ou plus énergique que celle que William Herschel trouva en cette femme exceptionnelle. Quel que soit le travail à réaliser, elle était disposée à y prendre part, voire à y œuvrer seule si elle y était autorisée. Non seulement elle gérait toutes les affaires ménagères, mais elle lui apportait toute l'aide possible pour le polissage des lentilles et des miroirs. Au cours d'une étape de l'opération très délicate de fabrication d'un réflecteur, il est nécessaire que l'ouvrier garde la main sur le miroir pendant plusieurs heures d'affilée. Lorsque de tels efforts étaient nécessaires, Caroline s'asseyait près de son frère et animait son temps en lisant des histoires à haute voix, s'arrêtant parfois pour le nourrir avec une cuillère pendant que ses mains étaient consacrées à la tâche à laquelle il ne pouvait se soustraire un seul instant.

Lorsqu'il fallait effectuer des travaux mathématiques, Caroline était prête à le faire ; elle avait suffisamment étudié pour être en mesure d'effectuer le genre de calculs, qui n'étaient peut-être pas très difficiles, que le travail d'Herschel nécessitait ; en réalité, il n'est pas exagéré de dire que la grande œuvre de la vie que cet homme était en mesure d'accomplir n'aurait jamais pu l'être sans le sacrifice de cette sœur éternellement aimante et fidèle. Lorsque Herschel utilisait son télescope la nuit, Caroline s'asseyait près de lui à son bureau, plume à la main, afin de noter ses observations au fur et à mesure que celles-ci émanaient de son frère. Ce n'était pas un travail négligeable. Le télescope était, bien entendu, à l'air libre et, comme il était fréquent que Herschel poursuivît ses observations tout au long des longues nuits d'hiver, rares étaient les femmes qui auraient pu accomplir cette tâche dont Caroline se chargeait avec tant de bonne volonté. Herschel travaillait du crépuscule à l'aube, lorsque le ciel était dégagé, et nous pouvons nous rendre compte de ce que cela impliquait par moment, puisque Caroline nous affirme qu'elle devait parfois arrêter son travail, car l'encre de sa plume avait gelé. Une fois le travail de nuit terminé, un bref moment de repos était accordé et, tandis que William devait vaquer à ses occupations de la journée, Caroline transcrivait soigneusement les observations effectuées la nuit précédente, réduisant toutes les données et mettant tout en place pour les observations qui suivraient le soir suivant.

Mais nous avons ici quelque peu devancé l'avenir qui s'offrait au grand astronome ; il nous faut maintenant revenir à ses premiers travaux, à Bath, en 1774, lorsque Herschel commença à scruter le ciel avec un instrument de sa fabrication. Pendant quelques années, il n'obtint aucun résultat significatif ; il fit sans aucun doute quelques observations intéressantes, mais la valeur du travail effectué au cours de ces années ne réside pas tant dans les découvertes réalisées que dans la maîtrise que Herschel acquit dans l'utilisation de ses instruments. Ce ne fut qu'en 1782 que se produisit le grand exploit qui le rendit immédiatement célèbre.

Vue sur le jardin, la maison de Herschel, à Slough

On dit parfois que les découvertes sont faites par accident, et il est vrai que, dans une certaine mesure et seulement dans une infime proportion, je pense que cette affirmation peut être vraie. En tout cas, il est certain que ces heureux accidents ne sont pas monnaie courante, à moins que les gens ne les aient mérités. C'était certainement le cas pour Herschel. Celui-ci aurait eu pour projet d'examiner minutieusement toutes les étoiles dépassant une certaine magnitude. Peut-être avait-il l'intention de restreindre cette recherche à une partie limitée du ciel, mais, quoi qu'il en soit, il semble avoir entrepris ce travail avec énergie et régularité. Les unes après les autres, les étoiles étaient amenées au centre du champ de vision de son télescope, et après un examen minutieux, elles étaient déplacées, pendant qu'une autre étoile était soumise au même processus. Dans la grande majorité des cas, ce genre d'observation ne révèle rien de significatif ; il est certain que même la plus petite étoile du ciel, si nous pouvions tout savoir à son sujet, nous révélerait bien plus que ce que tous les astronomes qui ont vécu sur Terre ont pu supposer. En réalité, les informations recueillies sur la grande majorité des étoiles sont extrêmement limitées. On constate que l'étoile est un petit point lumineux, et rien de plus.

Dans la grande étude qu'il entreprit, Herschel examina sans doute des centaines, voire des milliers d'étoiles, qu'il laissa passer sans les relever ni les commenter. Mais lors d'une nuit inoubliable de mars 1782, il poursuivit son travail parmi les étoiles de la constellation des Gémeaux. Il ne fait aucun doute que cette nuit-là, comme tant d'autres, une étoile après l'autre fut observée pour être ensuite écartée, car ne nécessitant pas d'attention particulière. Cependant, ce soir-là, une étoile fut observée et qui, à la vue perçante d'Herschel, semblait différente des milliers d'étoiles qui parsèment le ciel. Une étoile à proprement parler n'est qu'un petit point lumineux, dont aucune augmentation du grossissement ne permettra jamais de distinguer un véritable disque. Mais il y avait quelque chose dans cet astre que Herschel vit qui attira immédiatement son attention et l'incita à augmenter le grossissement de son instrument. Cela lui permit de découvrir que cette étoile possédait un disque, autrement dit une taille bien définie et mesurable, ce qui la rendait totalement différente des centaines et des milliers d'étoiles qui se trouvent partout dans l'espace. En effet, on peut affirmer d'emblée que ce petit astre n'était en rien une étoile, mais bien une planète. Sa véritable nature fut confirmée, après une observation plus approfondie, par la constatation que le corps se déplaçait dans le ciel par rapport aux étoiles. L'organiste de la chapelle de l'Octogone à Bath avait donc découvert une nouvelle planète avec son télescope artisanal.

J'imagine bien que quelqu'un va dire : « Oh, il n'y avait rien de si extraordinaire là-dedans ; ne découvre-t-on pas sans arrêt des planètes ? Est-ce que M. Palisa, par exemple, n'a pas découvert près de quatre-vingts de ces astres, et n'en connaît-on pas des centaines de nos jours ? » Dans une certaine mesure, c'est tout à fait vrai. Je n'ai pas la moindre envie de diminuer le mérite de ces astronomes assidus et perspicaces qui, à notre époque, ont porté à notre connaissance un si grand nombre de ces petits corps célestes. Cependant, je pense qu'il faut admettre que de telles découvertes ont une importance complètement différente dans l'histoire de la science de celle qui appartient à l'exploit incomparable de Herschel. En premier lieu, il faut observer que les planètes mineures qui sont aujourd'hui révélées sont si minuscules que si l'on en rassemblait une vingtaine en un seul corps, elles ne représenteraient pas un millième de la taille de la grande planète découverte par Herschel. Néanmoins, ce n'est pas le point le plus important. Ce qui fait de l'exploit d'Herschel l'une des plus grandes étapes de l'histoire de l'astronomie, c'est le fait que la découverte d'Uranus fut la toute première découverte répertoriée d'une planète quelconque.

Depuis des siècles, ceux qui observaient le ciel étaient conscients de l'existence des cinq anciennes planètes : Jupiter, Mercure, Saturne, Vénus et Mars. Il ne semblait pas avoir effleuré l'esprit des anciens philosophes qu'il pouvait y avoir d'autres corps célestes similaires, encore non détectés, outre les cinq planètes bien connues. La stupéfaction du monde scientifique fut donc immense lorsque l'organiste de Bath annonça qu'il avait découvert que les cinq planètes connues depuis l'Antiquité devaient désormais compter parmi elles une sixième planète. Et celle-ci était, en effet, en tout point digne d'être intégrée dans les rangs des cinq corps célestes de l'Antiquité. Elle n'était certes pas aussi grande que Saturne et certainement très inférieure à Jupiter ; en revanche, elle était bien plus grande que Mercure, Vénus ou Mars, et la Terre elle-même semblait tout à fait insignifiante en comparaison de ce nouveau membre du système solaire. La nouvelle planète de Herschel était également un objet nettement plus imposant que n'importe lequel des corps plus anciens ; elle tournait autour du Soleil sur une orbite majestueuse, bien au-delà de celle de Saturne, qui avait été considérée jusqu'alors comme la limite du système solaire, et sa majestueuse progression exigeait une durée de pas moins de quatre-vingt-un ans.

Le roi George III, ayant eu vent des exploits du musicien hanovrien, fut très intéressé par sa découverte, et Herschel fut donc prié de se rendre à Windsor, avec son célèbre télescope, afin de présenter la nouvelle planète au roi et d'en faire part à Sa Majesté. Cette entrevue allait donner à Herschel la possibilité, tant désirée, de se consacrer exclusivement à la science pour le reste de sa vie.

Vue sur l'observatoire, la maison de Herschel, à Slough

Le roi appréciait tellement l'astronome qu'il avait d'abord, comme je l'ai déjà mentionné, dûment gracié sa désertion de l'armée vingt-cinq ans auparavant. En guise de nouvelle marque de faveur, le roi proposa de conférer à Herschel le titre d'astronome personnel de Sa Majesté, de lui attribuer une résidence près de Windsor, de lui verser un salaire et de fournir les fonds nécessaires à la construction de grands télescopes et à la réalisation de ce grand projet d'observation céleste que Herschel souhaitait tant entreprendre. Les capacités de travail d'Herschel auraient été fortement diminuées s'il avait été privé de l'aide de son illustre sœur. C'est pourquoi le roi lui attribua également un salaire et la désigna comme assistante d'Herschel.

Fidèle à sa nature impulsive, Herschel se libéra immédiatement de toutes ses obligations musicales à Bath et s'attela à la tâche de fabriquer et d'ériger de grands télescopes à Windsor. Pendant plus de trente ans, lui et sa fidèle sœur poursuivront avec une ferveur inébranlable leurs observations nocturnes du ciel. De nombreux articles furent envoyés à la Royal Society, décrivant les centaines, voire les milliers de corps célestes, tels que les étoiles doubles, les nébuleuses et les amas stellaires, qui furent pour la première fois révélés aux yeux des hommes au cours de ces veillées nocturnes. Jusqu'à la fin de sa vie, il continua, dès qu'il en eut l'occasion, à se consacrer à cette activité qui lui était si chère et dans laquelle il avait connu un succès sans précédent. Cependant, aucune des découvertes faites par Herschel dans les dernières années de sa vie ne revêtait la même importance que celle qui l'avait rendu célèbre pour la première fois.

Le télescope de 12 mètres tel qu'il était en 1863, la maison de Herschel, à Slough

Herschel se maria alors qu'il était bien âgé et il eut le plaisir indescriptible de constater que son fils unique, qui deviendra sir John Herschel, suivait dignement ses pas et atteignait une renommée d'observateur astronomique qui n'avait d'égal que celle de son père. En 1822, Herschel mourut et son illustre sœur Caroline retourna à Hanovre, où elle vécut de nombreuses années et reçut le respect et l'attention qui lui étaient dus. Elle trépassa à un âge très avancé en 1848.

LAPLACE

Laplace

L'auteur du *Traité de mécanique céleste* naquit à Beaumont-en-Auge, près de Honfleur, en 1749, seulement treize ans après son célèbre ami Lagrange. Son père était un fermier, mais il semble qu'il était à même de fournir une bonne éducation à son fils qui semblait si prometteur. Étant donné le manque d'orthodoxie en matière de religion qui, selon les dires, caractérisa Laplace par la suite, il est intéressant de noter que, lorsqu'il était enfant, le premier sujet qui retint son attention fut la théologie. Cependant, il fut rapidement initié à l'étude des mathématiques, domaine dans lequel il devint si compétent que, alors qu'il n'avait pas plus de dix-huit ans, il fut engagé comme professeur de mathématiques dans sa ville natale.

Désireux de bénéficier d'opportunités d'étude et de renommée plus importantes que celles offertes par les étroites relations de la vie provinciale, le jeune Laplace se rendit à Paris, muni d'une lettre de recommandation pour d'Alembert, qui occupait alors la position la plus importante en tant que mathématicien en France, si ce n'est dans toute l'Europe. La renommée de d'Alembert était en effet si grande que Catherine la Grande lui écrivit pour lui demander de se charger de l'éducation de son fils, et lui promit un salaire incroyable de cent mille francs. Toutefois, il préféra une vie de tranquillité vouée à ses recherches à Paris, même si son salaire était très modeste. Par conséquent, le philosophe déclina l'offre alléchante de se rendre en Russie, même si Catherine lui écrivit à nouveau en lui disant : « Je sais que votre refus est dû à votre désir de poursuivre vos études et vos amitiés dans le calme. Mais cela est sans importance : amenez vos amis avec vous, et je vous promets que vous et vos amis aurez tous les aménagements nécessaires en mon pouvoir. » Avec la même fermeté, l'illustre mathématicien résista aux multiples tentatives de Frédéric le Grand pour le convaincre de s'installer à Berlin. En lisant ces invitations, on ne peut qu'être subjugué par l'extraordinaire considération qui était alors portée à la reconnaissance scientifique. Il ne faut pas oublier que les découvertes d'un homme tel que d'Alembert étaient très difficilement appréciables pour ceux qui ne possédaient pas un haut degré de culture mathématique. Néanmoins, on retrouve les dirigeants de Russie et de Prusse implorant et, en l'occurrence, en vain le mathématicien le plus distingué de France d'accepter les postes que ceux-ci étaient fiers de lui offrir.

Ce fut à d'Alembert, le grand mathématicien, que le jeune Laplace, fils de fermier, présenta sa lettre de recommandation. Mais cette dernière ne semble pas avoir suscité de réponse, à la suite de quoi Laplace écrivit à d'Alembert pour lui proposer une discussion sur un point de dynamique. Cette lettre produisit instantanément l'effet désiré. D'Alembert pensait que les talents de mathématicien dont faisait preuve le jeune homme étaient en soi la meilleure des introductions en sa faveur. Un tel talent ne pouvait être écarté, et par conséquent, il invita Laplace à venir le voir. Bien entendu, Laplace vint à se présenter, et très vite, d'Alembert obtint pour le philosophe en herbe un poste de professeur de mathématiques à l'école militaire de Paris. Cela donna au brillant jeune mathématicien l'opportunité qu'il recherchait, et il en profita rapidement.

Laplace avait trente-trois ans lorsque son premier essai sur un sujet mathématique complexe parut dans les mémoires de l'académie de Turin. Dès lors, il publia une série d'essais dans lesquels il s'attaquait, et bien souvent avec succès, aux grandes difficultés de l'application de la théorie newtonienne de la gravitation à l'explication du système solaire. Comme son grand contemporain Lagrange, il aborda des problèmes dont les réponses demandaient des compétences analytiques poussées. L'attention du monde scientifique fut ainsi rivée sur les splendides découvertes qui émanaient de ces deux hommes, chacun doté d'un génie extraordinaire.

L'ouvrage le plus célèbre de Laplace est, bien entendu le *Traité de mécanique céleste*, dans lequel il tenta d'appliquer les principes que Newton avait établis, de façon beaucoup plus détaillée que Newton ne pouvait le faire. Le fait est que Newton n'avait pas seulement à élaborer la théorie de la gravitation, mais il devait aussi concevoir les outils mathématiques, pour ainsi dire, qui permettraient d'appliquer sa théorie à l'explication des mouvements des corps célestes. Au cours du siècle qui séparait l'époque de Newton de celle de Laplace, les mathématiques s'étaient considérablement développées. En particulier, cette branche importante qu'est le calcul infinitésimal, que Newton avait inventé pour ses recherches sur la nature, qui s'était tant perfectionné que Laplace, lorsqu'il essayait de percer les mystères des mouvements des corps célestes, disposa d'une méthode de calcul bien plus efficace que Newton à son époque. Les méthodes purement géométriques que Newton utilisa, bien qu'elles soient remarquablement adaptées pour démontrer de manière générale la tendance des forces et pour expliquer les phénomènes les plus évidents par lesquels les mouvements des corps célestes sont perturbés, sont néanmoins tout à fait inadéquates pour aborder les effets plus subtils de la loi de la gravitation. Les perturbations qu'une planète exerce sur les autres ne peuvent être pleinement déterminées qu'à l'aide de longs calculs, et pour ces calculs, des méthodes analytiques sont nécessaires. Avec un armement de méthodes mathématiques qui furent perfectionnées depuis l'époque de Newton grâce au travail de deux ou trois générations d'inventeurs mathématiciens chevronnés, Laplace essaya dans *Traité de mécanique céleste* de percer les mystères de notre ciel. Il sera difficilement contestable que son livre soit l'un des plus difficiles à comprendre qui n'ait jamais été écrit. Cette difficulté provient en grande partie, bien entendu, de la nature même du sujet, et est jusqu'à présent incontournable. Il est inutile d'essayer de lire le *Traité de mécanique céleste* si l'on n'est pas naturellement doté de bonnes compétences en mathématiques qui furent cultivées par des années d'études assidues. Les critiques diront qu'il y a de graves défauts dans la méthode de Laplace. Son style est souvent très obscur, et l'auteur laisse fréquemment de grandes failles dans son argumentation, au triste désarroi de son lecteur. Ce n'est pas non plus améliorer les choses que de dire, comme Laplace le fait souvent, qu'il est « facile de voir » comment une étape découle d'une autre. De telles inférences présentent souvent de grandes difficultés, même pour d'excellents mathématiciens. Traditionnellement, lorsque Laplace eut l'occasion de faire référence à son propre livre, il n'était pas rare qu'un point qu'il avait rejeté avec sa tournure de phrase habituelle : « Il est facile de voir » pouvait coûter une heure ou deux du temps de l'illustre auteur avant qu'il ne pût retrouver son train de pensée. Mais il y a certaines parties de son travail qui reçurent à chaque fois l'admiration exaltée des mathématiciens. En fait, Laplace avait crée de nouvelles branches de la science, dont certaines furent par la suite développées avec beaucoup d'avantages dans la poursuite de l'étude de la nature.

Selon les critères modernes, le défaut le plus grave de l'ouvrage de Laplace est plutôt d'ordre moral que mathématique. Lagrange et lui avancèrent ensemble dans leurs études de la mécanique des astres, parfois selon des approches parallèles, parfois en utilisant des méthodes pratiquement identiques pour résoudre le même problème. Par moment, c'était Lagrange qui résolvait un important problème et par moment c'était Laplace qui avait la chance de réaliser cet exploit. Il serait sans doute difficile de définir la frontière qui séparerait exactement les contributions à l'astronomie apportées par chacun de ces illustres mathématiciens. Mais dans son grand ouvrage, Laplace dédaigna, de la manière la plus hautaine, de donner à Lagrange, ou à tout autre mathématicien, à l'exception de Newton, qui avait fait progresser notre connaissance du mécanisme des astres, plus qu'une simple reconnaissance. Il serait tout à fait impossible pour un étudiant qui restreindrait sa lecture au *Traité de mécanique céleste* de déduire, à partir des indications qui y figurent, si les découvertes dont il prenait connaissance avaient été réellement réalisées par Laplace lui-même ou si elles n'avaient pas été réalisées par Lagrange, par Euler, ou par Clairaut. Étant donné nos normes actuelles de moralité en la matière, tout homme scientifique qui publierait aujourd'hui un ouvrage dans lequel il aurait la prétention de négliger de la sorte les contributions des autres au sujet sur lequel il écrit serait à juste titre censuré et des polémiques acerbes s'ensuivraient sans nul doute. Peut-être que l'on ne devrait pas juger Laplace selon les normes de notre époque, et quoi qu'il en soit je ne doute pas que Laplace devait posséder une défense plausible. Il est bien connu que lorsque deux chercheurs travaillent sur le même sujet, et publient constamment leurs résultats, il est souvent difficile pour chacun d'entre eux de distinguer avec exactitude ce qu'il a accompli par lui-même et ce qu'il doit à son rival. Laplace se disait sans doute qu'il allait consacrer son énergie à une grande œuvre sur l'interprétation de la nature, que cela nécessiterait tout son temps et toutes ses facultés, et toutes les connaissances dont il pourrait faire usage afin de résoudre correctement les grands problèmes qui se présentaient à lui. Il ne voulait pas se laisser distraire par une quelconque autre affaire. Il ne pouvait tolérer que des pages fussent gaspillées à débattre simplement de la question de savoir à qui nous devons telle ou telle formule, et à qui est due telle ou telle déduction à partir de cette formule. Il préférait s'efforcer de produire une représentation aussi complète que possible de la mécanique céleste, et que ce fût au moyen de ses propres mathématiques, ou que les découvertes d'autres personnes eussent contribué dans une certaine mesure à ce résultat était une question si insignifiante en comparaison de la grandeur de son sujet qu'il la négligeait complètement. « Si Lagrange devait penser, pourrait dire Laplace, que ses découvertes avaient été excessivement appropriées, la suite logique aurait été exactement la même pour lui que ce que j'ai fait. Laissez-le également écrire le *Traité de mécanique céleste*, laissez-le utiliser ces talents remarquables qu'il possède pour développer son noble sujet à son paroxysme. Laissez-le utiliser tous les résultats que j'ai ou que d'autres mathématiciens ont découverts, mais ne l'importunez pas à outrance avec des détails historiques sans importance en ce qui concerne qui à découvert quoi ; laissez-le produire un ouvrage tel qu'il pourrait l'écrire, et je l'accueillerai chaleureusement comme une formidable contribution à notre science. » Il est certain que Laplace et Lagrange continuèrent à entretenir leur grande amitié, et au décès de ce dernier ce fut Laplace qui fut appelé pour prononcer l'oraison funèbre sur la tombe de son grand rival.

Les recherches de Laplace sont, de manière générale, d'un niveau trop technique pour qu'il soit possible de les décrire dans un ouvrage tel que celui-ci. Cependant, il publia un traité intitulé : *Exposition du système du monde*, dans lequel, sans y introduire de symboles mathématiques, il put présenter un compte rendu général de ses théories sur les mouvements célestes et des découvertes auxquelles lui et d'autres avaient été amenés. Dans cet ouvrage, le grand astronome français esquissa pour la première fois cette remarquable théorie par laquelle son nom est sans doute le plus généralement connu des lecteurs d'ouvrages astronomiques qui ne sont pas spécialement mathématiciens. C'est dans l'*Exposition du système du monde* que Laplace établit les principes de la théorie nébulaire qui, de nos jours, est largement reconnue par les philosophes compétents en la matière, comme étant l'expression correcte d'un grand fait historique.

La théorie nébulaire fournit une explication physique de l'origine du système solaire, constitué du Soleil en son centre, des planètes et de leurs satellites. Laplace perçut la signification du fait que toutes les planètes effectuaient une révolution dans le même sens autour du Soleil ; il remarqua également que les mouvements de rotation des planètes sur leurs axes s'effectuaient dans le même sens que celui dans lequel une planète effectue sa révolution autour du Soleil ; il constata que les orbites des satellites, du moins tel qu'il les connaissait, effectuaient une révolution dans le même sens autour de leurs corps primaires. Il ne lui échappa pas non plus que le Soleil lui-même tournait sur son axe dans le même sens. Son esprit philosophique fut amené à penser qu'une unanimité si remarquable dans la direction des mouvements du système solaire exigeait une explication particulière. Il aurait été tout à fait invraisemblable que cette unanimité existe, à moins qu'il n'y eût une explication physique à cela. Afin de bien comprendre son raisonnement, concentrons d'abord notre attention sur trois corps célestes particuliers, à savoir la Terre, le Soleil et la Lune. En premier lieu, la Terre effectue une révolution autour du Soleil dans une certaine direction, et la Terre tourne également sur son axe. La direction dans laquelle la Terre tourne en conformité avec ce dernier mouvement pourrait être celle dans laquelle elle tourne autour du Soleil, ou bien elle pourrait évidemment être inverse à celle-ci. En réalité, les deux s'accordent. La Lune, dans sa révolution mensuelle autour de la Terre, suit également la même direction, et notre satellite tourne sur son axe pendant la même période que sa révolution mensuelle, mais en respectant à nouveau cette même loi. Nous avons donc quatre mouvements de la Terre et de la Lune, qui suivent tous la même direction, et qui sont également identiques à ceux du Soleil, qui effectue une rotation tous les vingt-cinq jours. Une telle coïncidence serait très improbable, à moins qu'il n'y ait une raison physique à cela. De même, il serait tout aussi improbable qu'en lançant une pièce de monnaie, on obtienne successivement cinq fois pile ou cinq fois face. Si on lance une pièce de monnaie cinq fois, la probabilité qu'elle tombe uniquement sur pile ou sur face est infime. La probabilité d'un tel événement est seulement d'un seizième.

Toutefois, il y a dans notre système solaire bien d'autres corps célestes en plus des trois susmentionnés qui sont animés par le même mouvement. Parmi eux se trouvent bien entendu les célèbres planètes : Jupiter, Saturne, Mars, Vénus et Mercure ainsi que leurs satellites. Toutes ces planètes effectuent une rotation sur leurs axes dans la même direction que lorsqu'elles effectuent une révolution autour du Soleil et tous leurs satellites font de même. Si l'on restreint uniquement notre attention sur la Terre, le Soleil et les cinq grandes planètes dont Laplace avait connaissance, on compte pas moins de six mouvements de révolution et sept mouvements de rotation, puisque dans ces derniers on inclut la rotation du Soleil. On compte également seize satellites appartenant aux planètes citées dont les révolutions autour de leurs corps primaires suivent la même direction. La rotation de la Lune sur son axe peut également être reconnue, mais en ce qui concerne les rotations des satellites des autres planètes, on ne peut se prononcer avec certitude, car elles sont trop éloignées pour être observées avec la précision nécessaire. On a ainsi trente mouvements circulaires dans le système solaire en lien avec le Soleil, la Lune et ces grandes planètes dont aucune autre n'était connue à l'époque de Laplace. Ce qui est significatif ici est que ces trente mouvements suivent tous la même direction. Le fait que ce soit le cas sans aucune raison physique serait tout à fait invraisemblable, tout comme le fait de jeter une pièce de monnaie trente fois et qu'elle retomberait à chaque fois uniquement sur pile ou sur face.

On peut exprimer ce raisonnement en chiffres. Les calculs prouvent qu'un tel événement ne se produirait généralement pas plus d'une fois sur cinq cents millions de tentatives. Pour un philosophe de la trempe de Laplace, qui avait fait une étude spécifique de la théorie des probabilités, il semblait presque inimaginable qu'il y eût une telle unanimité dans les mouvements célestes, à moins qu'il n'y eût une raison appropriée pour en rendre compte. On pourrait, en effet, ajouter que si l'on devait inclure tous les objets qui sont désormais reconnus comme appartenant à notre système solaire, ce raisonnement basé sur les probabilités pourrait être considérablement renforcé. Pour Laplace, ce dernier lui parut si concluant qu'il chercha une cause physique au phénomène remarquable que représentait le système solaire. Ce fut ainsi que l'hypothèse de la nébuleuse vit le jour. Laplace élabora un schéma de l'origine du Soleil et du système planétaire dans lequel il serait indispensable que tous les mouvements suivent la même direction que celle dans laquelle ils sont effectivement observés.

Supposons qu'au départ se trouvait une gigantesque masse de matière nébuleuse qui était tellement haute en température que le fer et les autres substances qui font partie de la composition de la Terre et des planètes seraient alors rendus à l'état de gaz. Cette hypothèse n'a rien de saugrenu : on sait en effet qu'il existe des milliers de nébuleuses de ce type que l'on peut observer aujourd'hui avec nos télescopes. Il serait presque improbable qu'aucun objet ne puisse exister sans posséder un certain mouvement de rotation ; on peut en effet affirmer que l'absence totale de rotation dans la grande nébuleuse primitive serait pratiquement improbable. Au fur et à mesure du temps, la nébuleuse aurait peu à peu dispersé par rayonnement ses réserves de chaleur originelles et, conformément aux principes physiques bien connus, les matériaux dont elle était formée auraient eu tendance à fusionner. La majeure partie de ces matériaux se concentrerait en une énorme masse entourée de vapeurs extérieures non condensées. Cependant, il y aurait aussi des zones réparties sur toute l'étendue de la nébuleuse, dans lesquelles on trouverait des centres subsidiaires de condensation. Au cours de son long refroidissement, la nébuleuse aurait donc tendance à former un corps central imposant, entouré d'un certain nombre de corps plus petits. Du fait que la nébuleuse fût originellement dotée d'un mouvement de rotation, la masse centrale en laquelle elle s'était essentiellement condensée devrait également effectuer une révolution, et les corps subsidiaires devraient être influencés par les mouvements de révolution du corps central. Ces mouvements se feraient tous dans une même direction, et il en découle, d'après les principes mécaniques bien connus, que chacune des masses subsidiaires, en plus de participer à la révolution générale autour du corps central, effectuerait également une rotation autour de son axe, qui devrait également s'effectuer dans la même direction. Autour des corps subsidiaires, d'autres objets de tailles encore plus infimes se formeraient, tout comme ils s'étaient eux-mêmes formés par rapport à la grande masse centrale.

Au fil des âges et de la dissipation graduelle de la chaleur de ces corps, les divers objets célestes fusionneraient, premièrement en des masses de liquide fondu puis, à un stade plus avancé du refroidissement, ils prendraient l'apparence de masses solides, produisant ainsi les corps planétaires tels qu'on les connaît aujourd'hui. La grande masse centrale, de par ses dimensions prépondérantes, conserverait encore, pendant des siècles, une grande quantité de sa chaleur originelle et arborerait ainsi la splendeur d'un soleil étincelant. À sa manière, Laplace fut capable d'expliquer les remarquables phénomènes présents dans les mouvements des corps célestes du système solaire. Il y a également de nombreux autres aspects sur lesquels la théorique nébulaire concorde avec les observations. En fait, chaque progrès en science semble confirmer de plus en plus que l'hypothèse de la nébuleuse illustre en grande partie la manière dont notre système solaire s'est développé jusqu'à sa forme actuelle.

Non satisfait d'une carrière simplement orientée vers la science, Laplace chercha à entrer en relation avec les affaires publiques. Napoléon estimait son génie et souhaitait faire de lui un fonctionnaire de l'État. Par conséquent, il nomma Laplace en tant que ministre de l'Intérieur. L'essai ne fut pas concluant, car ce n'était pas un homme politique par nature. Napoléon fut très déçu de l'incompétence du grand mathématicien dans ses fonctions d'homme d'État, et, désespérant des capacités administratives de Laplace, il déclara qu'il avait porté l'esprit de son calcul infinitésimal dans la gestion des affaires. En effet, le comportement politique de Laplace n'était guère défendable. Alors qu'il acceptait les distinctions dont Napoléon le comblait au temps de sa prospérité, il semble avoir oublié tout cela lorsque Napoléon ne pouvait plus lui rendre service. Laplace fut fait marquis par Louis XVIII, un titre qu'il transmit à son fils qui naquit en 1789. Pendant la dernière partie de sa vie, le philosophe vivait dans un lieu de retraite à la campagne à Arcueil. Il y poursuivit ses recherches, et grâce à une abstinence rigoureuse, il se préserva de nombreuses maladies liées à la vieillesse. Il décéda le 5 mars 1827 à l'âge de quatre-vingt-huit ans et ses derniers mots furent : « Ce que l'on sait est très peu, mais ce que l'on ne sait pas est immense. »

BRINKLEY

John Mortimer Brinkley

Le prévôt Baldwin exerça une influence absolue sur l'université de Dublin pendant quarante et un ans. Sa mémoire y est bien préservée. L'intendant[1] distribue encore les recettes substantielles que Baldwin légua à l'université. Nul ne pourra jamais oublier les anges de marbre entourant la figure du prévôt mourant, que nous avions l'habitude de contempler pendant les souffrances de la salle d'examen.

Baldwin décéda en 1785 et Francis Andrews lui succéda, un membre de l'université depuis près de dix-sept ans. En ce qui concerne les études d'Andrews, tout ce que l'on peut trouver est une déclaration selon laquelle il fut félicité par les éminents professeurs de Padoue pour l'élégance et la pureté avec lesquelles il leur parlait en latin. Andrews était également réputé comme étant un avo-

1. De son nom original *The Bursar*, désigne le chef du département financier d'un établissement d'enseignement supérieur. Il gère les affaires financières de ce dernier.

cat talentueux. Il fut sans doute un conseiller privé[1] et un membre phare de la Chambre des communes irlandaise. Son sens du relationnel était excellent. Ce fut peut-être l'exemple de Baldwin qui stimula chez Andrews le désire de devenir un donateur de son université. En conséquence, il légua la somme de 3 000 livres sterling ainsi qu'un versement annuel de 250 livres dans le but de construire et de fournir un observatoire astronomique à l'université. Il convient de préciser ces chiffres en se référant aux propos du prudent Ussher (qui devint par la suite le premier professeur d'astronomie) exprimant que : « Cet argent devait découler de l'accumulation d'une partie de ses biens, afin de pouvoir être utilisé en cas d'imprévu particulier pour sa famille. » Cette subvention astronomique fut vite menacée par des litiges. Andrews pensait avoir subvenu aux besoins de ses proches en leur laissant certains intérêts fonciers liés à la propriété du prévôt. Cependant, la cour royale de justice proclama que ces intérêts n'étaient pas à disposition du testateur et les octroya au prochain prévôt : Hely Hutchinson. Les parents déçus demandèrent alors au Parlement irlandais de réparer ce grief en leur transférant les fonds destinés par Andrews pour l'observatoire. Il serait injuste, selon eux, que les intentions bienveillantes du défunt prévôt à l'égard de ses proches fussent bafouées dans le but de maintenir ce qu'ils décrivaient comme « une institution purement ornementale ». Les autorités de l'université protestèrent contre cette réclamation. Le conseil fut réuni et un comité de la Chambre des communes fit un rapport déclarant le statut complexe de la situation des parents. En conséquence, un accord fut conclu et le litige prit fin.

Le site du nouvel observatoire astronomique fut choisi par le conseil d'administration du Trinity College[2]. Le splendide quartier qu'offrait Dublin. Les magnifiques quartiers de Dublin offraient un éventail d'excellents sites. Sur la rive nord de la Liffey, un observatoire aurait pu être admirablement placé, soit sur le remarquable promontoire de Howth, soit sur l'élévation dont Dunsink est le sommet. Dans la partie sud de Dublin, il y a plusieurs éminences qui auraient pu être convenables : les landes venteuses de Foxrock rassemblent toutes les conditions nécessaires ; la colline de l'obélisque à Killiney aurait donné l'un des sites les plus spectaculaires au monde pour un observatoire ; et près de Delgany, on pourrait mentionner deux ou trois autres sites intéressants. Mais le conseil d'administration, en ces temps encore vierges de chemins de fer, fut naturellement orienté par la question de la proximité. Dunsink fut par conséquent choisi comme étant le site le plus favorable, car situé à une

1. Il s'agit d'un poste au sein du Conseil privé qui est une institution politique mise en place pour assister un monarque ou son représentant dans l'exercice de sa fonction.
2. Le *Trinity College* est le seul *collège* faisant partie de l'université de Dublin, en Irlande. Officiellement nommé *College of the Holy and Undivided Trinity of Queen Elizabeth* près de Dublin, il a été fondé en 1592 par la reine Élisabeth Ire et se base sur le modèle des universités collégiales d'Oxford et de Cambridge.

distance raisonnable de marche du Trinity College.

Les frontières nord du Phoenix Park bordent la petite rivière Tolka qui passe à travers une succession de merveilleux paysages sylvestres, tels que ceux que l'on peut trouver dans le vaste domaine d'Abbotstown et les nuances caractéristiques de Glasnevin. Sur les bords de la Tolka, à l'opposé du parc, les pâturages s'élèvent en une pente légère pour culminer à Dunsink, où, à une distance de 800 mètres du cours d'eau, de 6,4 kilomètres de Dublin, et à une hauteur de 91,5 mètres au-dessus de la mer, se trouve actuellement l'observatoire. Depuis la position dominante de Dunsink, on dispose d'une vue magnifique. On aperçoit la mer à l'est, tandis que le panorama sud de la vallée de Liffey est délimité par une chaîne de collines et de montagnes allant de Killiney à Bray Head, puis jusqu'au Little Sugar Loaf, aux montagnes Two Rock et Three Rock, dont le flanc laisse tout juste apercevoir le sommet du Great Sugar Loaf. Directement en face se trouve la magnifique vallée de Glenasmole, ainsi que la montagne Kippure, tandis que la chaîne de montagnes peut être suivie jusqu'à son extrémité occidentale à Lyons. Le climat de Dunsink est parfaitement adapté pour des observations astronomiques. Il ne fait aucun doute, comme partout ailleurs en Irlande, que les nuages sont légion, mais les brumes sont relativement rares, et les brouillards sont presque inexistants.

Les formalités légales à respecter pour prendre possession des lieux exigèrent un délai de plusieurs mois ; par conséquent, ce ne fut que le 10 décembre 1782 qu'un contrat put être conclu avec M. Graham Moyers pour l'érection d'une salle méridienne et d'un dôme pour une monture équatoriale, en même temps qu'une résidence pour l'astronome. Avant de commencer les travaux à Dunsink, le conseil d'administration jugea opportun de nommer le premier professeur d'astronomie. Le 22 janvier 1783, ils firent la rencontre et et choisirent le revend Henry Ussher, un *Senior Fellow*[1] du Trinity College. La sagesse cette nomination fut immédiatement avérée par l'assiduité avec laquelle Ussher s'engagea dans la fondation de l'observatoire. En trois ans, il avait érigé les bâtiments et les avait équipés d'instruments, plusieurs d'entre eux étant de sa propre conception. Le 19 février 1785, une subvention spéciale de 200 livres sterling fut octroyée par le conseil d'administration pour le Dr Ussher en guise de récompense pour ses efforts. Il se trouve que l'observatoire ne fut pas l'unique institution scientifique qui fit son apparition en Irlande à cette époque ; la ferveur qui venait de naître pour la quête du savoir aboutit, à la même époque, à la fondation de l'Académie royale irlandaise. Par une heureuse coïncidence, le premier mémoire publié dans les *Transactions d'Académie royale*

1. Un *Senior Fellow* est un chercheur expérimenté de l'université qui occupe un poste de direction dans des groupes de recherche, des centres de recherche et des instituts de recherche.

d'Irlande[1] fut écrit par le professeur d'astronomie Andrews. Il fut lu le 13 juin 1785 et portait le titre : *Account of the Observatory belonging to Trinity College*, par le révérend H. Ussher, D.D.[2], M.R.I.A.[3], F.R.S.[4] Cet ouvrage illustre l'architecture impressionnante qui avait originellement été prévue pour Dunsink, toutefois, seulement une partie de cette dernière fut réalisée. Par exemple, il figurait sur ces papiers deux longs corridors, reliant la partie nord et la partie sud depuis le bâtiment central, qui n'ont finalement jamais vu le jour. On ne sait pas pourquoi le projet original fut modifié ; mais peut-être que la raison eut un lien avec une remarque d'Ussher, sur le fait que l'université avait déjà avancé de sa propre trésorerie une somme dépassant de manière considérable le don original. L'image du bâtiment montre également le dôme de l'équatorial sud, qui fut érigé bien des années plus tard.

Ussher décéda en 1790. Au cours de sa brève carrière à l'observatoire, il observa des éclipses, et il est fait mention d'autres travaux scientifiques. Les procès-verbaux du conseil d'administration déclarèrent que le fondateur de l'institution avait déjà obtenu une célébrité par son travail, et ils insistèrent pour que sa veuve réclamât une pension, du fait que la maladie dont il fut victime avait été contractée par ses veillées nocturnes. Le conseil d'administration promit également une subvention de cinquante guinées[5] comme aide à la publication des sermons du Dr Ussher. Ils avancèrent vingt guinées à sa veuve pour la publication de ses articles d'astronomie. Ils ordonnèrent la sculpture de son buste pour l'observatoire, et proposèrent « La mort d'Ussher » comme sujet pour un concours de rédaction ; mais à ma connaissance, ni les sermons, ni les articles, ni le buste, ni le concours de rédaction ne virent le jour.

Il y eut une forte concurrence pour la chaire d'astronomie laissée vacante à la mort d'Ussher. Les deux candidats étaient le révérend John Brinkley, du Caius College à Cambridge, élu *Senior Wrangler*[6] (né en 1763 à Woodbridge, dans le comté de Suffolk), et M Stack, membre du Trinity College à Dublin et l'auteur d'un livre sur l'optique. En premier lieu, la majorité du conseil d'administration supporta Stack, tandis que le prévôt Hely Hutchinson et un ou deux autres

1. De son titre original : *Transactions Of The Royal Irish Academy*.
2. Abréviation désignant le titre ecclésiastique de docteur en divinité, de son titre original : *Doctor of Divinity*.
3. Abréviation signifiant : membre de l'Académie royale d'Irlande, de son nom original : Member of the *Royal Irish Academy*.
4. Abréviation signifiant : membre de la Royal Society, de son nom original : *Fellow of the Royal Society*.
5. La guinée est une pièce de monnaie et une unité de compte, d'abord anglaise puis britannique, en or frappée de 1663 à 1813.
6. À l'université de Cambridge, un *wrangler* est un étudiant qui a obtenu les meilleurs résultats scolaires en troisième année de mathématiques. L'élève arrivé premier est appelé *senior wrangler*, le second *second wrangler*, le troisième *third wrangler* et ainsi de suite.

membres supportèrent Brinkley. À cette époque, le prévôt détenait un droit de veto lors d'une élection, si bien que finalement Stack fut évincé et Brinkley fut nommé à la chaire. Cet événement eut lieu le 11 décembre 1790. La presse nationale de l'époque commenta la préférence accordée au jeune Anglais, Brinkley, par rapport à son rival irlandais. Une polémique mouvementée s'en suivit. Le 21 décembre 1790, le prévôt lui-même consentit à entrer en lice et à justifier sa politique par une longue lettre publiée dans le « Public Register or Freeman's Journal[1] ». La lettre était anonyme, mais sa plume était plus que reconnaissable. Il présente la correspondance avec Maskelyne et d'autres éminents astronomes, à qui le prévôt avait demandé l'avis et les conseils. Il soutient également que « les transactions du conseil ne devraient pas être exposées dans les journaux. » Je suis redevable à mon ami, le révérend John Stubbs, D.D., pour cette référence, ainsi que pour de nombreuses autres informations.

L'observatoire de Dunsink. D'après une photographie de W. Lawrence, Upper Sackville Street, Dublin

Le prochain événement dans l'histoire de l'observatoire fut le problème des lettres patentes (32 Geo. III., A.D.[2] 1792) dans lesquelles il est mentionné que : « Nous accordons et décrétons que dorénavant et pour toujours un professeur d'astronomie se doit d'être, sur les traces du Dr Andrews, appelé par le titre d'astronome royal d'Irlande. » Les lettres décrivent les diverses fonctions de l'astronome et le mode d'élection de celui-ci. Elles établissent des règles concernant le déroulement des travaux d'astronomie et le recrutement d'un

1. Le Public *Register or Freeman's Journal*, publié continuellement à Dublin de 1763 à 1924, était au XIXe siècle le principal journal nationaliste irlandais.
2. Abréviation de *Anno Domini* (en l'an du Seigneur), qui correspond à la formule française après Jésus-Christ.

assistant. Elles stipulent que le prévôt et les *Senior Fellows* devront organiser une inspection complète de l'observatoire une fois par an, en juin ou en juillet, et cette tâche fut entreprise pour la première fois le 5 juillet 1792. On peut noter que la date à laquelle eut lieu la célébration du tricentenaire de l'universitaire coïncidait avec le centenaire de la première inspection de l'observatoire. Les invités de la première occasion étaient : A. Murray, Matthew Young, George Hall, et John Barrett. Ils déclarèrent avoir trouvé les bâtiments, les livres et les instruments en bon état ; mais le point principal de ce rapport, ainsi que de ceux qui le suivirent, concernait un élément auquel nous n'avons pas encore fait référence.

Parmi l'équipement de base de l'observatoire, Ussher, avec l'ambition naturelle d'un fondateur, souhaitait y ajouter un télescope aux dimensions plus importantes que ce que l'on pouvait trouver ailleurs. Le conseil d'administration soutint activement ce projet et des négociations furent entamées avec le plus éminent fabricant d'instruments de l'époque. Il s'agissait de Jesse Ramsden (1735-1800), connu comme étant le créateur du sextant, le constructeur du grand théodolite utilisé par le général Roy lors de la jonction des observatoires de Greenwich et Paris et comme l'inventeur de la machine à diviser pour la graduation des instruments astronomiques. Ramsden avait construit pour sir George SchuckBurgh le plus grand et la plus perfectionnée de toutes les montures équatoriales. Il avait construit des quadrants muraux pour Padoue et Vérone, ce qui suscita la stupéfaction des astronomes lorsque le Dr Maskelyne déclara qu'il ne pouvait détecter aucune erreur dans leur graduation de plus de deux secondes et demie. Mais Ramsden soutint que de bien meilleurs résultats seraient obtenus en substituant le quadrant entier par un cercle. Il obtint les moyens de tester cette prédiction lorsqu'il compléta un superbe cercle pour Palerme de 1,5 mètre de diamètre. Constatant que ses prévisions se réalisèrent, il souhaita appliquer ces mêmes principes à une échelle encore plus grande. Ramsden était dans cet état d'esprit lorsqu'il rencontra le Dr Ussher. L'engouement de l'astronome et du fabricant d'instruments se retransmit au conseil d'administration, et un immense cercle possédant un diamètre de 3 mètres fut immédiatement envisagé.

Envisagé, mais jamais réalisé. Après que Ramsden, dans une certaine mesure, réalisa un cercle de 3 mètres, il se heurta à de telles difficultés qu'il essaya un cercle de 2,7 mètres, qu'il abandonna à nouveau au profit d'un cercle de 2,4 mètres, qui fut finalement réalisé, mais pas entièrement par lui-même. Malgré la réduction des grandes proportions initialement prévues, cet instrument achevé demeure une œuvre colossale de l'astronomie. Encore aujourd'hui, je ne sais pas si un autre observatoire peut présenter un cercle de 2,4 mètres de diamètre entièrement gradué.

Il me semble que c'est le professeur Piazzi Smith qui nous dit combien il fut reconnaissant de voir le grand télescope qu'il avait commandé achevé par les opticiens le jour même où ils l'avaient promis. La date était parfaitement correcte ; seule l'année était inexacte. Une expérience assez remarquable dans ce sens est relatée dans les premiers rapports des visiteurs de l'observatoire de Dunsink. Je ne peux pas trouver la date à laquelle le grand cercle fut commandé par Ramsden, mais elle fut déterminée avec suffisamment de précision par une allusion dans le document d'Ussher à l'Académie royale irlandaise, qui indique que le 13 juin 1785, la commande avait été passée, mais que l'abandon de l'échelle de 3 mètres n'avait pas encore été envisagé. Il était raisonnable que le conseil d'administration accorde à Ramsden suffisamment de temps pour achever une œuvre à la fois si élaborée et si novatrice. Ce projet n'aurait pas pu être terminé en une année, et il n'y aurait pas eu non plus raisons de se plaindre si le fabricant avait jugé nécessaire de prendre deux ou trois années de plus.

Sept ans plus tard, et toujours pas de télescope, tel était le constat fait par le conseil d'administration lors de sa première visite en 1792. Toutefois, Ramsden leur avait assuré que l'instrument serait terminé dans l'année en cours ; mais, hélas pour ces promesses, sept autres années passèrent et, en 1799, la salle du grand cercle était toujours vacante à Dunsink. Ramsden était tombé gravement malade, et le conseil d'administration ordonna qu'une « enquête soit menée ». L'année suivante, il n'y avait toujours pas de progrès, si bien que le conseil d'administration menaça Ramsdem de le poursuivre en justice ; mais cette menace ne fut jamais exécutée, car la maladie du grand opticien empira, et il décéda la même année.

Les affaires avaient désormais pris un tournant critique, car l'université avait avancé énormément d'argent à Ramsden durant ces quinze dernières années, et l'instrument était toujours en construction. Le prévôt fit appel au Dr Maskelyne, l'astronome royal d'Angleterre, pour ses conseils et ses bons services dans cette situation d'urgence. Maskelyne lui répondit en des termes visant à apaiser l'anxiété de l'intendant : « M. Ramsden a laissé des biens derrière lui, et l'université ne risque pas de perdre ni son argent ni son instrument. » Le projet de Ramsden fut alors entrepris par Berge, qui procéda à la finalisation du cercle tout aussi soigneusement que son prédécesseur. Après quatre ans, Berge fit la promesse que l'instrument serait terminé au mois d'août suivant, mais ce ne fut pas le cas. Deux ans plus tard (1806), le professeur se plaignit de ne pas avoir de réponses de la part de Berge. En 1807, il est indiqué que Berge enverra le télescope dans un mois. Ce ne fut pas le cas ; mais l'année suivante (1808), environ vingt-trois ans après la commande du grand cercle, le télescope fut érigé à Dunsink, où il est toujours visible.

Les faits suivants ont été authentifiés par les signatures des prévôts, des recteurs, des intendants et d'autres hauts responsables de l'université : en 1793, le conseil d'administration ordonna que deux des horloges de l'observatoire fussent envoyées à M. Crosthwaite pour être réparées. Sept ans plus tard, en 1800, on demanda à M. Crosthwaite si les horloges étaient prêtes. Cette impatience était de toute évidence déraisonnable, car même quatre ans plus tard, en 1804, on constate que les deux horloges étaient encore en réparation. Deux ans plus tard, en 1806, le conseil d'administration décida de prendre de fortes mesures en demandant à l'intendant de convoquer Crosthwaite. Cela fit évidemment son effet, car dans l'année qui suivit, en 1807, le professeur était convaincu que les horloges seraient rapidement retournées. Huit ans plus tard, en 1815, une des horloges était toujours en réparation, et il en était de même en 1816, qui est la dernière trace que nous possédons de ces intéressantes pièces d'horlogerie. Toutefois, les astronomes étaient habitués à ce genre de délais extraordinaires dans leurs calculs qui feraient même paraître le temps passé pour la réparation de ces horloges comme infime en comparaison.

La longue période d'occupation de la chaire d'astronomie par Brinkley se divise en deux périodes presque égales suivant l'année de construction du grand cercle. Brinkley avait patienté dix-huit ans pour son télescope, et il avait attendu dix-huit ans de plus avant de l'utiliser. Durant la première de ces périodes, Brinkley se consacra aux recherches mathématiques ; durant la seconde de ces périodes, il devint un astronome de renom. Les travaux mathématiques de Brinkley lui procurèrent une certaine réputation en tant que mathématicien. Ce sont des travaux d'une grande précision mathématique, mais qui ne témoignent pas d'une grande originalité. Peut-être que cela fut préjudiciable à la renommée de Brinkley en ce sens, car il fut immédiatement remplacé à sa chaire par un génie aussi imposant que celui de William Rowan Hamilton.

Après que le grand cercle fut finalement fabriqué, Brinkley put commencer sérieusement ses travaux d'astronomie. Il n'y avait pas de temps à perdre. Il avait déjà quarante-cinq ans, soit un an plus vieux que lorsque Herschel commença sa carrière intemporelle à Slough. Stimulé par la conscience d'être aux commandes d'un instrument d'une perfection unique, Brinkley se lança dans les plus grandes recherches astronomiques. Il décida de mesurer à nouveau, de ses propres yeux et de ses propres mains, les constantes de l'aberration et de la nutation. Il s'efforça également de résoudre ce grand problème de l'univers qu'est la détermination de la distance d'une étoile fixe.

Il s'agissait de problèmes nobles, et ils furent noblement entrepris. Mais pour juger avec équité ces travaux de Brinkley, effectués soixante-dix ans auparavant, il ne faut pas appliquer les mêmes critères que l'on jugerait bon d'appliquer à un travail similaire entrepris à notre époque. Aujourd'hui, on n'utilise plus la constante d'aberration de Brinkley, et on ne considère plus que les déterminations de Brinkley sur les distances des étoiles étaient fiables. Néanmoins, ses recherches eurent une forte influence sur le progrès de la science ; elles stimulèrent l'étude des principes sur lesquels devaient être effectuées les mesures exactes.

Brinkley avait une autre profession en plus de celle d'astronome : il était ecclésiastique. Lorsqu'un homme s'efforce de poursuivre deux professions bien distinctes simultanément, il est tout aussi facile d'expliquer pourquoi sa carrière devrait être un succès ou pourquoi ce devrait être l'inverse. S'il y parvient, il soulignera, bien entendu, la sagesse d'avoir deux cordes à son arc. Et s'il échoue, ce sera, bien entendu, parce qu'il essaya de jouer sur deux tableaux à la fois. Dans le cas de Brinkley, ses deux professions étaient plus proches de la métaphore de l'arc que de celle des tableaux. Il est vrai que son expérience pratique de la vie cléricale était très maigre. Il n'avait pas cherché à allier la routine d'une paroisse à ses travaux à l'observatoire. Et l'on n'associe pas non plus son nom à une éminence particulière dans un quelconque aspect de l'activité religieuse. Cependant, si l'on doit mesurer les mérites de Brinkley en tant que religieux par les avantages ecclésiastiques qu'il reçut, ses services rendus à la théologie devaient être du même ordre que ceux rendus à l'astronomie. Après avoir été progressivement promu dans l'Église, il fut enfin nommé au siège de Cloyne, en 1826, en tant que successeur de l'évêque Berkeley.

Bien qu'il fût autorisé que l'archidiacre fût également le professeur Andrews, il était toutefois convenu que, lorsque l'archidiacre devenait évêque, il devait transférer son domicile de l'observatoire au palais. En conséquence, la chaire d'astronome était devenue vacante. Par la suite, la carrière de Brinkley semble avoir été entièrement consacrée aux affaires ecclésiastiques, et pendant les dix dernières années de sa vie, il ne rédigea aucun article pour aucune société scientifique. Après avoir déploré le fait que Brinkley abandonnât la poursuite de la science pour les attraits temporels et spirituels que représentait l'évêché, Arago rendit hommage à la rigueur de l'ancien astronome, qui ne voulait même pas qu'un télescope fût introduit dans le palais, de peur que son esprit ne fût distrait de ses devoirs sacrés.

Ce bon évêque décéda le 13 septembre 1835. Il fut enterré dans la chapelle du Trinity College et un magnifique monument à sa mémoire représente un objet familier au pied du vieil et noble escalier de la bibliothèque. Le plus beau monument commémoratif en l'honneur de Brinkley est son remarquable livre intitulé : *Elements of Plane Astronomy.* Il fut édité à plusieurs reprises de son vivant et, encore aujourd'hui, ce même ouvrage, révisé d'abord par le Dr Luby, puis plus récemment par le révérend Dr Stubbs et le Dr Brunnow, jouit d'une grande popularité bien méritée.

JOHN HERSCHEL

Sir John Herschel

Ce fils prodige d'un père illustre naquit à Slough, près de Windsor, le 7 mars 1792. Il était le seul enfant de sir William Herschel, qui s'était marié quelque peu tard, comme nous l'avons déjà mentionné.

Le milieu dans lequel le jeune astronome fut éduqué lui offrit une excellente formation pour la carrière qu'il devait entreprendre, et dans laquelle il était destiné à atteindre une renommée à peine moins brillante que celle de son père. Les circonstances de sa jeunesse lui permirent de profiter d'un grand avantage qui fut refusé à son père. Dès son enfance, il put se consacrer presque exclusivement à des activités intellectuelles. Au début de sa carrière, William Herschel ne pouvait consacrer que quelques heures à ses recherches au milieu de sa vie active en tant que musicien professionnel. Mais son fils, né avec ce goût pour les études, eut la chance d'avoir le temps libre et les moyens d'en profiter dès le début. Ses premières années furent si bien décrites par le défunt professeur Pritchard dans le *rapport du Conseil de la Société royale d'astronomie pour 1872*[1], que je vais me permettre de citer un extrait ici :

« Quelques traits de l'enfance de John Herschel, évoqués par lui-même lorsqu'il était adulte, furent conservés précieusement par ceux qui lui étaient chers, et le récit de certains d'entre eux peut satisfaire cette curiosité aussi pardonnable qu'inévitable, qui désire apprendre par quelles étapes précoces les grands hommes ou les grandes nations deviennent illustres. Sa maison était singulière, et étonnamment calculée pour élever vers la grandeur un enfant né comme John Herschel, doté de dons naturels et capable de grands développements. À la tête de la maison se trouvait le philosophe vieillissant, observateur et silencieux, accompagné bien souvent de sa sœur dévouée, Caroline Herschel, dont les travaux et la notoriété sont encore aujourd'hui reconnus comme un apport bénéfique à la lumière plus éclatante de son illustre frère. C'est dans la compagnie de ces personnes remarquables, et dans l'ombre du superbe télescope de son père que John Herschel passa son enfance. Il les vit, dans un travail silencieux, mais continuel, s'occuper de choses qui n'avaient aucun rapport apparent avec le monde en dehors des murs de cette célèbre maison, mais que lui-même, à une époque ultérieure de sa vie, enseigna à ses contemporains, avec une éloquence sans pareille, à apprécier au plus haut point ces influences vivantes qui ne font que satisfaire et élever les instincts les plus nobles de notre nature. On peut se faire une idée de la nature des relations entre le père et son fils à partir d'un ou deux incidents qu'il raconte et qui sont restés à jamais gravés dans la mémoire de sa jeunesse. Il demanda un jour à son père ce qu'il considérait comme la plus ancienne de toutes les choses. Le père répondit, selon la méthode socratique, en lui posant une autre question : "Et toi, que crois-tu être la plus ancienne de toutes les choses ?" Le jeune garçon ne réussit pas à répondre, alors le vieil astronome prit une petite pierre dans l'allée du jardin : "Voilà, mon enfant, voilà la plus ancienne de toutes les choses que je connais certainement. » Une autre fois, son père aurait demandé à son fils : "Selon toi, quelles sortes de choses se ressemblent le plus ?" Le fragile garçon aux yeux bleus répondit après une courte pause : "Les feuilles d'un même arbre se ressemblent le plus." « Alors, ramasse une poignée de feuilles de cet arbre, reprit le philosophe, et choisis-en deux qui se ressemblent." Le garçon échoua ; mais il conserva cette leçon dans son esprit, et ses pensées ne furent révélées que plusieurs jours plus tard. Ces incidents peuvent sembler futiles ; et nous ne les mentionnerions pas ici si John Herschel lui-même, bien que particulièrement réticent à l'égard de ses émotions personnelles, ne les avait décrits comme ayant exercé une forte influence sur son esprit. Il ne fait aucun doute que l'on peut y déceler, premièrement, cette compréhension et ce regroupement de nombreuses choses en une seule, sous-entendu dans la pierre comme la plus

1. De son titre original : *Report of the Council of the Royal Astronomical Society for 1872*

ancienne des choses ; et deuxièmement, cette distinction subtile et délicate de chaque chose parmi de nombreuses autres similaires comme constituant les principaux traits qui caractérisaient la philosophie de notre ami bien-aimé. »

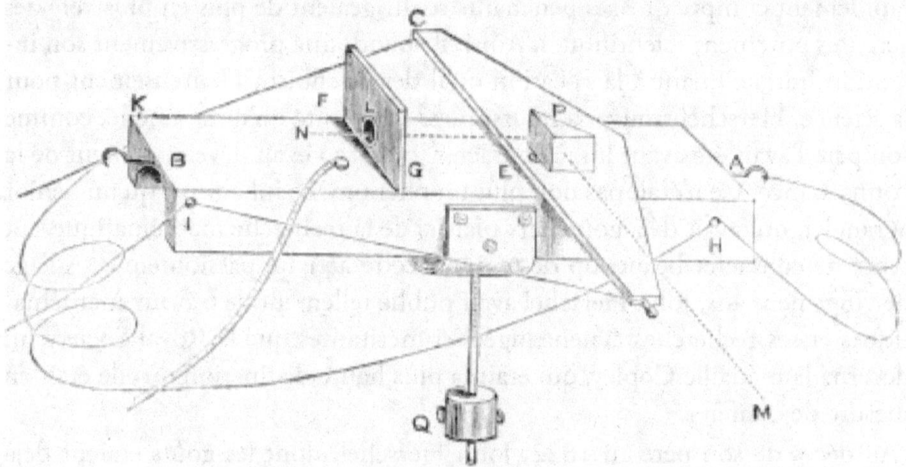

Astronomètre fabriqué par Sir J. Herchel, afin de comparer la lumière de certaines étoiles avec celle de la Lune

John Herschel intégra le St. John's College, à Cambridge, à l'âge de dix-sept ans. Son parcours universitaire répondit parfaitement au désir de son père, qui souhaitait voir son fils unique développer des dispositions pour la recherche scientifique. Après avoir obtenu de nombreuses distinctions mineures, il fut finalement nommé *Senior Wrangler* en 1813. Cette année-là fut, en effet, une année remarquable dans les annales mathématiques de l'université. En deuxième position sur cette liste, où le nom d'Herschel occupait la première place, figurait celui de l'illustre Peacock, qui devint par la suite doyen d'Ely[1], et qui resta sa vie durant l'un des amis les plus chers d'Herschel.

Presque immédiatement après avoir obtenu son diplôme, Herschel fournit la preuve qu'il possédait des dispositions particulières pour les recherches scientifiques novatrices. Il envoya à la Royal Society un article mathématique qui fut publié dans les *Philosophical Transactions*[2]. Le prestige attaché au nom qu'il portait lui permit sans nul doute d'obtenir une rapide reconnaissance de ses grands talents. Il est certain qu'il fut nommé membre de la Royal Society à l'âge inédit de vingt et un ans. Pourtant, même après cet encouragement exceptionnel à adopter une carrière scientifique comme projet de vie, il ne semble pas que John Herschel envisageât initialement de se consacrer exclusivement à la science. Il commença à se préparer au métier d'avocat en entrant comme

1. Le doyen d'Ely est un ecclésiastique anglican, qui est responsable de la Cathédrale d'Ely, église mère du diocèse d'Ely en East Anglia.
2. De son nom complet : *The Philosophical Transactions of the Royal Society*

étudiant au Middle Temple[1], et en étudiant avec un *barrister*[2].

Cependant, John Herschel n'était pas destiné à devenir un avocat. Un concours de circonstances le mit en contact avec d'éminents scientifiques. Il se rendit rapidement compte que ses penchants se dirigeaient de plus en plus vers des activités purement scientifiques. Ainsi, il abandonna progressivement son intention initiale quant à la vocation qu'il devait choisir. Heureusement pour la science, Herschel trouva sa poursuite si attrayante qu'il fut amené, comme son père l'avait été avant lui, à consacrer toute sa vie au développement de la connaissance. Ce n'était pas non plus un phénomène inhabituel qu'un Senior Wrangler, qui avait déjà goûté aux plaisirs de la recherche mathématique, fût tenté de consacrer beaucoup de temps à cette activité passionnante. À l'âge de vingt-neuf ans, John Herschel avait publié tellement de travaux mathématiques et ses recherches étaient jugées si méritantes que la Royal Society lui décerna la médaille Copley, qui était la plus haute distinction qu'elle était en mesure de conférer.

Au décès de son père en 1822, John Herschel, dont les goûts étaient déjà orientés vers une carrière scientifique, se retrouva en possession de moyens conséquents. Il hérita également de tous les grands télescopes et instruments de son père. Ces aides matérielles, associées à un sentiment de devoir filial, le poussèrent à faire de l'astronomie pratique l'œuvre principale de sa vie. Il décida de poursuivre et de mener à son terme la grande étude des astres qui avait déjà été inaugurée et, en fait, en grande partie réalisée par son père.

Le premier travail d'astronomie pratique que John Herschel entreprit fut de mesurer ce que l'on appelle les «étoiles doubles». Il convient de noter qu'il existe dans le ciel un grand nombre de cas où deux étoiles sont observées très proches l'une de l'autre. Dans le cas de ces objets auxquels on attribue généralement l'expression «étoiles doubles», les deux points lumineux sont si proches l'un de l'autre que, même s'ils sont suffisamment brillants pour être visibles à l'œil nu, leur proximité est telle qu'il est impossible de les distinguer comme deux objets distincts sans une aide optique. Les deux étoiles semblent fusionner en une seule. Cependant, dans le télescope, les corps peuvent être discernés séparément, bien qu'ils soient souvent si proches qu'il faut recourir à la puissance maximale de l'instrument pour les différencier.

L'apparence d'une étoile double pourrait résulter du fait que les deux étoiles,

1. Il s'agit de l'une des quatre *Inns of Court*, qui se trouve autour du *Royal Courts of Justice de Londres*. À savoir que Les *Inns of Court* sont des institutions de formation professionnelle destinées aux avocats-plaideurs (*barristers*) et juristes qui sont situées à Londres.
2. Un *barrister* (son équivalent français étant *avocat plaidant*) est un type d'avocat de haut niveau exerçant son métier en conseillant, conduisant le procès et défendant la cause par la plaidoirie et par écrit.

bien que véritablement séparées l'une de l'autre par des distances énormes, se situent pratiquement sur la même ligne de vision de notre point de vue. Il ne fait aucun doute que de nombreuses étoiles dites doubles pourraient être expliquées par cette hypothèse. En effet, à l'époque où l'on ne connaissait que peu d'étoiles doubles et où les télescopes n'étaient pas assez puissants pour montrer les nombreuses étoiles doubles proches qui ont depuis été mises en évidence, on semble avoir eu tendance à considérer toutes les étoiles doubles comme étant de simples effets de perspective. Dans un premier temps, il ne fut pas suggéré qu'il pouvait y avoir un lien physique entre les deux étoiles. L'apparence présentée était considérée comme résultant simplement de la circonstance que la ligne reliant les deux corps célestes passait près de la Terre.

Au début de sa carrière, sir William Herschel semble avoir partagé l'opinion alors généralement admise par les autres astronomes quant à la nature de ces paires d'étoiles. Le grand observateur pensait que les étoiles doubles pouvaient ainsi fournir un moyen de résoudre le problème auquel s'étaient heurtés tant d'observateurs du ciel, à savoir la détermination de la distance des étoiles par rapport à la Terre. Herschel constata que le déplacement de la Terre dans son mouvement annuel autour du Soleil produisait un décalage apparent de la position de la plus proche des deux étoiles par rapport à l'autre, censée être bien plus éloignée. Si ce décalage pouvait être mesuré, la distance de la plus proche des étoiles pourrait alors être estimée avec un certain degré de précision.

Comme cela est souvent arrivé dans l'histoire de la science, on constata un effet très différent de celui qui avait été anticipé. Si les positions respectives des deux étoiles avaient été apparemment perturbées par le simple mouvement de la Terre, il s'agirait d'un phénomène annuel. Au bout d'un an, les deux étoiles auraient retrouvé leurs positions initiales. Tel était l'effet recherché par William Herschel. Pour certaines des étoiles dites doubles, il découvrit sans aucun doute un mouvement. Il détecta le fait remarquable qu'aussi bien la distance apparente que les positions respectives des deux corps variaient. Mais à sa grande surprise, il observa que ces changements n'étaient pas de nature périodique annuelle. Il devint alors évident que, dans certains cas, l'une des deux étoiles effectuait une révolution autour de l'autre, sur une orbite qui exigeait de nombreuses années pour être complétée. Il s'agissait là d'une découverte exceptionnelle. Il était manifestement impossible de supposer que de tels mouvements fussent de simples déplacements apparents, résultant du décalage annuel de notre point de vue, dû à la révolution de la Terre. La découverte de Herschel établit le fait fascinant que, pour certaines de ces étoiles doubles, ou étoiles binaires, comme ces objets particuliers sont plus expressément désignés, il existe une véritable révolution orbitale de nature similaire à celle que la Terre effectue autour du Soleil. Ainsi, il fut démontré que la proximité des deux composants de ces étoiles doubles n'était pas simplement apparente. Les deux objets doivent en réalité être proches l'un de l'autre, et ce à une distance faible par rapport à la distance qui sépare l'un d'eux de la Terre. Le fait que les astres contiennent des paires de soleils jumeaux en révolution mutuelle fut ainsi mis en évidence.

À la suite de cette merveilleuse découverte, l'attention des astronomes fut portée sur le sujet des étoiles doubles avec un degré d'intérêt que ces objets n'avaient jamais suscité auparavant. Il était donc naturel que John Herschel fût attiré par cette branche de la recherche astronomique. L'admiration pour la découverte de son père aurait pu, à elle seule, inciter son fils à s'efforcer de développer ce nouveau territoire ouvert à la recherche. Mais il se trouve également que les talents de mathématicien du jeune Herschel orientaient ses recherches dans la même direction. Il comprit clairement que, lorsqu'il aurait accumulé suffisamment d'observations sur une étoile binaire en particulier, il serait alors en mesure d'en déduire la forme et la position dans l'espace de la trajectoire que chacune des étoiles en révolution décrit autour de l'autre. En effet, dans certains cas, il serait à même de réaliser la prouesse extraordinaire de déterminer, à partir de ses calculs, le poids de ces soleils éloignés, et de pouvoir ainsi les comparer à la masse de notre propre Soleil.

Nébuleuse située dans l'hémisphère sud, dessinée par sir John Herschel

Mais ce travail doit suivre les observations, il ne peut les précéder. La première étape consistait par conséquent à observer et à mesurer avec la plus grande attention les positions et les distances de ces étoiles doubles spécifiques qui semblaient présenter les plus grandes promesses pour ces recherches particulières. En 1821, Herschel et un de ses amis, M. James South, décidèrent de collaborer à cette fin. South était un médecin féru de science et possédait une fortune considérable. Il se procura les meilleurs instruments astronomiques que son argent pouvait lui permettre d'acquérir, et devint un astronome des plus enthousiastes et un observateur pratique doté d'une formidable énergie.

South et John Herschel travaillèrent ensemble pendant deux ans à observer et mesurer les étoiles doubles découvertes par sir William Herschel. Au cours de cette période, leur assiduité fut récompensée par l'accumulation d'une telle masse de mesures minutieuses que lorsqu'elles furent publiées, elles constituèrent un volume entier des *Philosophical Transactions*[1]. La valeur et l'exactitude de ce travail, lorsqu'évaluées selon les normes qui représentent des critères appropriés à cette période, sont universellement reconnues. Ces travaux ont considérablement contribué au progrès de l'astronomie sidérale, et leurs auteurs reçurent en conséquence des médailles de la Royal Society et de la Royal Astronomical Society[2], ainsi que des recommandations équivalentes de diverses institutions étrangères.

Toutefois, il faut considérer ces travaux comme une simple introduction aux principaux efforts entrepris par John Herschel au cours de sa vie. Son père consacra la majeure partie de sa carrière d'observateur à ce qu'il appelait ses « balayages » du ciel. Le grand télescope réflecteur, long de six mètres, était déplacé lentement de haut en bas sur un arc d'environ deux degrés vers et depuis le pôle, pendant que le panorama céleste défilait lentement au fil du mouvement diurne sous l'œil attentif de l'astronome. Chaque fois qu'une étoile double traversait son champ, Herschel la décrivait à sa sœur Caroline, qui, comme nous l'avons déjà mentionné, était sa fidèle assistante lors de ses veillées nocturnes. Lorsqu'une nébuleuse apparaissait, il en estimait la taille et la luminosité, il observait si elle possédait un noyau ou si des étoiles étaient positionnées de manière significative par rapport à celle-ci. Il dictait également toute autre circonstance qu'il jugeait digne d'intérêt. Ces observations étaient dûment transcrites par le même scribe fidèle et infatigable, dont le travail consistait également à prendre en note la position exacte de l'objet telle qu'elle était indiquée par un cadran placé devant son bureau, et relié au télescope.

John Herschel entreprit l'importante tâche d'observer à nouveau les diverses étoiles doubles et nébuleuses qui avaient été découvertes au cours de ces mémorables veillées. Cependant, il manquait au fils un avantage inestimable que son père possédait. John Herschel n'avait pas d'assistant pour remplir toutes les fonctions que Caroline avait si bien accomplies. Par conséquent, il dut modifier le système de balayage jusqu'alors adopté afin de pouvoir effectuer lui-même tout le travail d'observation et de consignation. Cette situation constituait, à bien des égards, un grand inconvénient pour le travail du jeune astronome. La division du travail entre l'observateur et le scribe permet de réaliser une

1. De son nom complet : *The Philosophical Transactions of the Royal Society*
2. Il s'agit d'une société savante britannique spécialisée dans le domaine de l'astronomie qui a été fondée en 1820 et dont le siège se trouve à Londres.

quantité de travail beaucoup plus importante. En outre, il est très défavorable pour un observateur de devoir regarder dans le télescope après avoir lu les graduations sur un cercle, à la lumière d'une lampe, ou après avoir consigné des notes dans un carnet. Les nébuleuses, en particulier, sont souvent si peu lumineuses qu'elles ne peuvent être observées convenablement que si l'œil est dans cet état de grande sensibilité que l'on obtient en restant longuement dans l'obscurité. En retirant fréquemment l'œil du champ sombre du télescope et en le soumettant à la lecture sous une lumière artificielle, on compromet grandement son utilisation à des fins plus délicates. Il ne fait aucun doute que John Herschel prit toutes les précautions nécessaires pour atténuer autant que possible cet inconvénient, mais cela dut avoir des conséquences sur ses travaux par rapport à ceux de son père.

Néanmoins, John Herschel réalisa un travail considérable lors de ses « balayages ». Il veillait tout particulièrement à noter toutes les étoiles doubles qui se soumettaient à son observation. Bien entendu, une certaine marge de manœuvre est nécessaire pour déterminer le degré de proximité des étoiles adjacentes qui les classe dans la catégorie des « étoiles doubles ». Sir John consigna tous les objets qui lui paraissaient susceptibles de présenter un intérêt, et les résultats de ses découvertes dans cette branche de l'astronomie se comptent par milliers. Six ou sept importants mémoires[1] parus dans les *Transactions*[2] de la Royal Astronomical Society furent consacrés à rendre compte de ses travaux dans ce domaine de l'astronomie.

L'amas d'étoiles dans la constellation du centaure, dessiné par sir John Herschel

1. De son nom original complet : *Memoirs of the Royal Astronomical Society.* Il s'agit d'une revue scientifique à comité de lecture éditée par la *Royal Astronomical Society.* Sa publication s'est étalée sur plus de 150 ans, de 1822 à 1978.
2. De son nom complet : *The Philosophical Transactions of the Royal Astronomical Society*

L'une des réalisations par lesquelles sir John Herschel est le plus connu est son invention d'une méthode permettant de déterminer les orbites des étoiles binaires. On remarquera que lorsqu'une étoile effectue une révolution autour d'une autre conformément à la loi de la gravitation, l'orbite décrite doit être une ellipse. Cependant, cette ellipse apparaît généralement comme plus ou moins réduite, car il est facile de constater que ce n'est que dans des circonstances tout à fait exceptionnelles que le plan sur lequel se déplacent les étoiles se trouve être directement perpendiculaire à notre champ de vision. Par conséquent, ce que l'on observe n'est pas la trajectoire exacte d'une étoile autour de l'autre, mais plutôt la projection de cette trajectoire sur la surface du ciel. Il est toutefois remarquable que cette trajectoire apparente soit toujours une ellipse. Herschel élabora une méthode très ingénieuse et très simple qui lui permit de découvrir, à partir de ses observations, la taille et la position de l'ellipse dans laquelle s'effectue véritablement la révolution. Il montra comment, à partir de l'étude de l'orbite apparente de l'étoile et de certaines mesures qui pouvaient facilement être effectuées sur celle-ci, on pouvait déterminer la véritable ellipse dans laquelle le mouvement se produisait. En d'autres termes, Herschel résolut de façon admirable le problème de la détermination de l'orbite réelle des étoiles doubles. L'importance de ce travail peut être déduite du fait qu'il servit de base à de nombreux autres chercheurs pour étudier le fascinant sujet du mouvement des étoiles binaires.

Les travaux, portant à la fois sur la découverte et la mesure des étoiles doubles, ainsi que sur la comparaison des observations dans le but de déterminer les orbites des étoiles en révolution, furent dûment récompensés par la remise d'une nouvelle médaille d'or par la Royal Society. Le duc de Sussex prononça un discours à cette occasion (30 novembre 1833), dans lequel, après avoir déclaré que la médaille avait été décernée à sir John Herschel, il déclara :

« On dit que la distance spatiale confère le même privilège que la distance temporelle, et je voudrais profiter du privilège que m'accorde la séparation de sir John Herschel de son pays et de ses amis pour exprimer mon admiration pour sa personne en des termes plus forts que ceux que je pourrais utiliser autrement ; car le langage du panégyrique, aussi sincère qu'il soit, pourrait être confondu avec celui de la flatterie, si ce langage ne pouvait prétendre à un caractère historique ; cependant, ses grandes réalisations dans presque tous les domaines de la connaissance humaine, ses talents d'écrivain philosophique, ses grands services et son dévouement remarquable à la science, les nobles principes qui ont guidé sa conduite dans toutes les situations de sa vie, et par-dessus tout, sa modestie attachante, qui est le couronnement de toutes ses autres vertus, présentant un tel exemple de philosophe accompli que l'on peut rarement trouver au-delà des régions de la fiction, exigent des plumes plus habiles que la mienne pour les décrire en des termes appropriés, même si je me sens disposé à entreprendre cette tâche. »

Les premières lignes de l'éloge qui vient d'être cité font allusion au fait que Herschel avait quitté l'Angleterre. Cette absence ne fut pas seulement un épisode intéressant dans la carrière de Herschel, elle fut également l'occasion de mener l'une des plus grandes expéditions scientifiques de toute l'histoire de l'astronomie.

Comme nous l'avons déjà vu, Herschel avait entrepris de passer en revue les « balayages » de son père afin de trouver de nouveaux objets dans les cieux visibles depuis nos latitudes dans l'hémisphère Nord. Il avait pratiquement achevé cette tâche. Zone par zone, l'ensemble des cieux que l'on peut observer depuis Windsor avait été passé au crible. Il avait ajouté des centaines de nébuleuses à la liste de celles découvertes par son père. Il avait identifié des milliers d'étoiles doubles. Finalement, le grand relevé fut achevé. Le contenu de l'hémisphère Nord, dans la mesure où il pouvait être dévoilé par son télescope de six mètres de focale, avait été révélé.

L'observatoire de Sir John Herschel à Feldhausen, cap de Bonne-Espérance

Mais Herschel sentit que cette grande tâche devait être complétée par une autre presque aussi importante, avant de pouvoir dire que le télescope de six mètres avait rempli sa fonction. Seule la moitié nord de la sphère céleste avait été entièrement étudiée. La moitié sud était un territoire pratiquement vierge, car aucun autre astronome ne disposait d'un télescope aussi puissant que ceux utilisés par la famille Herschel. Bien entendu, comme une certaine partie de l'hémisphère Sud était visible depuis ces latitudes, elle avait été plus ou moins étudiée par les observateurs des cieux nordiques. Les aperçus ainsi obtenus des objets célestes du ciel austral étaient de nature à faire naître chez un astronome passionné le désir de mieux connaître les merveilles célestes du sud. Le plus bel objet du ciel sidéral, à savoir la grande nébuleuse d'Orion, se situe en effet dans l'hémisphère Sud vers lequel l'attention du jeune Herschel se portait désormais. Cependant, pour les amateurs d'astronomie du monde entier, la nature a fort heureusement placé son objet le plus extraordinaire, la grande nébuleuse d'Orion, dans une position si favorable, près de l'équateur, que les merveilles de cette dernière sont observables à partir de latitudes très variées, aussi bien au nord qu'au sud. On a des raisons de penser que le ciel austral contient des objets remarquables qui, globalement, sont plus proches de notre système solaire que ceux du ciel nordique. L'étoile la plus proche dont on connaît la distance, à savoir Alpha Centauri, se situe dans l'hémisphère Sud, tout comme le plus splendide des amas d'étoiles.

Poussé par le désir d'examiner ces objets, sir John Herschel décida de transporter son grand télescope jusqu'à une station de l'hémisphère Sud afin de compléter son étude du ciel sidéral. La latitude du cap de Bonne-Espérance est telle qu'il est possible d'y trouver un site adéquat pour son objectif. La pureté du ciel de l'Afrique du Sud promettait de fournir à l'astronome les nuits dégagées que nécessitait sa délicate étude des nébuleuses.

Le 13 novembre 1833, sir John Herschel, qui avait à cette époque reçu l'honneur d'être fait chevalier par Guillaume IV, quitta Portsmouth pour le cap de Bonne-Espérance, emportant avec lui ses gigantesques instruments. Après un voyage de deux mois, considéré à cette époque comme un voyage raisonnable, il débarqua dans la baie de la Table et, après avoir dûment examiné diverses régions, il décida d'installer son observatoire à un endroit appelé Feldhausen, à environ dix kilomètres du cap de Bonne-Espérance, près du pied de la montagne de la Table. Une résidence spacieuse était à sa disposition, et il s'y installa avec sa famille. Un bâtiment provisoire fut érigé pour abriter la monture équatoriale, mais son grand télescope de six mètres n'avait que pour seul abri la voûte céleste.

Tout comme lors de ses premières recherches effectuées chez lui, l'attention du grand astronome au cap de Bonne-Espérance était essentiellement dirigée vers la mesure de la position relative et de la distance entre les étoiles doubles, ainsi que vers une étude minutieuse des nébuleuses. L'habileté du crayon d'Herschel fut largement mise à contribution pour définir la forme de ces derniers objets. Bon nombre des dessins qu'il réalisa pour représenter ces merveilles célestes du ciel austral sont des exemples remarquables de portraits célestes.

Le nombre de nébuleuses et d'objets similaires, à savoir les amas d'étoiles, que Herschel étudia dans le ciel austral pendant quatre années de travail passionné, s'élève à mille sept cent sept. Ses observations sur leur aspect et la détermination de leur position, ainsi que ses mesures des étoiles doubles et bien d'autres recherches astronomiques de grande valeur, furent publiées dans un splendide volume, édité aux frais du duc du Northumberland. Il s'agit, en effet, d'une œuvre monumentale, dont la lecture est des plus intéressantes et instructives pour tous ceux qui ont un penchant pour l'astronomie.

Herschel eut la chance de se trouver au cap de Bonne-Espérance à l'occasion du retour périodique de la grande comète de Halley en 1833. Il se consacra assidûment à l'étude de ce corps, et les rapports de ses observations constituent l'un des chapitres les plus intéressants du remarquable ouvrage auquel on vient de faire référence.

Colonne à Feldhausen, Cape Town, en commémoration à l'étude des cieux de l'hémisphère Sud par sir John Herschel

Au début de l'année 1838, sir John Herschel retourna en Angleterre. Il s'était fait de nombreux amis au cap de Bonne-Espérance, lesquels avaient profondément apprécié le travail qu'il s'était imposé lorsqu'il résidait parmi eux. Ils souhaitaient conserver le souvenir de cette visite, qui resterait toujours, selon eux, une source de gratification pour la colonie. En conséquence, un certain nombre d'amis scientifiques de cette partie du monde érigèrent un monument avec une inscription appropriée, à l'endroit qui avait été occupé par le grand réflecteur de six mètres à Feldhausen.

Avec l'étude de l'hémisphère Sud par sir John Herschel, on peut affirmer que sa carrière d'astronome observateur toucha à sa fin. En effet, il ne se livra plus à aucune recherche télescopique systématique. Mais il ne faut pas en déduire qu'il cessa de travailler activement dans le domaine de l'astronomie. Sir

John Herschel, comme on l'a fait remarquer, fut peut-être le seul astronome qui étudiât avec succès, et fit progresser par des recherches originales, tous les domaines de la grande science à laquelle son nom est associé. Le reste de la vie de l'astronome allait être consacré à d'autres branches de l'astronomie que celles qui concernent l'observation au télescope.

L'étudiant ordinaire connaît surtout sir John Herschel grâce au volume qu'il publia sous le titre de *Outlines of Astronomy*. Il s'agit, en effet, d'un chef-d'œuvre, dans lequel les difficultés caractéristiques du sujet sont abordées résolument et expliquées avec la plus grande simplicité que leur nature le permet. En tant qu'effort littéraire, cet ouvrage est admirable, tant par son langage imagé que par les conceptions enrichissantes de l'univers qu'il expose. L'étudiant qui souhaite se familiariser avec ces domaines complexes de l'astronomie, dans lesquels sont étudiés les effets de l'action perturbatrice d'une planète sur les mouvements d'une autre planète, se penchera sur les chapitres du célèbre ouvrage de Herschel traitant de ce sujet. Il y trouvera une explication de cette question complexe, sans avoir recours à des calculs mathématiques complexes. Les éditions de ce précieux ouvrage se succédèrent et bien que les progrès de l'astronomie moderne l'eût rendu quelque peu obsolète sur certains points, les explications qu'il contient sur les aspects fondamentaux de cette science restent encore inégalées.

Un autre grand travail que sir John entreprit après son retour du cap de Bonne-Espérance fut la conclusion naturelle des travaux que son père et lui avaient poursuivis pendant tant d'années. On a déjà expliqué comment les travaux de ces deux observateurs furent principalement dédiés à l'étude des nébuleuses et des amas d'étoiles. Les résultats de leurs découvertes avaient été annoncés au monde dans de nombreux mémoires indépendants. La nature désordonnée de ces publications rendait leur consultation très peu pratique. Cependant, il était indispensable, pour ceux qui désiraient étudier les objets merveilleux découverts par les Herschel, d'avoir fréquemment recours à ces ouvrages originaux. Rassembler toutes les observations des nébuleuses dans un grand catalogue méthodique semblait donc être une condition indispensable au progrès de cette branche de la connaissance. Nul ne pouvait être mieux qualifié pour cette tâche que sir John Herschel. Par conséquent, il se lança dans la réalisation de ce grand projet et le mena à bien. Ainsi fut finalement réalisé un grand catalogue de nébuleuses et d'amas d'étoiles. Jamais auparavant un inventaire aussi magistral n'avait été réalisé. Si l'on garde à l'esprit que chacune des nébuleuses est un objet si vaste que l'ensemble de notre système solaire ne constituerait qu'une tache infime en comparaison, que faut-il penser d'une compilation dans laquelle ces objets sont recensés par milliers ? Dans ce grand catalogue, on retrouve classés par ordre systématique toutes les nébuleuses et tous les amas qui furent découverts par la diligence des Herschel, père et fils, dans l'hémisphère Nord, et par le fils uniquement pour l'hémisphère Sud. Il ne faut pas oublier de mentionner que les travaux d'autres astronomes furent également intégrés. Les descriptions données à chacun des objets étaient inévitablement très sommaires. Des abréviations sont utilisées, indiquant qu'une nébuleuse est brillante, très brillante et extrêmement brillante, ou bien faible, très faible et extrêmement faible. Ces termes n'ont certainement qu'une signification relative et technique dans un tel catalogue. Les nébuleuses considérées comme extrêmement brillantes par l'astronome chevronné ne sont décrites ainsi que par contraste avec la grande majorité de ces objets télescopiques délicats. En effet, la majorité des nébuleuses sont tellement difficiles à observer qu'elles ne peuvent être décrites que de façon très limitée. Il faut souligner que le catalogue de Herschel multiplia le nombre d'objets nébuleux connus par plus de dix par rapport à tous les catalogues qui avaient été rédigés avant l'époque des observations de William Herschel. Mais l'étude de ces objets continue à progresser, et les grands télescopes utilisés de nos jours pourraient sans doute révéler au moins deux fois plus d'objets que ceux figurant dans le catalogue de Herschel, dont une nouvelle édition plus complète fut publiée par le Dr Dreyer.

L'une des meilleures manifestations du talent littéraire de sir John Herschel se trouve dans le discours qu'il prononça devant la Royal Astronomical Society, à l'occasion de la remise d'une médaille à M. Francis Baily, pour son catalogue d'étoiles. Le passage que je vais citer ici met en valeur le véritable mérite du travail laborieux qu'implique une tâche comme celle que M. Baily avait menée à bien avec tant de succès :

« Si l'on se demande à quelle fin de magnifiques établissements sont entretenus par des États et des souverains, meublés de chefs-d'œuvre artistiques, et placés sous la direction d'hommes de grand talent et animés d'un grand enthousiasme, choisis pour ces qualités parmi les plus éminents scientifiques, si l'on demande cui bono[1], pour quel bien Bradley a peiné, ou bien Maskelyne ou Piazzi a passé son âge vénérable à observer, la réponse est : pour ne pas établir de simples points spéculatifs dans la théorie de l'univers ; pour ne pas satisfaire l'orgueil de l'homme par des études approfondies sur les mystères les plus obscurs de la nature ; pour ne pas tracer le chemin de notre système à travers l'espace, ou son histoire à travers les éternités passées et futures. Ce sont là, en effet, de nobles fins dont je suis loin de vouloir dévaloriser l'importance ; leur contemplation stimule l'esprit et leur poursuite lui confère une expansion et une détermination qui le rendent apte aux projets les plus audacieux. Mais l'utilité pratique directe de tels travaux est pleinement à la hauteur de leur grandeur

1. « À qui profite-t-il ? », « Pour quel profit ? »

spéculative. Les étoiles sont les repères de l'univers ; et, parmi les fluctuations infinies et complexes de notre système, elles semblent avoir été placées par son Créateur comme des guides et des archives, non seulement pour élever notre esprit par la contemplation de ce qui est vaste, mais pour nous apprendre à diriger nos actions en fonction de ce qui est immuable dans ses œuvres. Il est, en effet, difficile de surestimer leur valeur à cet égard. Chaque étoile bien définie, à partir du moment où sa position est consignée, devient pour l'astronome, le géographe, le navigateur, le topographe, un point de départ qui ne pourra jamais le tromper ou lui faire défaut, le même pour toujours et en tout lieu, d'une précision si extrême qu'il constitue une épreuve pour tous les instruments inventés par l'homme, et pourtant également adaptés aux fins les plus ordinaires ; aussi utile pour réguler l'horloge d'une ville que pour guider une flotte vers les Indes ; aussi efficace pour tracer les complexités d'une petite baronnie que pour établir les frontières des empires transatlantiques. Une fois que sa position a été minutieusement déterminée et consignée, le cercle d'airain qui a servi à accomplir ce travail utile peut se décomposer, le pilier de marbre peut basculer sur sa base, et l'astronome lui-même ne survit que dans la gratitude de la postérité ; mais le registre subsiste, et transmet toute son exactitude à chaque détermination qui le prend comme base, donnant à des instruments de qualité inférieure (voire à des appareils provisoires, et à des observations de quelques semaines ou de quelques jours) toute la précision initialement obtenue au prix de tant de temps, de travail et de coûts. »

Sir John Herschel rédigea bien d'autres ouvrages que ceux dont nous avons fait mention. Son oeuvre *Meteorology from the Encyclopædia Britannica* est, en effet, un ouvrage de référence en la matière, et de nombreux articles du même auteur sur des sujets variés, qui furent regroupés et réimprimés, semblaient être un moment de répit dans ses rigoureuses études scientifiques. Comme certains autres grands mathématiciens, Herschel était également poète, et il publia une traduction de l'Iliade en vers blancs.

Dans les dernières années de sa vie, sir John Herschel mena une vie paisible. Pendant une brève période, il avait en effet été incité à accepter la fonction de maître de la Monnaie. Toutefois, il était évident que la routine d'une telle profession ne correspondait pas à ses goûts, et il y renonça volontiers pour retourner dans la solitude de son étude dans sa magnifique maison de Collingwood, dans le Kent.

Sa santé s'étant peu à peu dégradée, il décéda le 11 mai 1871, à l'âge de soixante-dix-neuf ans.

LE COMTE DE ROSSE

Le Comte de Rosse

Le sujet de notre présente esquisse occupe une position tout à fait particulière dans l'histoire de la science. Contrairement à beaucoup d'autres qui, par leurs découvertes scientifiques, furent amenés à passer de l'obscurité à la gloire, le comte de Rosse naquit lui-même avec une cuillère en argent dans la bouche. Son père, qui, sous le titre de sir Lawrence Parsons, avait occupé une position importante au sein du Parlement irlandais, succéda après la mort de son père au comté qui avait été récemment créé. Par conséquent, le sujet de notre mémoire était le troisième des comtes de Rosse, et il naquit à York le 17 juin 1800. Avant la mort de son père en 1841, il était connu sous le nom de lord Oxmantown.

Le parcours universitaire de l'illustre astronome débuta à Dublin et s'acheva à Oxford. Dans son cas, il n'est pas fait mention d'une scolarité remarquable. Cependant, lord Rosse était un étudiant assidu, et obtint une mention très bien en mathématiques. Il portait toujours beaucoup d'intérêt aux questions sociales et était profondément intéressé par l'économie politique. Il occupa un siège à la Chambre des Communes, en tant que membre de King's County[1], de 1821 à 1834, son domaine familial étant situé dans cette région de l'Irlande.

Lord Rosse était doté par la nature d'un penchant particulier pour les activités mécaniques. Non seulement il possédait les compétences d'un ingénieur scientifique, mais il avait également la dextérité manuelle qui le qualifiait personnellement pour mener à bien de nombreux travaux pratiques. Lord Rosse était, en fait, un mécanicien talentueux, un fondeur expérimenté et un ingénieux opticien. Il côtoyait principalement des personnes qui s'intéressaient aux activités mécaniques, et c'était un plaisir pour lui de visiter les ateliers ou les établissements d'ingénierie où des processus sophistiqués étaient appliqués dans le domaine des arts. On dit souvent (et des membres de sa famille me l'ont affirmé) qu'un jour, après lui avoir fait visiter une grande usine du nord de l'Angleterre, le patron lui déclara sans détour qu'il avait grand besoin d'un contremaître et qu'il serait ravi que son visiteur, qui avait manifesté des aptitudes si extraordinaires pour les opérations mécaniques, acceptât ce poste. Lord Rosse lui présenta sa carte et lui expliqua gentiment qu'il n'était pas exactement l'homme qu'il lui fallait, mais qu'il appréciait son compliment, ce qui donna lieu à un agréable dîner et fut la base d'une longue amitié.

Le château de Birr

Je me souviens avoir entendu une fois lord Rosse expliquer comment il en vint à se consacrer à l'astronomie. Il semble que lorsqu'il était en possession de moyens et de temps libre, il réfléchissait délibérément à la manière dont ces derniers pouvaient être mis à profit. Il n'était pas non plus surprenant qu'il cherchât une voie qui offrirait des possibilités particulières à ses penchants pour

1. Aujourd'hui, cette région est appelée le comté d'Offaly, de son nom original : *County Offaly*. Entre 1556 et 1920, cette région était plus connue sous cette appellation en hommage au roi Philippe II d'Espagne, époux de la reine anglaise « Bloody » Mary.

la mécanique. Il arriva à la conclusion que la construction de grands télescopes était un art qui n'avait pas connu de progrès notable depuis la grande époque de William Herschel. Il comprit que la construction de puissants instruments destinés à l'étude du ciel exigeait à la fois du temps et de grandes richesses, mais il sentit également qu'il s'agissait d'un sujet dont les difficultés intrinsèques allaient mettre à rude épreuve toutes ses compétences mécaniques. Ainsi, il décida que la construction de grands télescopes deviendrait l'affaire de sa vie.

L'avenue commerciale, Parsonstown

Au centre de l'Irlande, à cent dix kilomètres de Dublin, à la frontière entre le King's County et Tipperary, se trouve une petite ville dont il faut faire attention avant d'en écrire le nom. Les habitants de cette ville insistent souvent sur le fait que celle-ci s'appelle Birr[1], alors que la désignation officielle est Parsonstown,

1. Étant donné la renommée acquise par Parsonstown grâce aux miroirs de lord Rosse, il peut être intéressant de noter l'extrait suivant tiré de *The Natural History of Ireland*, par le Dr Gérard Boate, Thomas Molyneux M.D., F.R.S., et d'autres, qui indique qu'il y a 150 ans, Parsonstown était célèbre pour son verre : « Nous conclurons ce chapitre par le verre, car les Anglais installèrent plusieurs verreries en Irlande, non pas à Dublin ou dans d'autres villes, mais toutes à la campagne, dont la plus importante était celle de Birre, une ville marchande, également appelée Parsonstown, du nom d'un certain sir Lawrence Parsons, qui, après avoir acheté cette seigneurie, y a construit une belle maison ; cette ville est située dans le comté de Queen, à environ 80 km au sud-ouest de Dublin, à la frontière entre les deux provinces de Leinster et de Munster. C'est de cette ville que Dublin recevait toutes sortes de fenêtres et de verres à boire, ainsi que d'autres produits d'usage courant. Une partie des matériaux, à savoir le sable, était importée d'Angleterre ; l'autre partie, à savoir les cendres, était fabriquée à partir de frêne, et aucun autre matériau n'était utilisé. La plus grande difficulté était d'obtenir de l'argile pour les chaudrons dans lesquels ils faisaient fondre les matériaux ; ils s'en procuraient dans le nord. », Chap. XXI, Sect. VIII. « Du verre fabriqué en Irlande ».

et encore aujourd'hui, pour chaque six personnes qui donnent un nom à la ville, il y en a une demi-douzaine qui donne l'autre. Mais, quel que soit le nom qu'on lui attribue, Birr ou Parsonstown (et je la désignerai le plus souvent par ce dernier), elle est un exemple idéal comme ville de comté irlandaise. La rue la plus large porte le nom de Oxmantown Mall. Elle est longée par les habitations des principaux résidents et ornée de rangées d'arbres majestueux. À une extrémité de cet élément distinctif de la ville se trouve l'église paroissiale, tandis qu'à l'autre extrémité se trouvent les portes conduisant au château de Birr, la demeure ancestrale de la maison des Parsons. Après avoir franchi ces portes, le visiteur pénètre dans un vaste domaine qui abrite des bois et des étendues d'eau d'une rare beauté, l'une des particularités les plus attrayantes étant la jonction des deux rivières, qui se rejoignent en un point orné d'une magnifique charpente. À divers endroits, on peut observer des illustrations du savoir-faire du grand comte en ingénierie. La beauté du parc fut grandement accentuée par la création d'un vaste lac, conçu avec la minutie qui caractérise l'art. Même en plein été, il est animé par des groupes de canards sauvages qui se prélassent avec la tranquillité dont ils jouissent dans ces endroits heureux où il est rare d'entendre le bruit d'un canon. L'eau est conduite dans le lac par un tube qui passe sous l'une des deux rivières mentionnées précédemment, tandis que le trop-plein d'eau actionne une roue hydraulique, laquelle fait fonctionner une paire d'élévateurs ingénieusement conçue pour drainer les parties basses du domaine.

Le château de Birr est un noble bâtiment qui rappelle l'époque de Cromwell. Il est entouré de douves et d'un pont-levis de conception moderne, et de ses fenêtres, on peut avoir une vue magnifique sur les différents espaces du parc. Mais si les visiteurs de Parsonstown s'intéressent de près à la résidence d'un propriétaire irlandais, dont le plaisir était de vivre dans son pays et parmi les siens, ce n'est pas dans le château lui-même que se trouve la particularité qu'ils sont venu observer. Sur une vaste étendue de pelouse, qui s'étend des douves vers le lac, se dressent deux superbes murailles en pierre. Ils sont dotés de tours, recouverts de lierre et nettement plus hauts que n'importe quelle maison ordinaire. En s'approchant, le visiteur pourra apercevoir entre ces murs ce qui, à première vue, peut lui sembler être la cheminée d'un bateau à vapeur couchée horizontalement. En s'approchant davantage, il constatera qu'il s'agit d'un immense tube en bois de dix-huit mètres de long et possédant un diamètre de deux mètres. Il est en fait assez grand pour permettre à un homme de grande taille d'y entrer et de marcher en se tenant droit d'un bout à l'autre. Il s'agit en effet de l'instrument le plus gigantesque qui ait jamais été construit pour étudier les cieux. Un petit bâtiment appelé « l'observatoire » est situé près des murs entre lesquels oscille le grand tube. C'est là que sont rangés les plus petits instruments et les livres de référence indispensables. L'observatoire offre également un abri aux observateurs, et fournit un bon feu ainsi qu'une tasse de thé chaud, qui sont tellement appréciés dans les rares intervalles d'une nuit d'observation passée au sommet de ces murs, avec pour seul abri le ciel d'hiver.

Le télescope de Lord Rosse, d'après une photographie réalisée par W. Lawrence, Upper Sackville Street, Dublin

La première chose qui saute aux yeux de celui qui visite le télescope de lord Rosse, est que cet instrument est non seulement immensément plus grand que tout ce qu'il a pu voir auparavant, mais il est aussi d'une nature totalement différente. Dans un télescope ordinaire, on trouve habituellement un tube avec des lentilles en verre à chaque extrémité, et les grands télescopes que l'on trouve dans nos observatoires sont en général construits sur le même principe. À une extrémité se trouve l'objectif, et à l'autre extrémité l'oculaire, et il va de soi qu'avec un instrument de cette conception, c'est à l'extrémité inférieure du tube que doit être placé l'œil de l'observateur lorsque le télescope est pointé vers le ciel. Mais dans le télescope de lord Rosse, on chercherait en vain ces objets en verre, et ce n'est pas à l'extrémité inférieure de l'instrument qu'il faut se placer pour faire ses observations. L'astronome de Parsonstown doit plutôt se servir de l'ingénieux système d'escaliers et de galeries qui lui permettent d'accéder à l'ouverture du grand tube. Ce télescope colossal qui se balance entre les murailles, tout comme le grand télescope d'Herschel déjà évoqué, est un réflecteur, dont on doit bien entendu l'invention originale à Newton. Le travail optique accompli par les lentilles du télescope ordinaire est réalisé, dans le type d'instrument construit par lord Rosse, au moyen d'un miroir réflecteur placé à l'extrémité inférieure du vaste tube. Le miroir de cet instrument est fait d'un métal composé de deux tiers de cuivre pour un tiers d'étain. Comme nous l'avons déjà vu, cet alliage est d'une nature très particulière. Le cuivre et l'étain perdent tous deux leurs qualités distinctives et s'unissent pour former une matière aux caractéristiques physiques très différentes. Le cuivre est dur et brun, l'étain est sans aucun doute de teinte argentée, mais de consistance souple et presque fibreuse. Lorsque les deux métaux sont mélangés ensemble suivant les proportions mentionnées, l'alliage obtenu est extrêmement dur et très fragile et, sous ces deux aspects, il est totalement différent des deux métaux qui le composent. Cependant, il ressemble à l'étain par sa blancheur, mais il acquiert un éclat beaucoup plus brillant que l'étain ; en réalité, cet alliage rivalise pratiquement avec l'argent lui-même quant à sa brillance lorsqu'il est poli.

La première tâche à laquelle lord Rosse dut s'atteler fut la construction de ce gigantesque miroir de deux mètres de diamètre et d'une épaisseur de dix à douze centimètres. Ces dimensions dépassaient de loin celles qui avaient été envisagées dans toute précédente tentative du même genre. Herschel avait certainement façonné un miroir de un mètre de diamètre et bien d'autres de plus petites dimensions, mais les procédés qu'il avait employés n'avaient jamais été entièrement publiés et il était évident qu'une forte augmentation des dimensions impliquait de nombreuses difficultés supplémentaires. Celles-ci commencèrent dès le début du projet et se manifestèrent sous diverses formes à chacune de ses étapes. En premier lieu, la simple coulée de ce mélange d'étain et de cuivre en forme de disque, dont le poids avoisinait les trois ou quatre tonnes, posait des problèmes très difficiles. Il est certain qu'une coulée de cette taille, si elle avait été faite, par exemple, avec du fer, n'aurait pas présenté de réelles difficultés outre celles que tout fondeur expérimenté connaît bien et qu'il rencontre quotidiennement dans son travail habituel. Mais le spéculum en métal est un matériau d'une nature très difficilement malléable. Bien entendu, il n'y a aucune difficulté pratique à fondre le cuivre ni à ajouter la proportion appropriée d'étain lorsque le cuivre est fondu. Il n'y a pas non plus de grande difficulté à mettre en place une structure permettant de verser simultanément plusieurs creusets remplis de matière en fusion afin d'obtenir la masse de métal nécessaire, mais à partir de là, les difficultés apparaissent. Car le métal du spéculum, lorsqu'il est froid, est extrêmement fragile, et si on laissait refroidir la coulée comme une coulée ordinaire de cuivre ou de fer, le miroir tomberait inévitablement en morceaux. Par conséquent, lord Rosse jugea nécessaire de procéder au recuit de la pièce coulée avec un soin extrême en la laissant refroidir très lentement. Pour y parvenir, le disque de métal fut placé dans un four de recuit aussitôt qu'il atteignit son état solide, bien qu'encore incandescent. Dans ce four, la température baissait si lentement que six semaines s'écoulaient avant que le miroir n'atteigne la température de l'air extérieur. La nécessité d'une extrême précaution dans l'opération de recuit est évidente si l'on réfléchit à l'un des accidents qui se produisirent. Un jour, après que le refroidissement d'un grand moulage fut terminé, on s'aperçut, en retirant le spéculum, qu'il était fissuré en deux morceaux. Cette malchance fut finalement expliquée par le fait que l'une des parois du four était constituée d'une seule brique dans son épaisseur, et que par conséquent la chaleur s'était échappée plus facilement par ce côté que par les autres côtés qui étaient construits en double épaisseur. Par conséquent, le spéculum ne s'était pas refroidi de façon uniforme, entraînant ainsi la fracture. Cependant, sans se laisser décourager par cet échec, ni par d'autres difficultés, que l'on ne peut décrire maintenant, lord Rosse poursuivit assidûment la tâche qu'il s'était imposée, et réussit finalement à couler deux disques parfaits sur lesquels allaient commencer les fastidieux processus de meulage et de polissage. On pourra peut-être mieux apprécier l'ampleur de ces opérations si je mentionne que la seule valeur du cuivre et de l'étain entrant dans la composition de chacun des miroirs était d'environ 500 livres.

Le génie mécanique de lord Rosse ne fut jamais autant sollicité que dans la conception d'un mécanisme destiné à effectuer les délicates opérations de meulage et de polissage des miroirs, dont on vient de mentionner le moulage. Dans les opérations habituelles du fabricant de télescopes, ces opérations avaient jusqu'alors été réalisées à la main, mais, bien entendu, ces méthodes devenaient impossibles lorsqu'il s'agissait de miroirs aussi grands qu'une grande table à manger et dont le poids se comptait en tonnes. Le meulage grossier était effectué à l'aide d'un outil en fonte de taille équivalente à celle du miroir, qui était actionné par une machinerie adaptée, d'avant en arrière et en cercle, en ajoutant beaucoup de sable et d'eau entre le miroir et l'outil pour produire l'attrition nécessaire. Au fur et à mesure que le processus avançait et que la surface devenait lisse, on remplaçait le sable par de l'émeri ; et lorsque cette étape était terminée, on retirait l'outil de meulage et on le remplaçait par l'outil de polissage. La partie essentielle de celui-ci était constituée d'une surface de poix, qui, après avoir été temporairement ramollie par la chaleur, était ensuite placée sur le miroir, lequel lui donnait la forme appropriée. On introduisait alors du rouge comme poudre de polissage, et l'opération se poursuivait pendant près de neuf heures, après quoi le grand miroir avait acquis l'apparence de l'argent finement poli. Une fois terminé, le disque de métal du spéculum mesurait environ deux mètres de large et dix centimètres d'épaisseur. La dépression en son centre était d'environ un centimètre. Monté sur un petit chariot, le grand spéculum fut ensuite transporté jusqu'à l'instrument, pour être placé dans son réceptacle au fond du tube, dont la longueur était de dix-huit mètres, étant la distance focale du miroir. Un autre petit réflecteur était inséré latéralement dans le grand tube, afin de guider le regard de l'observateur vers le grand réflecteur. C'est ainsi que fut achevé l'instrument d'exploration des cieux le plus colossal que l'art de l'homme ait jamais construit.

Église catholique romaine de Parsonstown

J'ai eu un jour le privilège d'être l'un de ceux à qui l'illustre constructeur du grand télescope confia son utilisation. Pendant les deux saisons 1865 et 1866, j'eus l'honneur d'être l'astronome de lord Rosse. Pendant cette période, je passais de nombreuses nuits très appréciables dans la galerie de l'observateur, examinant différents objets du ciel à l'aide de ce remarquable instrument. À cette époque, les objets principalement étudiés étaient les nébuleuses, ces légères taches de lumière qui se trouvent à l'arrière-plan du ciel. Le télescope de lord Rosse était spécialement adapté à l'examen de ces objets, dans la mesure où leur finesse exigeait toute la puissance de capture de la lumière possible.

L'une des plus grandes découvertes de lord Rosse, lorsque son immense instrument fut pour la première fois orienté vers les cieux, consista à déceler une spirale dans certaines des formes nébuleuses. Lorsque fut annoncée pour la première fois l'extraordinaire structure de ces objets célestes, la découverte fut accueillie avec une certaine incertitude. D'autres astronomes examinèrent ces mêmes objets et, lorsqu'ils ne parvinrent pas à discerner (et ce fut souvent le cas) la structure en spirale que lord Rosse avait décrite, ils en conclurent que celle-ci n'existait pas. Ils pensaient que cela devait être dû à un défaut de l'instrument ou à l'imagination de l'observateur. Cependant, il n'était pas envisageable pour quiconque était à la fois désireux et compétent d'examiner les preuves, de douter de la véracité des découvertes de lord Rosse. Toutefois, il se trouve qu'elles viennent récemment d'être rendues incontestables par un témoignage qu'il est impossible de réfuter. En effet, un témoin qui ne fut jamais influencé par son imagination s'est présenté, et la plaque photographique infaillible justifia les propos de lord Rosse. Parmi les découvertes remarquables faites récemment par le Dr Isaac Roberts dans l'usage de son appareil photographique sur le ciel, il n'en est pas de plus remarquable que celle qui déclare non seulement que les nébuleuses décrites par lord Rosse comme des spirales possèdent effectivement cette caractéristique, mais qu'il en existe beaucoup d'autres de la même nature. Il apporta même la preuve qu'il existe des objets invisibles de cette catégorie qui n'ont jamais été observés par l'œil humain, mais dont la nature spirale est visible grâce à la précision singulière du télescope photographique.

Dans sa jeunesse, lord Rosse était lui-même un observateur assidu des corps célestes avec le grand télescope qui fut achevé en 1845. Mais je pense que ceux qui connaissaient bien lord Rosse reconnaîtront que ce sont plutôt les procédés mécaniques liés à la fabrication du télescope qui l'intéressaient que les observations effectuées avec le télescope une fois terminé. En effet, une personne qui le connaissait bien pensait que l'intérêt particulier de lord Rosse pour ce grand télescope avait cessé une fois le dernier clou enfoncé. Mais le télescope ne restait jamais inactif, car lord Rosse avait toujours à ses côtés un jeune astronome passionné, dont le plaisir était de mettre à profit les avantages de sa position pour explorer les merveilles du ciel. Parmi les personnes qui occupaient cette fonction dans les premiers temps du grand télescope, je mentionnerai mon cher ami, le Dr Johnston Stoney.

Grâce à son génie mécanique remarquable et ses découvertes astronomiques, ainsi que l'intérêt suscité par les formidables ateliers du château de Birr, où étaient fabriquées ses fabrications monumentales de savoir-faire optique, la renommée de lord Rosse était telle que les visiteurs accouraient des quatre coins du monde pour le rencontrer. Sa résidence située à Parsonstown devint l'un des centres scientifiques les plus importants de Grande-Bretagne, où se réunissaient de temps à autre tous les grands scientifiques du pays, de même que de nombreux éminents scientifiques étrangers. Pendant de nombreuses années, lord Rosse occupa avec une grande distinction le poste prestigieux de président de la Royal Society, et ses conseils ainsi que son expérience en matière de mécanique pratique étaient toujours à la disposition de ceux qui sollicitaient son aide. Dans sa vie personnelle et sociale, lord Rosse était apprécié de toutes les personnes qu'il rencontrait. Je me souviens qu'un des assistants me confia qu'un jour, il eut le malheur de laisser tomber et de casser l'un des petits miroirs sur lesquels lord Rosse avait lui-même consacré de nombreuses heures de dur labeur. Sa seule remarque fut que : « les accidents arrivent ».

Lord Rosse passa les dernières années de sa vie dans une solitude relative ; il lui arrivait de se rendre à Londres pour un bref séjour durant la saison, et il partait parfois en croisière sur son yacht ; mais il passait la majeure partie de l'année au château de Birr, se consacrant essentiellement à l'étude de sujets politiques et sociaux, et ne sortant que rarement des murs de son domaine, hormis pour aller à l'église le dimanche matin. Il décéda le 31 octobre 1867.

Son fils aîné, l'actuel comte de Rosse, lui succéda. Il hérita des capacités scientifiques de son père et réalisa de nombreux travaux remarquables avec son grand télescope.

AIRY

Sir George Airy, d'après une photographie de M. E.P. Adams à Greenwich

Dans notre esquisse de la vie de Flamsteed, nous avons évoqué les circonstances de la fondation du célèbre observatoire qui surplombe Greenwich Hill. Nous avons également mentionné que parmi les illustres successeurs de Flamsteed, il convient de citer Halley et Bradley. Mais ce fut sous la direction de l'éminent astronome dont le nom figure en tête de ce chapitre que l'observatoire de Greenwich se développa considérablement par rapport au modeste établissement des premiers jours. Grâce à ses efforts, ce temple de la science fut amené à un tel degré de perfection qu'il servit, à de nombreux égards, de modèle pour d'autres établissements astronomiques dans diverses parties du monde. Un excellent récit de la carrière d'Airy fut rédigé par le professeur H. H. Turner, dans la rubrique nécrologique publiée par la Royal Astronomical Society. C'est à lui que je suis redevable d'un grand nombre des détails que je vais exposer ici concernant la vie de l'illustre astronome royal.

La famille dont Airy était originaire venait de Kentmere, dans le Westmoreland.

Son père, William Airy, était issu d'une lignée originaire du Lincolnshire. Le nom de jeune fille de sa mère était Ann Biddell, et sa famille résidait à Playford, près d'Ipswich. William Airy occupait un petit poste gouvernemental qui impliquait un changement occasionnel de résidence dans différentes parties du pays, et ce fut ainsi que son fils, George Biddell, naquit à Alnwick, le 27 juillet 1801. L'éducation du garçon, en ce qui concerne sa scolarité, fut en partie réalisée à Hereford et à Colchester. Cependant, il ne semble pas avoir tiré grand profit des heures qu'il passa dans les salles de classe. Mais il était très content de passer ses vacances à la ferme de Playford, où son oncle, Arthur Biddell, lui témoignait une grande gentillesse. Les paysages de sa jeunesse restèrent très chers à Airy tout au long de sa vie, et dans les années qui suivirent, il devint lui-même propriétaire d'une maison à Playford, où il aimait particulièrement se retirer pour se détendre pendant le cours de sa carrière épuisante. Malgré les lacunes de sa formation scolaire, il semble avoir manifesté des aptitudes si remarquables que son oncle décida de l'inscrire à l'université de Cambridge. En conséquence, il intégra le Trinity College en tant que sizar[1] en 1819, et après une brillante carrière en mathématiques et en sciences physiques, il obtint le diplôme de Senior Wrangler en 1823. On peut noter comme circonstance exceptionnelle que, malgré le temps qu'il devait consacrer à l'étude de son tripos[2], il fut en mesure, après son deuxième trimestre de résidence, de subvenir entièrement à ses besoins en prenant des élèves privés. L'année qui suivit l'obtention de son diplôme, il fut élu membre du Trinity College.

Ayant ainsi acquis une situation indépendante, Airy entreprit immédiatement cette carrière de scientifique qu'il poursuivit sans interruption pratiquement jusqu'à la fin de sa vie. L'une de ses recherches les plus intéressantes à cette époque concerne l'astigmatisme, un défaut qu'il avait lui-même décelé dans ses yeux. Ses recherches le conduisirent à proposer un moyen de corriger ce défaut en utilisant une paire de lunettes dont les verres étaient façonnés de manière à neutraliser le dérèglement que l'œil astigmate applique aux rayons lumineux. Ses recherches sur ce sujet furent très approfondies et les principes qu'il établit sont encore aujourd'hui utilisés par les oculistes dans le traitement de cette malformation.

Le 7 décembre 1826, Airy fut nommé à la chaire de mathématiques lucasienne de l'université de Cambridge, chaire rendue si célèbre par l'occupation de Newton. Il n'occupa cette fonction que pendant deux ans, puis la remplaça

1. À l'université de Cambridge, un sizar est un étudiant qui reçoit une certaine aide, notamment sous forme de repas, de réduction des frais de scolarité ou de logement pendant sa période d'études, parfois en échange de la réalisation d'un travail bien défini.
2. À l'université de Cambridge, ce terme désigne à la fois l'ensemble des examens qui permettent à un étudiant d'obtenir son *bachelor*, mais également l'ensemble des cours suivis par ce même étudiant.

par la chaire de plumien[1]. La raison qui le poussa à souhaiter ce changement réside sans doute dans le fait que la chaire d'astronomie de plumien s'accompagnait à l'époque de la fonction de directeur du nouvel observatoire astronomique, dont nous allons à présent décrire l'origine.

En 1820, les personnes les plus impliquées dans l'aspect scientifique de la vie universitaire décidèrent qu'il serait judicieux de fonder un observatoire astronomique à Cambridge. En conséquence, un appel aux dons fut lancé à cette fin et plus de 6000 livres furent versées par les membres de l'université et le public. À cette somme, 5000 livres furent ajoutées par une subvention provenant de la trésorerie de l'université, et en 1824, de nouveaux fonds totalisant 7115 livres furent versés par l'université dans le même but. Le règlement relatif à l'administration du nouvel observatoire le plaçait sous la direction du professeur plumien, qui devait également disposer de deux assistants. Leurs fonctions devaient être d'effectuer des observations méridiennes du Soleil, de la Lune et des étoiles, et les observations effectuées chaque année devaient être imprimées et publiées. L'observatoire devait également être utilisé dans le cadre des activités éducatives de l'université, car il était convenu de fournir de petits instruments permettant de former les étudiants à l'art pratique de l'observation astronomique.

La construction de l'observatoire astronomique de Cambridge fut achevée en 1824, mais en 1828, lorsque Airy entra dans l'exercice de ses fonctions de directeur, l'établissement était encore loin d'être achevé en ce qui concerne son organisation. Airy se mit au travail avec une telle énergie que dès l'année qui suivit sa prise de fonction, il publia le premier volume des *Observations astronomiques de l'université de Cambridge*[2], en dépit du fait que chaque étape de son travail, depuis la réalisation des observations jusqu'à la révision des feuilles épreuves, devait être effectuée par lui-même.

On peut remarquer ici que ces premiers volumes des publications de l'observatoire de Cambridge contenaient la première exposition de ces méthodes systématiques de travail astronomique qu'Airy développa ensuite avec tant d'ampleur à Greenwich, et qui furent ensuite adoptées dans beaucoup d'autres endroits. Il n'y a pas de meilleur enseignement pour le néophyte en astronomie que celui que l'on peut obtenir par l'étude de ces volumes, dans lesquels le professeur plumien établit avec une clarté remarquable les vrais principes sur lesquels le travail méridien doit être conduit.

Airy ajouta progressivement de nouveaux instruments à ceux dont l'observa-

1. La chaire de professeur plumien d'astronomie et de philosophie expérimentale est une des deux chaires d'astronomie de l'université de Cambridge avec celle de professeur lowndesien d'astronomie et de géométrie. Cette chaire a été créée en 1704 par Thomas Plume, membre du Christ's College et archidiacre de Rochester.
2. De son titre original : *Cambridge Astronomical Observations*.

toire était initialement équipé. Un cercle mural fut construit en 1832, et dans la même année, une petite monture équatoriale fut érigée par Jones. Airy en fit usage dans une célèbre série d'observations du quatrième satellite de Jupiter afin de déterminer la masse de la grande planète. Son mémoire sur ce sujet explique en détail la méthode permettant de déterminer le poids d'une planète à partir de l'observation des mouvements d'un de ses satellites. Il s'agit là, en effet, de recherches de grande valeur qu'aucun étudiant en astronomie ne peut se permettre de négliger. L'ardeur avec laquelle Airy se consacrait aux études astronomiques peut être déduite d'un rapport remarquable sur les progrès de l'astronomie au cours de notre siècle qu'il communiqua à la British Association[1] lors de sa deuxième réunion en 1832. Dans les premières années de sa vie à Cambridge, sa réalisation la plus célèbre était en rapport avec une recherche dans le domaine de l'astronomie théorique qui exigeait un talent mathématique exceptionnel. On ne peut donner qu'un aperçu de ce sujet, car il serait tout à fait impensable d'entrer dans les détails de cette recherche.

Vénus est une planète à peu près équivalente à la Terre en matière de taille et de poids, et elle effectue une révolution sur une orbite qui se situe à l'intérieur de celle décrite par notre globe. Par conséquent, Vénus prend moins de temps que la Terre pour accomplir une révolution autour du Soleil, et il se trouve que les mouvements relatifs de Vénus et de la Terre sont proportionnés de telle sorte que lorsque notre Terre accomplit huit de ses révolutions, Vénus en accomplit pratiquement treize. Il en résulte donc que si la Terre et Vénus sont alignées avec le Soleil à une date bien précise, alors, huit ans plus tard, les deux planètes se trouveront à nouveau aux mêmes points de leur orbite. Au cours de ces huit années, la Terre a effectué huit fois le tour de son orbite et a donc repris sa position initiale, tandis que dans la même période, Vénus a accompli treize révolutions complètes et a donc également retrouvé le point où elle se situait au départ. Bien entendu, Vénus et la Terre s'attirent mutuellement et, en raison de cette attraction réciproque, la Terre est déviée de la trajectoire elliptique qu'elle aurait normalement poursuivie. De même, Vénus est contrainte par l'attraction de la Terre d'effectuer une révolution sur une trajectoire qui s'écarte de celle qu'elle aurait normalement poursuivie. Étant donné que le Soleil possède une magnitude telle (il est, en effet, plus de trois cent mille fois plus lourd que Vénus ou la Terre) que les perturbations provoquées dans le mouvement de chaque planète, en raison de l'attraction réciproque, sont relativement insignifiantes par rapport à la principale force de

1. La British Science Association a été fondée en 1831 sous le nom de British Association for the Advancement of Science et fut à la tête du développement de la littérature scientifique, reconnaissant qu'il était nécessaire que des rapports sur les progrès de la science fussent rédigés par des experts. Elle a donc pour but de promouvoir l'ouverture à la science et d'encourager l'engagement pour le développement des sciences et de la technologie.

contrôle qui dirige chacun de ces mouvements. Cependant, il est possible, dans certaines circonstances, que les effets de perturbation produits sur une planète par l'autre se multiplient au point de produire des phénomènes particuliers qui atteignent des dimensions mesurables. Supposons que les temps périodiques de révolution de la Terre et de Vénus ne soient pas en relation simple entre eux, alors les points de leurs trajectoires où les deux planètes s'alignent avec le Soleil se trouveraient à différentes positions des orbites, et par conséquent les perturbations se neutraliseraient dans une large mesure, et ne produiraient que très peu d'effet appréciable. Cependant, comme Vénus et la Terre reprennent tous les huit ans pratiquement les mêmes positions aux mêmes points de leur trajectoire, un effet d'accumulation se produit. En effet, la perturbation d'une planète sur l'autre sera, bien entendu, la plus importante lorsque ces deux planètes sont les plus proches, c'est-à-dire lorsqu'elles se trouvent alignées avec le Soleil et du même côté que celui-ci. Tous les huit ans, une certaine partie de l'orbite de la Terre est donc perturbée par l'attraction de Vénus avec une force particulière. Tous les huit ans, une certaine partie de l'orbite de la Terre est donc perturbée par l'attraction de Vénus avec une force particulière. Il en résulte que, grâce à la relation quantitative entre les mouvements des planètes à laquelle j'ai fait référence, des effets perturbateurs deviennent appréciables alors qu'ils seraient autrement trop peu importants pour être identifiés. Airy se proposa de calculer les effets que Vénus aurait sur le mouvement de la Terre en conséquence de la circonstance que huit révolutions d'une planète exigent presque le même temps que treize révolutions pour l'autre. Il s'agit là d'une étude mathématique des plus complexes, mais le professeur plumien y parvint et eut la satisfaction d'annoncer à la Royal Society qu'il avait découvert l'influence que Vénus pouvait ainsi exercer sur le mouvement de notre Terre autour du Soleil. Cette étude exceptionnelle rapporta à son auteur la médaille d'or de la Royal Astronomical Society en 1832.

Suite à ses nombreuses découvertes, la renommée scientifique d'Airy était devenue si grande que le gouvernement lui accorda une pension spéciale, et en 1835, lorsque Pond, qui était alors astronome royal, démissionna, Airy se vit offrir le poste à Greenwich. En réalité, rien ne poussait le professeur plumien à quitter son poste relativement confortable à Cambridge, où il avait tout le loisir de se consacrer aux recherches qui lui tenaient à cœur, pour accepter le poste bien plus difficile à Greenwich. Il n'y avait même pas de motivation pécuniaire pour effectuer ce changement ; cependant, il sentit qu'il était de son devoir d'accéder à la demande du gouvernement de prendre la position que Pond avait laissée vacante, et en conséquence Airy se rendit à Greenwich en tant qu'astronome royal le 1er octobre 1835.

Il se mit immédiatement à organiser, avec son énergie habituelle, la conduite systématique des affaires de l'observatoire national. Pour comprendre l'une des principales caractéristiques du grand travail d'Airy à Greenwich, il est nécessaire d'expliquer un point qui ne sera peut-être pas bien saisi sans quelques explications pour ceux qui ne possèdent aucune expérience pratique des observatoires. Dans les travaux d'un établissement tel que Greenwich, une observation consiste presque toujours en une mesure quelconque. Par exemple, l'observateur peut mesurer le temps pendant lequel une étoile traverse les branches de son araignée tendues à travers le champ de vision ; il peut également s'agir de mesurer un angle que l'on obtient en examinant au microscope les lignes de division d'un cercle gradué lorsque le télescope est orienté de telle sorte que l'étoile soit placée sur une certaine marque dans le champ de vision. Dans les deux cas, le résultat immédiat de l'observation astronomique est purement numérique, mais il arrive très rarement, voire jamais, que le résultat numérique immédiat que fournit l'observation exprime directement la quantité que l'on recherche réellement. Il est certain que l'observation a été préparée de telle sorte que la quantité que nous recherchons puisse être obtenue à partir des chiffres que la mesure fournit, mais ce ne sont pas ces chiffres qui constituent l'objet recherché, car il existe toujours une multitude de facteurs qui influencent ces chiffres. Par exemple, pour qu'une observation soit parfaite, il faudrait que le télescope utilisé pour l'observation soit parfaitement placé dans la position exacte qu'il devrait occuper ; mais ce n'est jamais le cas, car aucun mécanicien ne pourra jamais construire ou ajuster un télescope aussi parfaitement que l'exigent les besoins de l'astronome. L'horloge qui nous permet de déterminer l'heure de l'observation doit également être exacte, mais ce n'est que rarement, pour ne pas dire jamais, le cas. Il faut donc corriger nos observations en fonction de ces erreurs, c'est-à-dire déterminer les erreurs de position de nos télescopes et les erreurs de réglage de nos horloges, puis déterminer ce que les observations auraient été si nos télescopes et nos horloges avaient été absolument parfaits. Il y a aussi beaucoup d'autres points dont il faut tenir compte pour réduire nos observations de manière à obtenir, à partir des chiffres obtenus par l'observateur au télescope, les quantités réelles qu'il cherche à déterminer.

Ce travail de réduction est généralement très complexe et laborieux, si bien qu'il n'est pas rare que, pendant que les observations s'accumulaient dans un observatoire, on laissât en suspens le fastidieux travail de réduction de ces observations. Lorsque Airy entra en fonction à Greenwich, il y trouva une immense masse d'observations qui, bien que contenant implicitement des données de la plus grande valeur pour les astronomes, étaient, sous leur forme brute, entièrement inexploitables pour tout usage utile. Par conséquent, il se consacra à la réduction des observations de ses prédécesseurs. Il mit au point des méthodes de réduction systématiques et organisa le travail de manière à ce qu'une attention minutieuse à la précision numérique ne soit pas requise pour la réalisation de ces opérations. Encouragé par l'amirauté, dont dépend l'observatoire de Greenwich, l'astronome royal employa un grand nombre de calculateurs pour effectuer ce travail. Grâce à son énergie et à son organisation remarquable, il parvint à réduire une série extrêmement précieuse d'observations planétaires, et à en publier les résultats, qui furent de la plus haute importance pour les recherches astronomiques.

L'astronome royal était aussi bien un ingénieur compétent et pratique qu'un opticien, et il s'occupa immédiatement de concevoir des instruments astronomiques de qualité supérieure, qui devaient remplacer les instruments archaïques qu'il avait trouvés dans l'observatoire. Au fil des années, l'ensemble du matériel connut une véritable transformation. Il commanda un grand cercle méridien, dont chaque partie fut conçue selon ses propres plans. Il conçut également la monture d'un superbe télescope équatorial actionné par un moteur électrique qu'il avait lui-même inventée. Peu à peu, l'établissement de Greenwich se développa grâce à ses efforts incessants. La coutume voulait que l'observatoire fût inspecté chaque année par un comité de visiteurs, dirigé par le président de la Royal Society. Lors de chaque visite annuelle, qui avait lieu le premier samedi du mois de juin, les visiteurs recevaient un rapport de l'astronome royal, dans lequel il présentait les travaux accomplis au cours de l'année écoulée. C'est à cette occasion que des demandes sont formulées à l'amirauté, que ce soit pour de nouveaux instruments ou pour développer le travail de l'observatoire d'une autre manière. Après la fin des activités officielles de l'inspection, l'observatoire était ouvert au public et des centaines de personnes eurent ce jour-là le privilège de voir l'observatoire national. Ces réunions annuelles perdurent heureusement, et le premier samedi de juin est réputé pour être l'occasion de l'une des plus intéressantes réunions de scientifiques qui se déroule au cours de l'année.

Toutefois, le travail scientifique d'Airy ne se limitait pas à l'observatoire. Il se consacra largement aux expéditions destinées à l'observation des éclipses et aux projets de mesure des angles de la Terre. Il consacra également beaucoup d'attention à la collecte d'observations magnétiques provenant de diverses parties du monde. On se souviendra en particulier qu'il étudia les circonstances des transits de Vénus, qui se produisirent en 1874 et en 1882, et que, sous sa direction, des expéditions furent organisées pour observer ces transits depuis les endroits les plus reculés de la Terre où l'on pouvait obtenir les observations les plus pertinentes pour déterminer la distance du Soleil à la Terre. L'astronome royal étudia également le phénomène des marées, et il rendit un grand service au pays en restaurant les étalons de longueur et de poids qui avaient été détruits lors du grand incendie de la Chambre du Parlement en octobre 1834. Ses conseils étaient souvent sollicités pour les questions scientifiques les plus pratiques, conseils qu'il donnait volontiers. Le voici engagé dans une étude sur les irrégularités de la boussole à bord des grands voiliers en fer, afin de remédier à ses défauts ; nous le retrouvons maintenant occupé à réaliser un rapport sur le meilleur écartement des chemins de fer. Parmi les réalisations les plus utiles de l'observatoire, il faut mentionner la méthode télégraphique de distribution de l'heure exacte. En accord avec le Post Office[1], les astronomes de Greenwich envoient chaque matin un signal de l'observatoire à Londres à dix heures précises. Grâce à un appareil spécialement conçu à cet effet, ce signal est ensuite distribué automatiquement dans tout le pays, de sorte que l'heure puisse être connue en tout lieu avec une précision de l'ordre de la seconde. Ce même système prévoyait qu'une boule horaire devait être lâchée chaque jour à une heure du matin à Deal, ainsi qu'à d'autres endroits, afin de permettre le réglage des chronomètres des navires.

Les écrits d'Airy étaient des plus volumineux, et pas moins de quarante-huit de ses mémoires sont mentionnés dans le *catalogue des mémoires scientifiques*[2], publié par la Royal Society jusqu'à l'année 1873, et cela ne concerne que dix années sur une vie entière marquée par une activité extraordinaire. Bien d'autres sujets que ceux de caractère purement scientifique retenaient de temps à autre son attention. Il rédigea, par exemple, un traité très intéressant sur l'invasion romaine de la Grande-Bretagne, notamment dans le but de déterminer de quel port César était parti de Gaule et à quel endroit il avait débarqué sur la côte britannique. Airy fut sans doute amené à cette recherche par son étude du phénomène des marées dans le pas de Calais. L'astronome royal est probablement mieux connu du grand public pour ses remarquables conférences sur l'astronomie, données au Musée d'Ipswich en 1848. Ce livre, qui fut édité à maintes reprises, donne un compte rendu tout à fait admirable de la manière dont les problèmes fondamentaux de l'astronomie doivent être abordés.

Les années passant, presque tous les honneurs et toutes les distinctions qui pouvaient être conférés à un scientifique furent attribués à sir George Airy. En effet, il reçut également d'autres distinctions qui ne furent pas souvent attribuées à des hommes de science. Parmi ceux-ci, on peut mentionner qu'en 1875, il reçut *the freedom of the City of London*[3], « en guise de reconnaissance de ses travaux indéfectibles en astronomie, et de ses éminents services dans l'avancement de la science pratique, par lesquels il a si bien servi la cause du commerce et de la civilisation. »

Jusqu'à quatre-vingts ans, Airy continua de s'acquitter de ses fonctions à

1. Il s'agit du système postal de l'État britannique.
2. De son titre original : *Catalogue of Scientific Memoirs*.
3. *The Freedom of the City of London* est une distinction décernée aux personnes qui ont atteint le succès, la reconnaissance ou la célébrité dans leur domaine de spécialisation. Il s'agit du plus grand honneur que la ville de Londres puisse accorder.

Greenwich avec une énergie inébranlable. Enfin, le 15 août 1881, il démissionna du poste qu'il avait occupé pendant si longtemps avec une telle distinction pour lui-même et un tel bénéfice pour son pays. En 1830, il avait épousé la fille du révérend Richard Smith d'Edensor. Lady Airy décéda en 1875, laissant derrière elle trois fils et trois filles. Une de ses filles est l'épouse du Dr Routh, de Cambridge, et ses autres filles furent les fidèles compagnes de leur père pendant les dernières années de sa vie. Jusqu'à l'âge de quatre-vingt-dix ans, il était en parfaite santé physique, mais une chute accidentelle survenue à ce moment-là entraîna de graves conséquences. Il décéda le samedi 2 janvier 1892 et fut enterré dans le cimetière de Playford.

Robert S. Ball

HAMILTON

Sir W. Rowan Hamilton

William Rowan Hamilton naquit à minuit, entre le 3 et 4 août 1805, à Dublin, dans sa maison qui était alors située au 29, puis au 36 Dominick Street. Son père, Archibald Hamilton, était avocat, et William était le quatrième d'une famille de neuf enfants. Concernant ses origines, il suffit de noter que ses ancêtres semblent avoir été principalement issus de familles irlandaises, mais que sa grand-mère maternelle était d'origine écossaise. Lorsqu'il avait environ un an, ses parents décidèrent de confier l'éducation de leur enfant à son oncle, James Hamilton, un ecclésiastique de Trim, dans le comté de Meath. La sœur de James Hamilton, Sydney, résidait avec lui, et ce fut dans leur foyer que l'enfance de Willam se passa.

Dans le livre *Life of Sir William Rowan Hamilton* de M. Graves, on peut trouver une série de lettres dans lesquelles tante Sydney décrit en détail les progrès du garçon à sa mère restée à Dublin. Il n'existe probablement pas de témoignage d'un enfant prodige plus extraordinaire que celui que contiennent ces lettres. À trois ans, sa tante assurait à sa mère que William était « un jeune empli d'espoir », mais à cette époque, elle faisait apparemment référence à sa vigueur physique, car les preuves de ses capacités, dont elle fait mention, concernaient ses prouesses pour se démarquer des garçons plus âgés que lui. Dans la seconde lettre, un mois plus tard, nous apprenons que William fut amené à lire la Bible afin de ridiculiser les autres garçons deux fois plus âgés que lui qui ne pouvaient pas lire aussi bien. L'oncle James semble s'être beaucoup investi dans la scolarité de William, mais sa tante déclare que : « sa capacité à tout assimiler est étonnante, car il ne cesse de jouer et de sauter partout. » Lorsqu'il avait quatre ans et trois mois, on apprend qu'il était allé dîner chez le vicaire, et qu'il amusait les invités en lisant pour eux avec la même facilité, que le livre fût retourné ou tenu d'une autre manière. Sa tante assure à sa mère que : « Willie est une petite créature des plus raisonnables, mais qu'il est en même temps très espiègle. » À l'âge de quatre ans et cinq mois, il rendit visite à sa mère en ville, et celle-ci écrivit à sa sœur une description du garçon :

« Sa diction est impressionnante, et ses connaissances claires et précises en géographie dépassent toute attente ; il dessine même les pays avec un crayon sur du papier, et les découpe, bien que ce ne soit pas tout à fait précis, mais suffisamment bien pour qu'une personne connaissant bien les pays ne puisse pas s'y tromper ; mais, vous trouverez cela insignifiant si je vous dis qu'il lit le latin, le grec et l'hébreu. »

Tante Sydney rapporta que dès que Willie fut de retour à Trim, il souhaita aussitôt reprendre ses anciennes activités. Il ne voulait pas prendre son petit déjeuner avant que son oncle ne lui eût fait entendre son Hébreu, en commentant l'importance d'une prononciation correcte. À cinq heures, il fut emmené chez un ami, à qui il répéta de longs passages tirés d'oeuvres de Dryden. Un monsieur présent, qui était assez sceptique quant aux capacités de Willie, voulut le tester en grec, et prit une édition d'Homère qui se trouvait être en caractères contractés, et à sa grande surprise Willie s'exécuta avec la plus grande facilité. À six ans et neuf mois, il traduisait Homère et Virgile ; un an plus tard, son oncle nous apprend que William éprouvait si peu de difficultés à apprendre le français et l'italien qu'il souhaitait lire Homère en français. Il adorait *l'Iliade*, qu'il emportait partout avec lui, répétant les passages qui lui plaisaient particulièrement. À huit ans et un mois, le garçon faisait partie d'un groupe qui visita le Scalp[1] dans les montagnes de Dublin, et il fut si enchanté par le paysage qu'il fit aussitôt une oraison en latin. À neuf ans et six mois, il ne fut pas satisfait avant d'avoir appris le sanscrit ; trois mois plus tard, sa passion pour les langues orientales ne faiblit pas, et à dix ans et quatre mois, il étudiait la

1. Le Scalp est une étroite vallée glaciaire formée il y a environ 12 000 ans pendant la dernière période glaciaire. Il s'agit également d'un terme irlandais signifiant « le gouffre » ou « la fente ».

langue arabe et le persan. À presque douze ans, il rédigea un manuscrit qui était prêt à être publié. Il s'agit de la *grammaire syriaque*[1], en lettres et caractères syriaques, compilée à partir de celle de Buxtorf, par M. William Hamilton, de Dublin et Trim. Lorsqu'il avait quatorze ans, l'ambassadeur de Perse, Mirza Abul Hassan Khan, vint en visite à Dublin, et, comme exercice pratique de ses langues orientales, le jeune érudit adressa à son excellence une lettre en persan ; une traduction de cette œuvre est offerte par M. Graves. Lorsque William avait quatorze ans, il fut malencontreusement privé de son père, et il avait perdu sa mère deux ans auparavant. Le garçon et ses trois sœurs furent gentiment pris en charge par différents membres de la famille des deux côtés.

Ce ne fut qu'à l'âge de quinze ans que William commença à s'intéresser aux sciences. Au début, ces sujets étaient plutôt considérés comme un moyen de se détendre de ses études linguistiques qui l'avaient tant occupé. Le 22 novembre 1820, il note dans son journal qu'il avait commencé à lire les *principes mathématiques de la philosophie naturelle* de Newton : il commença également à étudier l'astronomie en observant les éclipses, les occultations et d'autres phénomènes similaires. À seize ans, on apprend qu'il avait étudié les sections coniques et qu'il se consacrait à l'étude des pendules. Suite à une maladie, il fut envoyé à Dublin, et en mai 1822, il étudia le calcul différentiel et la *mécanique céleste* de Laplace. Il critique une grande partie du travail de Laplace relatif à la démonstration du parallélogramme des forces. Cette même année parurent les prémices de ces poèmes qui affluèrent par la suite par torrents.

Cependant, ses études quelque peu discursives devaient désormais faire place à un programme de lecture plus précis en vue de préparer son entrée à l'université de Dublin. Le tuteur qui l'inscrit, Charles Boyton, était lui-même un homme brillant, mais il déclara en toute franchise au jeune William qu'il ne lui serait pas d'une grande utilité en tant que tuteur, car son élève était tout à fait à même d'être le sien. Eliza Hamilton, qui rapporte ces propos, ajoute : « Mais il y a une chose que Boyton lui promit d'être pour lui, et c'était d'être un ami ; et la preuve de cette promesse serait que, si jamais il voyait William commencer à être troublé par les réactions qu'il provoquerait et l'attention qu'il attirerait, il lui en ferait part. » Au début de sa carrière universitaire, il distançait tous ses concurrents dans toutes les disciplines intellectuelles. Lors de son premier examen trimestriel à l'université, il fut premier en lettres classiques et premier en mathématiques, et il reçut le prix du chancelier pour son poème sur les îles Ioniennes, et un autre pour son poème sur Eustache de Saint-Pierre.

Il existe de nombreux témoignages indiquant que Hamilton possédait « un cœur pour les relations amicales ». Parmi les amis les plus chers qu'il se fit à ses débuts figure la talentueuse Maria Edgeworth, qui écrivit à sa sœur au sujet

1. De son titre original : *Syriac Grammar*.

du « jeune M. Hamilton, un admirable Crichton[1] de dix-huit ans, un véritable prodige et qui, selon le Dr Brinkley, pourrait être un second Newton, calme, gentil et simple. » Sa sœur Eliza, à laquelle il était affectueusement attaché, lui écrivit en 1824 :

« Je me suis représenté dans mon esprit des images de vous dans votre bureau de Cumberland Street, avec des oeuvres de Xénophon et autres sur la table, et vous, avec votre visage de penseur le plus sublime, parfois assis, parfois marchant, parfois vous frottant les mains avec un air de satisfaction, et parfois vous élançant dans un poème héroïque dans une langue inconnue, et avec votre voix intérieure et solennelle semblable à celle d'un ventriloque, lorsque vous vous adressez au silence et à la solitude de votre bureau, et même, parfois, lorsque vos mystérieuses interventions poétiques ne sont pas complètement inaudibles. »

Si cette lettre est citée, c'est parce qu'elle fait référence à une particularité dont tous ceux qui ont rencontré Hamilton, même dans ses dernières années, se souviendront. Il était doté de deux voix distinctes, l'une haute dans les aigus, l'autre très grave, et il les utilisait alternativement non seulement dans la vie courante, mais également lorsqu'il prononçait un discours sur la complexité des quaternions devant l'Académie royale irlandaise[2], ou lors d'occasions similaires. Ses amis étaient depuis si longtemps habitués à cette particularité qu'ils étaient parfois assez surpris de constater combien elle paraissait grotesque aux étrangers.

Hamilton eut la chance de se voir offrir, alors qu'il était encore très jeune, une carrière à la hauteur de ses talents. Il était encore étudiant de premier cycle lorsqu'il fut invité à occuper une chaire illustre dans son université. Les circonstances sont brièvement décrites par la suite.

Nous avons déjà mentionné qu'en 1826, Brinkley fut nommé évêque de Cloyne, et que la chaire d'astronomie devint alors vacante. Le talent de Hamilton était si remarquable que, bien qu'il fût encore étudiant et qu'il eût à peine vingt-deux ans, il fut immédiatement considéré comme le successeur idéal pour cette chaire. En effet, ses talents étaient si exceptionnels dans presque tous les domaines que si le poste vacant avait été celui de professeur de lettres classiques ou de mathématiques, de littérature anglaise ou de métaphysique, de langues modernes ou orientales, il paraît difficile de supposer qu'il n'aurait pas été envisagé par tout le monde comme successeur potentiel. Cependant, le principal élément sur lequel les amis d'Hamilton insistaient pour qu'il fût

1. Une personne qui a du succès dans tout ce qu'elle entreprend ou dans tous ses domaines d'activité. Cette expression fait référence à James Crichton, noble Écossais du XVIe siècle, qui était réputé pour son charme et son intelligence.
2. L'Académie royale irlandaise (de son nom original « Royal Irish Academy » est l'une des plus importantes sociétés savantes d'Irlande. Elle est fondée en 1785 et ses premiers membres sont des artistes, des scientifiques et des écrivains provenant de toute l'île.

nommé à ce poste était la conviction de ses capacités originales qu'il avait déjà manifestées dans une étude sur la théorie des systèmes de rayons rectilignes. Ce travail minutieux créa une nouvelle branche de l'optique, et conduisit quelques années plus tard à une découverte exceptionnelle, par laquelle la renommée de son auteur devint mondiale.

Dans un premier temps, Hamilton pensa qu'il serait présomptueux de sa part de postuler à un poste aussi prestigieux ; il se retira donc à la campagne et reprit ses études pour obtenir son diplôme. D'autres éminents candidats se présentèrent, dont certains venant de Cambridge, et quelques membres du Trinity College de Dublin présentèrent également leur candidature. Ce ne fut que lorsque Hamilton reçut une lettre urgente de son tuteur Boyton, dans laquelle celui-ci l'assurait de la disposition favorable du conseil d'administration à l'égard de sa candidature, qu'il consentit à se présenter, et le 16 juin 1827, il fut élu à l'unanimité pour succéder à l'évêque de Cloyne en tant que professeur d'astronomie à l'université. Cette nomination reçut une approbation presque universelle. Toutefois, il convient de noter que Brinkley, à qui Hamilton succéda, ne partagea pas ce sentiment général. Personne n'aurait pu se faire une meilleure opinion que lui des capacités exceptionnelles de Hamilton ; en réalité, c'est pour cette raison même qu'il semblait désapprouver sa nomination. Il considérait qu'il aurait été plus judicieux pour Hamilton d'obtenir une bourse de recherche, ce qui lui aurait permis de jouir d'une plus grande liberté dans le choix de ses recherches intellectuelles. L'évêque semble avoir pensé, et non sans raison, que le génie de Hamilton serait plutôt réticent à une grande partie du travail de routine d'un établissement astronomique. Maintenant que la vie entière de Hamilton nous est entièrement dévoilée, il est facile de constater que l'évêque avait tout à fait tort. Il est bien vrai que Hamilton ne devint jamais un observateur astronomique émérite ; mais l'isolement de l'observatoire était particulièrement favorable aux travaux gigantesques auxquels il consacra sa vie, et qui apportèrent tant d'éclat, non seulement à Hamilton lui-même, mais également à son université et à son pays.

Au cours de ses premières années à Dunsink, Hamilton fit quelques essais d'utilisation pratique des télescopes, mais il ne possédait aucune prédisposition pour un tel travail, et il semble que l'exposition que cela impliquait eût des effets néfastes sur sa santé. C'est pourquoi il se consacra peu à peu aux recherches mathématiques qui lui avaient déjà valu tant de distinctions. Bien que ce fût dans le domaine des mathématiques pures qu'il connut finalement sa plus grande renommée, il soutint toujours, et avec justice qu'il avait amplement droit au titre d'astronome. Dans les dernières années de sa vie, il exposa lui-même cette position d'une manière assez marquante. De Morgan avait écrit pour conseiller à Hamilton de lire *Histoire de l'astronomie physique*[1] de Grant. Après avoir pris connaissance de ce livre, Hamilton écrivit à son ami ce qui suit :

« Ce livre est de grande valeur, et fait honneur à son auteur. Mais pardonnez à votre humble serviteur s'il est quelque peu amusé par le titre, *Histoire de l'astronomie physique depuis les âges les plus reculés jusqu'au milieu du XIXe siècle*[2], alors qu'il ne relève aucune mention des découvertes de sir W. R. Hamilton dans la théorie de la dynamique des cieux. »

Le ton de cette lettre s'explique par le lien intime qui existait entre les deux correspondants ; et, en effet, Hamilton fournit dans les lignes qui suivent de nombreux arguments pour justifier sa plainte. Il raconte comment Jacobi parlait de lui à Manchester en 1842 comme étant « le Lagrange de votre pays », et comment Donkin avait déclaré que « la théorie analytique de la dynamique, telle qu'elle se présente actuellement, est essentiellement due aux travaux de La Grange et Poisson, de sir W. R. Hamilton et de Jacobi, dont les recherches sur ce sujet constituent une série de découvertes dont l'élégance et l'importance n'ont guère d'équivalent dans aucune autre branche des mathématiques. » Dans cette même lettre, Hamilton fait également allusion au succès qui avait accompagné la mise en application de ses méthodes dans d'autres mains que les siennes pour élucider le sujet complexe des perturbations planétaires. Même si ses contributions à la science s'étaient limitées à ces découvertes, sa titularisation à la chaire aurait été illustre. Cependant, il se trouve que ces recherches, bien qu'elles fussent intrinsèquement très importantes, n'occupent qu'une place relativement insignifiante dans la masse gigantesque de son travail intellectuel.

La découverte de la réfraction conique fut la plus célèbre des réalisations de Hamilton au cours de ses premières années à l'observatoire. Il s'agit de l'un de ces rares événements de l'histoire des sciences, où un calcul ingénieux prédit un résultat d'un caractère presque incroyable, qui est ensuite confirmé par l'observation. Cela conféra immédiatement au jeune professeur une renommée mondiale. En effet, bien qu'il ne fût âgé que de vingt-sept ans, il avait déjà fait preuve d'une activité intellectuelle qui aurait été exceptionnelle pour un homme de soixante-dix ans.

Parallèlement à la croissance de sa notoriété, ses amitiés se multiplièrent. En premier lieu, il y avait ses amitiés scientifiques avec Herschel, Robinson et bien d'autres avec lesquels il entretenait une correspondance importante. Dans l'excellente biographie à laquelle j'ai fait référence, on peut lire la correspondance de Hamilton avec Coleridge, ainsi que les lettres adressées à ses correspondantes, dont Maria Edgeworth, lady Dunraven et lady Campbell.

1. De son titre original : *History of Physical Astronomy*.
2. De son titre original : *History of Physical Astronomy from the Earliest Ages to the Middle of the Nineteenth Century*.

Beaucoup de ces lettres concernent des sujets littéraires, mais elles sont souvent entremêlées de plaisanteries cordiales, et montrent en tout cas l'affection et l'estime avec lesquelles il était considéré par tous ceux qui avaient le privilège de le connaître. Il existe également des lettres adressées à ses sœurs qu'il adorait, lettres qui regorgent de sentiments si nobles que la plupart des sœurs ordinaires seraient enclines à les recevoir avec un sourire dans l'éventualité extrêmement improbable que leurs frères encore plus ordinaires tentent de rédiger de telles effusions. On trouve également des traces de lettres à destination et en provenance d'autres jeunes femmes qui, de temps à autre, étaient l'objet de la tendre admiration d'Hamilton. Le pluriel est employé à juste titre, car, comme le souligne M. Graves, les relations amoureuses d'Hamilton suivaient un cours relativement mouvementé. L'attention qu'il accordait à l'une ou l'autre des belles femmes n'était pas réciproque, et même le charme de ses découvertes mathématiques ne parvenait pas à apaiser les souffrances de l'amant déçu. Enfin, il atteignit le paradis du mariage en 1833, lorsqu'il épousa miss Bayly. De sa vie conjugale, Hamilton déclara, bien des années plus tard à De Morgan, qu'elle fut aussi heureuse qu'il l'eût espéré, et plus heureuse qu'il ne le méritât. Il eut deux fils, William et Archibald, et une fille, Helen, qui devint l'épouse de l'archidiacre O'Regan.

Au cours de ses premières années de carrière, la plus remarquable des amitiés de Hamilton fut sans conteste celle qu'il eut avec Wordsworth. Elle débuta lors de la visite de Hamilton à Keswick ; et le premier soir, lorsque le poète rencontra le jeune mathématicien, un incident se produisit qui témoigna de l'intérêt mutuel suscité. Hamilton le décrit en ces termes dans une lettre adressée à sa sœur Eliza :

« Il (Wordsworth) revint à pied avec nous jusqu'à leur pavillon, et ensuite, après avoir dit bonne nuit à Mme Harrison, je lui proposai de rentrer à pied avec lui pendant que mon entourage se rendait à l'hôtel. Il accepta et notre conversation devint si intéressante que lorsque nous arrivâmes à son domicile, à une distance d'environ deux kilomètres, il me proposa de faire le chemin du retour avec moi jusqu'à Ambleside, proposition qui ne fut pas rejetée, bien au contraire, et lorsqu'il se dirigea à nouveau vers sa maison, je fis également demi-tour avec lui. Il était très tard lorsque je parvins à l'hôtel après toute cette marche. »

Hamilton présenta également à Wordsworth un poème original, intitulé : *cela me hante encore*[1]. Il convient de rappeler la réponse de Wordsworth :

« En toute conscience, je peux vous assurer que, de mon point de vue, vos vers sont habités par l'esprit poétique, car ils sont manifestement le produit d'un sentiment profond. Les sixième et septième strophes m'ont beaucoup touché,

1. De son titre original : *It Haunts Me Yet.*

jusqu'à l'obscurcissement de mes yeux et le tremblement de ma voix lorsque je les lisais à voix haute. Ceci étant dit, j'en ai assez dit. Venons-en maintenant au *per contra*. Je suis certain que vous ne serez pas blessé lorsque je vous dirai que la qualité du travail (que peut-on exiger d'un si jeune écrivain ?) ne correspond pas à ce qu'elle devrait être…

« Mon désir le plus cher est que vous vous souveniez de moi d'une manière informelle. Rarement, je me suis séparé (« jamais", allais-je dire) d'une personne que je regrette autant d'avoir perdue de vue après une si brève rencontre. J'espère que nous nous reverrons. »

Les rapports affectueux entre Hamilton et Wordsworth sont exposés en détail, et jusqu'aux dernières années de Hamilton, le souvenir de ses « heures à Rydal » était précieusement conservé et fréquemment évoqué. Wordsworth rendait visite à Hamilton à l'observatoire, où un beau chemin ombragé dans le jardin est encore appelé aujourd'hui « Wordsworth's Walk ».

Hamilton avait l'habitude de composer un sonnet à presque toutes les occasions qui se prêtaient à cet exercice poétique, et c'était un plaisir pour lui de communiquer ses vers à tous ses amis. Lorsque Whewell rédigeait ses *Traités de Bridgewater*[1], il écrivit à Hamilton en 1833 :

« Le sonnet que vous m'avez fait découvrir exprime bien mieux que moi le sentiment avec lequel j'ai essayé d'écrire ce livre, et je comptais un jour vous demander la permission d'ajouter ce sonnet à mon livre, mais mes amis me persuadèrent que je devais raconter mon histoire dans ma propre prose, aussi excellents que soient vos vers. »

La première contribution historique à la dynamique théorique après l'époque de Newton fut sans aucun doute apportée par Lagrange, dans sa découverte des équations générales du mouvement. La prochaine étape majeure dans la même direction fut celle franchie par Hamilton avec sa découverte d'une méthode encore plus complète. Hamilton écrivit à Whewell le 31 mars 1834 au sujet de cette contribution :

« En ce qui concerne mon dernier écrit, envoyé à Londres il y a un jour ou deux, il est simplement mathématique et déductif. Je me suis risqué, en effet, à appeler cet ouvrage la *Mécanique analytique* de Lagrange, "un poème scientifique" ; et j'ai évoqué la dynamique, ou la science de la force, comme traitant de la "puissance agissant par la loi dans l'espace et le temps". Par ailleurs, ce livre est aussi peu poétique et aussi peu métaphysique que mes plus chers amis pourraient le souhaiter. »

On peut se demander s'il existe un plus beau chapitre dans toute la philosophie mathématique que celui qui contient la théorie dynamique de Hamilton. Elle n'est pas défigurée par une complexité de symboles ennuyeuse ; elle ne

1. De son titre original : *Bridgewater Treatises.*

condescend à aucun problème particulier; c'est une théorie globale, qui permet de saisir intellectuellement la méthode la plus appropriée pour découvrir le résultat de l'application de la force sur la matière. C'est d'ailleurs la généralité même de cette théorie qui a quelque peu entravé les applications dont elle est l'objet. Les exigences liées aux examens sont en partie responsables du fait que la méthode ne soit pas devenue plus courante chez les étudiants en mathématiques supérieures. Un éminent professeur se plaignit que la thèse de Hamilton sur la dynamique était d'un caractère tellement abstrait qu'il se trouvait dans l'impossibilité d'en extraire des problèmes convenables pour ses examens.

L'extrait suivant est tiré d'une lettre du professeur Sylvester à Hamilton, datée du 20 septembre 1841. Il démontre comment ses travaux furent perçus par un mathématicien aussi accompli que l'écrivain:

« Croyez-moi, monsieur, le moindre de mes regrets en quittant cet empire n'est pas de penser que je renonce à l'occasion de rencontrer ces maîtres de mon art, dont vous-même êtes le plus grand représentant, et dont la connaissance, la conversation, ou même la remarque, ont le pouvoir d'inspirer, et presque de transmettre une nouvelle vigueur à la compréhension, ainsi que le courage et la foi sans lesquels les efforts d'invention sont vains. Les moments privilégiés dont j'ai bénéficié sous votre toit hospitalier à Dunsink, ou des moments comme ceux-là ne pourront sans doute plus jamais être à ma portée.

« À une grande distance, et dans une humble éminence, je me promets encore la calme satisfaction d'observer votre parcours flamboyant dans les hautes régions de la découverte. L'honneur national que vous êtes capable de conférer à votre pays est, sans doute, le seul luxe pour les riches (par là, j'entends ce qu'on appelle la gloire d'une personne) qui ne s'achète pas au moyen du confort des millionnaires. »

L'étude de la métaphysique fut toujours une des distractions favorites de Hamilton lorsqu'il cherchait un moyen de s'éloigner des mathématiques. En 1834, il étudiait assidûment Kant; et, pour montrer le point de vue de l'auteur des quaternions et de l'algèbre comme science du temps pur sur son oeuvre *Critique de la raison pure*[1], on peut citer la lettre suivante, datée du 18 juillet 1834, adressée par Hamilton au vicomte Adare:

« J'ai lu une grande partie de la *Critique de la raison pure*, et je l'ai trouvée admirablement claire, et globalement assez convaincante. Malgré une certaine préparation antérieure venant de Berkeley et de mes propres pensées, il me semble que j'ai beaucoup appris de ce que Kant lui-même déclare à propos de ses vues sur « l'espace et le temps ». Cependant, dans l'ensemble, une grande partie de mon plaisir consiste à reconnaître à travers les ouvrages de Kant des

1. De son titre original: *Kritik der reinen Vernunft*.

opinions, ou plutôt des points de vue, qui me sont familiers depuis longtemps, bien qu'ils fussent bien plus clairement et méthodiquement exprimés et rassemblés par ce dernier… Je pense que Kant est beaucoup plus redevable qu'il ne le pense, ou qu'il ne le sait peut-être, à Berkeley, qu'il appelle d'un ton narquois "GUTEM[1] Berkeley"… Pour ainsi dire, "bonne âme, homme bien intentionné", qui fut pourtant capable de secouer le monde de la pensée humaine jusqu'à son centre, et de provoquer une révolution dont les premières conséquences furent le développement de Kant lui-même. »

Lors de plusieurs réunions de la British Association, Hamilton était une personnalité très remarquée. Ce fut particulièrement le cas en 1835, lorsque l'association se réunit à Dublin, et que Hamilton, qui n'avait alors que trente ans, avait atteint une telle célébrité que, même au sein d'une assemblée des plus prestigieuses, son nom était sans doute le plus célèbre. Un banquet fut donné au Trinity College en l'honneur de cette réunion. Les visiteurs de marque se rassemblèrent dans la bibliothèque de l'université. Le comte de Mulgrave, alors lord lieutenant d'Irlande[2], profita de l'occasion pour conférer à Hamilton l'honneur d'être fait chevalier, tout en ajoutant gracieusement : « Je ne fais que poser la marque royale, et par conséquent nationale, sur une distinction déjà obtenue par votre génie et vos travaux. »

Le banquet suivit, écrit M. Graves. « Ce n'était pas mince ajout à l'honneur qu'Hamilton avait déjà reçu lorsque le professeur Whewell lui rendit grâce pour le discours prononcé au nom de l'université de Cambridge, et qu'il jugea bon d'ajouter les mots suivants : « Il y avait un point qui l'interpellait fortement à ce moment précis : il y a maintenant cent trente ans qu'un autre grand homme, d'un autre Trinity College, s'était agenouillé devant son souverain et s'était relevé : sir Isaac Newton." Ce compliment fut accueilli par une immense vague d'applaudissement. »

Une reconnaissance plus conséquente des travaux de Hamilton eut lieu par la suite. Il la décrit ainsi dans une lettre adressée à M. Graves le 14 novembre 1843 :

« La Reine a eu le plaisir (et vous ne douterez pas que ce n'était pas du tout sollicité, et même inattendu, de ma part) d'exprimer son entière approbation pour m'accorder une pension de deux cents livres par an sur la liste civile[3]" pour mes services scientifiques. Les lettres de sir Robert Peel et du lord-lieute-

1. Terme allemand pouvant être apparenté à l'expression française : *mon cher Berkeley*.
2. Le lord-lieutenant d'Irlande (ou vice-roi d'Irlande) également nommé *Judiciar* était le représentant du roi (avant L'Acte d'union de 1800) et également le chef de la branche exécutive irlandaise.
3. La liste civile est la liste des personnes à qui le gouvernement verse de l'argent, généralement pour services rendus à l'État ou à titre de pension honorifique. C'est un terme spécialement lié au Royaume-Uni. Il était à l'origine défini comme étant les dépenses destinées à subvenir aux besoins du monarque.

nant d'Irlande dans lesquelles cette subvention me fut communiquée ou mentionnée furent véritablement plus gratifiantes à mes yeux que le supplément à mon revenu, aussi utile et presque nécessaire qu'il pût être. »

Les circonstances que nous avons mentionnées pourraient laisser penser qu'Hamilton était alors au sommet de sa gloire, mais il n'en était rien. Il serait plus juste de considérer que ses réalisations n'étaient jusqu'alors que des exercices préliminaires qui le préparaient au travail colossal de sa vie. Le nom d'Hamilton est aujourd'hui principalement associé à sa célèbre invention du calcul des quaternions. Ce fut à la création de cette branche des mathématiques que furent dédiées les plus grandes ressources de sa vie ; en fait, il nous donne lui-même une illustration de combien il s'était habitué aux nouveaux modes de pensée dont les quaternions étaient à l'origine. Au cours de l'une de ses dernières années, il prit un exemplaire de son célèbre article sur la dynamique, article qui, à l'époque, fit tant parler de lui parmi les mathématiciens et qui, à l'heure actuelle, est considéré comme l'un des classiques de la littérature sur la dynamique. Il lut, nous dit-il, son article avec un grand intérêt, et exprima son sentiment de satisfaction en constatant qu'il était encore capable de suivre son raisonnement sans trop d'effort. Mais il lui semblait constamment qu'il s'agissait d'un travail appartenant à une époque d'analyse désormais totalement dépassée.

Pour se rendre compte de l'ampleur de la révolution que Hamilton provoqua dans l'application des symboles aux recherches mathématiques, il est nécessaire de penser à ce qu'il fit parallèlement à l'avancée formidable réalisée par Descartes. Décrire le caractère du calcul des quaternions ne serait pas adapté aux pages de cet ouvrage, mais on peut citer une lettre intéressante, écrite par Hamilton depuis son lit de mort, vingt-deux ans plus tard, à son fils Archibald, dans laquelle il raconte les circonstances de sa découverte :

« En effet, il se trouve que je me souviens très bien de l'année et du mois (octobre 1843) où, étant récemment revenu de mes visites à Cork et à Parsonstown, dans le cadre d'une réunion de la British Association, le désir de découvrir les lois de la multiplication dont il est question, retrouva en moi une vigueur et un intérêt qui étaient restés endormis depuis des années, mais qui étaient alors sur le point d'être assouvis, et dont on parlait occasionnellement tous les deux. Chaque matin, au début du mois susmentionné, lorsque je descendais prendre mon petit déjeuner, votre petit frère William Edwin (à l'époque) et vous-même me demandiez : "Alors, papa, peux-tu multiplier des triplets ?" Ce à quoi j'étais toujours obligé de répondre, en secouant tristement la tête : "Non, je peux seulement les additionner et les soustraire."

« Mais le 16 du même mois, qui était un lundi et un jour de conseil de l'Académie royale irlandaise, je m'y rendais pour assister à la réunion et la présider, et votre mère marchait avec moi le long du canal royal, où elle s'était peut-être rendue en voiture ; et bien qu'elle me parlât de temps à autre, il se produisait dans mon esprit un sous-courant de pensée qui aboutit finalement à un résultat, dont il n'est pas exagéré de reconnaître que je sentis immédiatement toute son importance. Un circuit électrique sembla se refermer et une étincelle jaillit, annonciatrice (comme je le pressentis immédiatement) de longues années de réflexion et de travaux dirigés par moi-même, si j'étais épargné, et, quoi qu'il en soit, par d'autres, si je pouvais vivre assez longtemps pour communiquer ma découverte. Je ne pus également résister à l'impulsion (aussi peu philosophique fut-elle) de graver au couteau sur une pierre du pont de Brougham, alors que nous le traversions, la formule fondamentale qui contenait la solution du problème, mais, bien entendu, l'inscription s'est effacée depuis bien longtemps. Cependant, un document plus durable subsiste dans les livres du conseil de l'académie pour cette journée (16 octobre 1843), où l'on peut lire que je demandai et obtins l'autorisation de lire un article sur les quaternions lors de la première assemblée générale de la session ; cette lecture eut lieu le lundi 13 novembre suivant. »

Dans une lettre au professeur Tait, Hamilton fournit d'autres détails sur le même événement. Et à nouveau dans une lettre adressée au révérend J. W. Stubbs :

« Demain, les quaternions fêteront leur quinzième anniversaire. Ils commencèrent leur vie adulte le 16 octobre 1843, alors que je me rendais à Dublin avec lady Hamilton et que j'arrivais à Brougham Bridge, baptisé depuis lors Quaternion Bridge par mes garçons. Je sortis un livre de poche qui existe toujours, et y inscrivis une inscription sur laquelle je sentis à l'instant même qu'il vaudrait peut-être mieux que je m'y consacre pendant au moins dix ou quinze ans. Mais on peut dire que c'était parce que je me sentais à ce moment-là libéré d'un problème, d'un manque intellectuel qui me hantait depuis au moins une quinzaine d'années.

« Mais l'idée d'établir un tel système, dans lequel des faits géométriquement opposés, à savoir deux lignes (ou surfaces) qui sont opposées dans l'espace donnent toujours un produit positif, est-elle jamais venue à l'esprit de qui que ce soit avant que j'y fusse conduit en octobre 1843, en essayant de développer mon ancienne théorie des couples algébriques, et de l'algèbre comme science du temps pur ? En ce qui concerne le fait que je considère l'addition géométrique des lignes comme équivalente à la composition des mouvements (et comme étant réalisée par les mêmes règles), cela est en effet essentiel dans ma théorie, mais ne lui est pas exclusif ; au contraire, je ne suis qu'un parmi beaucoup d'autres qui furent amenés à cette vision de l'addition. »

Les pèlerins des temps futurs visiteront sans doute le lieu commémoré par l'invention des quaternions. Peut-être qu'en regardant le Quaternion Bridge, dont la structure n'est pas des plus élégantes, ils regretteront que la main d'une mortalité ancienne[1] ne fût pas employée de temps à autre pour graver à nouveau la mémorable inscription. Elle est maintenant définitivement perdue.

Ce ne fut que dix ans après cette découverte que le grand volume parut sous le titre de *Lectures on Quaternions*, à Dublin, en 1853. Le monde scientifique accueillit cet ouvrage comme on pouvait s'y attendre, compte tenu de la réputation extraordinaire de son auteur, ainsi que de la nature inédite et de l'importance du nouveau calcul. Son cher ami, sir John Herschel, lui écrivit dans ce style qu'il maîtrisait à la perfection :

« Maintenant, permettez-moi de vous féliciter du fond du cœur d'avoir publié votre livre, d'avoir trouvé l'expression, *ore rotundo*[2], de toute cette masse de pensée agitée et bouillonnante qui a de temps en temps émis des étincelles, des lueurs et des fumées, et secoué le sol autour de vous, mais qui entre désormais dans une éruption véritable, avec une coulée de lave et une pluie de cendres fertilisantes.

« Métaphore et comparaison mises à part, il y a du travail pour douze mois à tout homme qui souhaite lire un tel livre, et pour la moitié d'une vie à le digérer, et je suis heureux de le voir aboutir. »

On peut également citer l'opinion de Hamilton lui-même, adressée à Humphrey Lloyd :

« En général, bien que dans un sens j'espère devenir de plus en plus modeste à l'égard des quaternions, du fait que je constate tant d'aperçus et de perspectives sur les futures expansions de leurs principes, je dois encore affirmer que cette découverte me semble aussi importante pour le milieu du XIXe siècle que la découverte des fluxions ne l'était pour la fin du XVIIe. »

Bartholomew Lloyd décéda en 1837. Il avait été prévôt du Trinity College et président de l'Académie royale irlandaise. Trois candidats furent proposés par leurs amis respectifs pour le poste de président vacant. L'un d'eux était Humphrey Lloyd, le fils du défunt prévôt, et les deux autres étaient Hamilton et l'archevêque Whately. Dès le début, Lloyd insista fortement sur les mérites de Hamilton et désapprouva la mise en avant de son propre nom. De la même manière, Hamilton souhaitait se retirer en faveur de Lloyd. De nombreux membres du Trinity College souhaitaient fortement que Lloyd fût élu,

1. Il s'agit d'une référence provenant d'un personnage du roman de Scott Walter intitulé *Old Mortality* (*Les puritains d'Écosse* dans sa traduction française) publié en 1816, dont le personnage original était un certain Robert Paterson, qui, comme on le raconte, parcourait le pays pour visiter les cimetières et restaurer les tombes couvertes de mousse des Covenantaires.

2. Du latin, qui signifie littéralement « avec une bouche ronde » et dont on pourrait associer le sens à l'expression française « de vive voix ».

en raison de son lien plus étroit avec la vie universitaire que Hamilton, bien que son éminence scientifique fût mondiale. L'élection donna finalement une majorité considérable à Hamilton sur Lloyd, suivi de loin par l'archevêque. La conclusion fut positive, car Lloyd et l'archevêque exprimèrent, et ressentirent sans nul doute, les revendications prépondérantes de Hamilton, et tous deux acceptèrent cordialement la fonction de vice-président, à laquelle, conformément à la constitution de l'académie, il revient au président entrant de nommer les candidats.

Dans un autre chapitre, j'ai mentionné comme un épisode mémorable de l'histoire de l'astronomie, le séjour prolongé de sir J. Herschel au cap de Bonne-Espérance, dans le but de faire examiner le ciel austral avec le grand télescope, comme son père l'avait fait pour le ciel septentrional. Un banquet fut organisé à l'occasion du retour de Herschel, après le brillant succès de son expédition. Le 15 juin 1838, Hamilton eut le grand honneur de proposer un discours à la santé d'Herschel. Par ailleurs, ce banquet reste mémorable dans la carrière de Hamilton, car ce fut l'une des deux occasions où il se trouva en compagnie de son cher ami De Morgan.

En 1838, l'Académie royale irlandaise adopta un système pour l'attribution de médailles aux auteurs d'articles qui semblaient posséder un mérite exceptionnellement grand. Au moment de la remise de la médaille, deux articles étaient en compétition pour le prix. L'un était *Mémoire sur l'algèbre comme science du temps pur*[1] de Hamilton. L'autre était l'article de Macullagh sur *Les lois de la réflexion et de la réfraction cristallines*[2]. Hamilton se réjouit d'avoir réussi, principalement grâce à ses propres efforts, à faire attribuer la médaille à Macullagh plutôt qu'à lui-même. En effet, il semblerait presque que Hamilton se fût procuré une lettre de sir J. Herschel, qui indiquait l'importance du mémoire de Macullagh de telle sorte que la décision fût prise. Il incombait alors à Hamilton de décerner la médaille depuis son siège et de prononcer un discours dans lequel il exprimait son propre sentiment quant à l'excellence du travail scientifique de Macullagh. Il est d'autant plus nécessaire de faire allusion à ces éléments que, dans toute sa carrière scientifique, il semblerait que Macullagh fût le seul homme avec lequel Hamilton eût l'occasion de se disputer sur la question de la priorité. Cet incident eut lieu à l'occasion de la découverte de la réfraction conique, dont Macullagh tenta de façon insensée d'arracher le mérite à Hamilton. La lettre de Hamilton au marquis de Northampton, datée du 28 juin 1838, y fait évidemment allusion :

« Et même si certaines circonstances antérieures ne me permettaient pas d'appliquer à cette personne si remarquable le titre sacré d'ami, je fus heureux de

1. De son titre original : *Memoir on Algebra, as the Science of Pure Time.*
2. De son titre original : *Laws of Crystalline Reflection and Refraction.*

pouvoir rendre justice… à ses grands mérites intellectuels… Je crois qu'il fut non seulement gratifié, mais touché, et qu'il me considérera peut-être à l'avenir avec des sentiments plus proches de ceux que je voudrais entretenir avec lui. »

De temps en temps, Hamilton avait l'habitude de tenir un journal, mais il ne semble pas qu'il fût systématiquement tenu à jour. Quelles que fussent les difficultés rencontrées par le biographe du fait des imperfections et des irrégularités de ce journal, elles semblent être amplement compensées par l'habitude qu'avait Hamilton de conserver des copies de ses lettres, et même des mémoires relativement insignifiants. En effet, la minutie avec laquelle des sujets apparemment insignifiants étaient notés semble presque lunatique. Il notait souvent le nom de la personne qui avait déposé une lettre à la poste et l'heure à laquelle elle avait été expédiée. Par ailleurs, les lettres qu'il recevait étaient également soigneusement conservées dans une énorme masse de manuscrits, qui encombrait son bureau et envahissait souvent d'autres parties de la maison. Si une lettre était laissée de côté pendant quelques heures, elle était alors perdue au milieu de la masse grouillante de papiers, bien que de temps en temps, pour utiliser sa propre expression, on pouvait la voir « remonter » à la surface au cours d'une perturbation ultérieure.

Le grand volume des *Lectures on quaternions* était paru, et son auteur avait reçu les honneurs que la réalisation d'une telle tâche lui valait. Cependant, la publication d'une œuvre immortelle ne procure pas nécessairement les moyens de payer la facture de l'imprimeur. L'impression d'un ouvrage aussi volumineux devait nécessairement être coûteuse ; et même si tous les exemplaires étaient vendus, ce qui, à cette époque, ne semblait pas très probable, ils auraient difficilement couvert les frais inévitables. Il fallait donc envisager de trouver les fonds nécessaires. Le conseil d'administration du Trinity College avait déjà contribué au financement de l'impression par une contribution de 200 livres, mais il en fallait encore cent de plus. Même le découvreur des quaternions éprouvait une grande inquiétude à ce sujet. Cependant, le conseil d'administration, poussé par la représentation de Humphrey Lloyd, devenu l'un de ses membres et, comme nous l'avons déjà vu, étant l'un des plus fidèles amis de Hamilton, le déchargea de toute obligation. Il convient de noter ici que, malgré la pension dont Hamilton bénéficiait en plus du salaire de son poste de professeur, il semble avoir toujours été dans une situation quelque peu difficile ou, pour utiliser ses propres termes dans l'une de ses lettres à De Morgan, « Bien que je ne sois pas un homme dans l'embarras, je suis loin d'être riche. » Il semble que, malgré la renommée mondiale des découvertes d'Hamilton, le seul profit au sens financier qu'il tirât d'un de ses ouvrages fut la vente de ce qu'il nommait son jeu icosien. Suite à la demande pressante d'un ami d'Hamilton situé à Londres, un éditeur entreprenant acheta les droits d'auteur du jeu icosien pour 25 livres. Cette petite spéculation fut toutefois malheureuse pour l'acheteur, car le grand public ne fut pas convaincu de la nécessité de suivre cette affaire.

Une fois son grand ouvrage terminé, Hamilton semble s'être permis, durant un certain temps, une plus grande indulgence que d'habitude pour les détentes littéraires. Il entretenait une riche correspondance avec son grand ami, Aubrey de Vere, et il y avait des multitudes de lettres provenant de ces groupes d'amis qu'Hamilton avait le privilège de posséder. Il fut très affecté par la mort de sa sœur bien-aimée Eliza, une poétesse qui avait beaucoup de goût et de sensibilité. Elle lui avait laissé de nombreux documents à conserver ou à détruire, mais il déclara que ce ne fut qu'après quatre ans de deuil qu'il eut le courage d'ouvrir sa boîte de lettres.

Ces lettres illustrent fréquemment le côté religieux du caractère d'Hamilton, en particulier dans sa correspondance avec De Vere, qui avait rejoint l'Église de Rome. Le 4 août 1855, Hamilton écrit :

"Si par conséquent, il est péniblement évident pour tous les deux, que dans de telles circonstances, il ne peut y avoir maintenant (quel que soit notre désir mutuel) dans la nature des choses ou des esprits, le même degré d'intimité entre nous que par le passé ; puisque nous ne pouvons plus parler avec le même degré de liberté sur tous les sujets qui se présentent, mais que nous devons, par les plus purs instincts de courtoisie, nous garder de dire ce qui pourrait être offensant, ou du moins, pénible pour l'autre ; pourtant, nous étions autrefois si intimes, et nous avons encore, et j'espère que nous conserverons toujours, une telle considération, une telle estime et une telle affection l'un pour l'autre, forgées par tant de souvenirs de ma jeunesse et de la vôtre, qui ne pourront jamais être oubliés par aucun d'entre nous, et que (au fil du temps) deux ou trois amitiés très respectables pourraient facilement être taillées dans les fragments de notre ancienne et éternelle intimité. Il ne serait pas démesuré de citer les mots : « Heu ! quanto minus est cum reliquis versari, quam tui meminisse ![1] »

En 1858, une correspondance sur le sujet des quaternions débuta entre le professeur Tait et sir William Hamilton. Le découvreur était particulièrement gratifié qu'un mathématicien aussi compétent que le professeur Tait se familiarisât avec ce nouveau calcul. Bien entendu, tout le monde sait que le professeur Tait publia par la suite un traité élémentaire très précieux sur les quaternions, auquel les personnes désireuses de se familiariser avec le sujet se tourneront bien souvent de préférence au travail colossal de Hamilton.

En 1861, des informations gratifiantes parvinrent à notre connaissance sur les progrès réalisés à l'étranger dans l'étude des quaternions. Le sujet attirait

1. Fait référence au Sonnet XXVII. *Heu Quanto Minus Est Cum Reliquis Versari, Quam Tui Meminisse* !, écrit par Henry Alford.

particulièrement l'attention de ce mathématicien accompli, Moebius, qui, dans son oeuvre *Der Barycentrische Calculus*, avait déjà été amené à des conceptions qui présentaient plus d'affinités avec les quaternions que ce que l'on pouvait trouver dans les écrits de tout autre mathématicien. De tels commentaires sur son travail étaient toujours appréciés par Hamilton, et ils servaient sans doute à l'inciter à poursuivre un travail plus approfondi et plus captivant, dont il était sans cesse plus absorbé. Au cours des dernières années de sa vie, on observa qu'il était encore plus reclus qu'il ne l'avait été jusqu'alors. Ses capacités d'étude longue et continuelle semblaient augmenter avec l'âge, et ses intervalles de détente, tels qu'ils étaient, devenaient plus brefs et plus rares.

Il n'était pas rare qu'il travaillât douze heures d'affilée. L'aube le surprenait souvent lorsqu'il se levait pour éteindre ses bougies après une nuit de travaux de recherche originaux et fascinants. La régularité de ses habitudes était impossible pour un étudiant qui avait des épisodes prolongés de ce qu'il appelait ses transes mathématiques. Les heures de repos et les heures de repas pouvaient seulement être prises dans les intervalles occasionnels et lucides entre une attaque de quaternions et la suivante. Lorsqu'il avait faim, il allait voir si le buffet ne contenait pas quelque chose ; lorsqu'il avait soif, il se rendait à son placard, et le seul petit défaut de cet homme est que ces dernières visites étaient parfois excessives.

Pour illustrer l'une des rares distractions d'Hamilton dans la poursuite si absorbante des quaternions, nous constatons qu'il fut intrigué par le calcul de la date de l'Hégire, qu'il découvrit comme étant le 15 juillet 622. Il parle de la satisfaction avec laquelle il constata par la suite que Herschel avait établi exactement la même date. La métaphysique restait aussi, comme elle l'avait toujours été, un sujet de prédilection dans les lectures et les méditations de Hamilton ainsi que dans sa correspondance avec ses amis. Il écrivit une très longue lettre au Dr Ingleby au sujet de son ouvrage *Introduction à la métaphysique*[1]. Dans cette lettre, Hamilton évoque, comme il le fit également ailleurs, une particularité de sa propre vision. Il avait l'habitude, en raison d'un défaut dans la corrélation de ses yeux, de toujours voir une image distincte avec chacun d'eux ; en fait, il mentionne l'effet remarquable que l'utilisation d'un stéréoscope de bonne qualité eut sur ses sensations de vision. Ce fut alors, pour la première fois, qu'il réalisa comment les deux images qu'il avait toujours perçues jusqu'alors devaient, dans des circonstances normales, se combiner en une seule. Il cite ce fait comme étant lié aux phénomènes de la vision binoculaire et en déduit que la nécessité de la vision binoculaire pour une évaluation correcte de la distance n'est pas fondée. « Je suis tout à fait sûr, déclare-t-il, que je perçois la distance avec chaque œil séparément. »

1. De son titre original : *Introduction to Metaphysics*.

Au début de l'année 1865, dernière année de sa vie, Hamilton fut plus assidu que jamais et correspondit avec Salmon et Cayley. Le 26 avril, il écrivit à un ami pour lui indiquer que sa santé n'avait pas été très bonne au cours des dernières années et que tout ce travail avait nui à sa constitution ; il ajouta qu'il n'était pas bon pour son moral de constater qu'il accumulait une nouvelle facture importante chez l'imprimeur pour la publication de son ouvrage intitulé *Elements of Quaternions*. En effet, jusqu'au jour de sa mort, ce fut une source d'inquiétude considérable. Il convient toutefois de préciser que le coût total, qui s'élevait à près de 500 livres, fut, comme celui du volume précédent, finalement pris en charge par le Trinity College. Contre toute attente, ce projet, même du point de vue financier, ne peut être considéré comme très peu rentable. L'édition complète est depuis bien longtemps épuisée, et pas moins de cinq livres sterling furent payées pour un seul exemplaire.

Le 9 mai 1865, Hamilton se trouvait à Dublin pour la dernière fois. Quelques jours plus tard, il eut une violente attaque de goutte, et le 4 juin, il tomba gravement malade, et le lendemain, il eut une crise de convulsions épileptiques. Cependant, il se rétablit légèrement, de sorte qu'avant la fin du mois, il était de nouveau en train de travailler à la rédaction des *Elements of Quaternions*. Un heureux incident vint égayer les derniers jours de sa vie. L'Académie nationale des sciences en Amérique venait alors de se constituer. Une liste d'associés étrangers devait être choisie dans le monde entier, et une discussion eut lieu pour savoir quel nom devait être placé en premier sur la liste. Hamilton fut informé par une communication privée que cette grande distinction lui fut attribuée par une majorité de deux tiers.

En août, il travaillait encore sur la table des matières des *Elements of Quaternions*, et l'un de ses tout derniers efforts fut la lettre qu'il adressa à M. Gould, en Amérique, pour lui communiquer ses remerciements pour l'honneur que venait de lui faire l'Académie nationale. Le 2 septembre, M. Graves se rendit à l'observatoire, suite à une convocation, et le grand mathématicien avoua aussitôt à son ami qu'il sentait sa fin approcher. Il mentionna qu'il avait trouvé dans le 145e psaume une expression merveilleusement appropriée de ses pensées et de ses sentiments, et qu'il souhaitait témoigner de sa foi et de sa gratitude en tant que chrétien en prenant part à la Cène. Il décéda le 2 septembre 1865 à deux heures et demie de l'après-midi, âgé de soixante ans et un mois. Il fut enterré au cimetière de Mount Jerome le 7 septembre.

Nombreuses furent les lettres et autres manifestations plus officielles des sentiments suscités par la mort de Hamilton. Sir John Herschel écrivit à la veuve :

« Permettez-moi seulement d'ajouter que parmi les nombreux amis scientifiques que le temps m'a retirés, aucun n'a été plus profondément regretté, non seulement pour ses formidables talents, mais également pour l'excellence de son caractère et la parfaite simplicité de ses manières ; si grand, et pourtant exempt de toute prétention. »

De Morgan, son vieil acolyte de mathématiques, comme Hamilton le surnommait affectueusement, écrivit également à lady Hamilton :

« Je l'ai qualifié comme un de mes plus chers amis, et très sincèrement, car je ne saurais dire combien de temps s'est écoulé depuis vingt-cinq ans que nous entretenions une correspondance intime, d'accord ou de désaccord le plus amical, du plus cordial intérêt l'un pour l'autre. Et pourtant nous ne connaissions pas le visage de l'autre. Vers 1830, je le rencontrais au petit déjeuner chez Babbage, et là, pour la seule fois de notre vie, nous avons conversé. Je le vis, bien loin de là, au dîner organisé pour Herschel (vers 1838) à son retour du cap, mais nous n'étions pas assez proches, et en cette journée très fréquentée, nous ne pûmes nous approcher suffisamment pour échanger un mot. Voilà tout ce que j'ai vu, et, ainsi qu'il plût à Dieu, tout ce que je verrai en ce monde d'un homme dont les correspondances amicales furent parmi mes plus grandes satisfactions sociales et mes plus grands plaisirs intellectuels. »

Il existe un mémoire très intéressant de Hamilton écrit par De Morgan, publié dans le *Gentleman's Magazine*[1] de 1866, dans lequel il dresse un excellent portrait de son ami, illustré par des souvenirs et des anecdotes personnelles. Il fait notamment allusion à la pagaille pittoresque qui régnait dans son bureau. Il y avait une certaine organisation dans cette masse, perceptible toutefois par Hamilton uniquement, et toute intervention des domestiques, visant à y mettre un peu d'ordre, aurait plongé le mathématicien, nous dit-on, dans « une honnête et violente colère ».

Il est difficile de trouver deux hommes, qui étaient tous deux de formidables mathématiciens, plus différents à tous les égards que ne l'étaient Hamilton et De Morgan. Le tempérament hautement poétique de Hamilton contrastait remarquablement avec le réalisme pratique de De Morgan. Hamilton adresse des sonnets à son ami, qui lui répond en lui donnant des conseils sur la rédaction de son testament. Les subtilités métaphysiques, dont Hamilton remplissait souvent ses feuilles, ne semblaient pas avoir pour De Morgan le même attrait que celui qu'il trouvait dans les débats sur la quantification du prédicat. De Morgan était d'un esprit exceptionnel et, bien que ses plaisanteries fussent toujours fort appréciées par son correspondant, Hamilton ne s'aventurait que très rarement dans le même genre de réponse ; en effet, ses rares tentatives d'humour ne produisaient que des effets d'une extrême lourdeur. Mais jamais deux correspondants scientifiques ne furent plus parfaitement complices entre eux. Les travaux de Hamilton sur les quaternions, ses

1. *Le Gentleman's Magazine* est un journal mensuel britannique qui fut fondé à Londres au mois de janvier 1731 par Edward Cave.

travaux sur la dynamique, ses goûts littéraires, sa métaphysique et sa poésie étaient tous accueillis chaleureusement par son ami, dont les lettres de réponse témoignaient toujours du plus grand intérêt pour toutes les préoccupations de Hamilton. De la même manière, les lettres de De Morgan à Hamilton recevaient toujours une réponse chaleureuse.

Dans l'intérêt de la mémoire de Hamilton, du prestige de son université et de la science, il faut espérer qu'une édition complète de ses œuvres paraîtra bientôt ; une collection qui présentera ses premières réalisations dans la brillante théorie de l'optique, les réalisations de ses capacités plus avancées qui firent de lui le Lagrange de son pays, et enfin la création du calcul des quaternions qui conféra de nouvelles possibilités à l'intellect humain.

LE VERRIER

Urbain Jean Joseph Le Verrier

Le nom de Le Verrier est célèbre en raison de découvertes très différentes de celles qui font la renommée de plusieurs des autres astronomes que nous avons déjà mentionnés. On a parfois tendance à associer l'idée d'un astronome à celle d'un homme qui contemple les étoiles à l'aide d'un télescope, mais le mot astronome possède en réalité une signification bien plus large. Aucun homme qui eût jamais vécu ne pouvait mieux mériter le titre d'astronome que Le Verrier, et pourtant il est certain qu'il ne fit jamais de découverte télescopique d'aucune sorte. En effet, en ce qui concerne ses réalisations scientifiques, il se pourrait qu'il n'eût jamais utilisé de télescope.

Pour interpréter pleinement les mouvements des corps célestes, il faut des connaissances mathématiques extrêmement pointues. Le mathématicien fait d'abord appel à l'astronome, qui utilise les instruments de l'observatoire, pour qu'il détermine à différents instants les positions exactes occupées par le Soleil, la Lune et les planètes. Ces observations, obtenues avec la plus grande minutie, et purifiées dans toute la mesure du possible des erreurs dont elles pourraient être entachées, constituent en quelque sorte la matière première sur laquelle le mathématicien va exercer son art. C'est à lui qu'il incombe de tirer des lieux observés les véritables lois qui régissent les mouvements des corps célestes. Il s'agit là d'une tâche dans laquelle les plus grands talents de l'intellect humain peuvent être dûment employés.

Parmi ceux qui se sont employés avec le plus grand succès à interpréter les observations faites avec des instruments de précision, Le Verrier occupe une place de tout premier ordre. Il lui fut attribué de fournir une superbe illustration du succès avec lequel l'esprit de l'homme peut percer les mystères de la nature.

L'illustre Français, Urbain Jean Joseph Le Verrier, naquit le 11 mars 1811 à Saint-Lô, dans le département de la Manche. Il fit ses études dans cette célèbre école d'enseignement des branches supérieures de la science, à savoir l'École polytechnique, et y acquit une grande renommée en tant que mathématicien. En sortant de cette école, Le Verrier avait d'abord l'intention de se consacrer au service public, dans la branche du génie civil ; et il est intéressant de noter que ses premiers travaux scientifiques ne furent pas ces recherches mathématiques grâce auxquelles il allait par la suite devenir si célèbre. Ses fonctions au sein du département d'ingénierie impliquaient des recherches chimiques pratiques en laboratoire. Il semble être devenu très compétent dans ce domaine, et il aurait sans doute pu devenir célèbre en tant que chimiste si le destin ne l'avait pas conduit sur une autre voie. Il se lança néanmoins dans des recherches chimiques originales. Ses premières contributions à la science furent le fruit de ses travaux de laboratoire ; l'un de ses articles portait sur la combinaison du phosphore et de l'hydrogène, et un autre sur la combinaison du phosphore et de l'oxygène.

Cependant, ses travaux mathématiques à l'École polytechnique révélèrent à Le Verrier qu'il était pourvu des facultés nécessaires pour manipuler les plus subtils instruments de l'analyse mathématique. À vingt-huit ans, il mena sa première grande étude astronomique. Il sera nécessaire d'en expliquer la nature, dans la mesure où elle fut le point de départ de la tâche qu'il allait poursuivre tout au long de sa vie.

Si une seule planète effectuait une révolution autour du Soleil, son orbite serait alors une ellipse, dont la forme et la taille, ainsi que la position, ne changeraient jamais. Une révolution après l'autre serait effectuée, exactement de la même manière, conformément à la force continuellement exercée par le Soleil. Toutefois, supposons qu'une deuxième planète soit introduite dans ce système. Le Soleil exercera également son attraction sur cette seconde planète, qui décrira également une orbite autour du globe central. Cependant, on ne peut plus affirmer que l'orbite sur laquelle se déplace l'une ou l'autre des deux planètes demeure précisément une ellipse. En effet, on peut supposer que la masse du Soleil est extrêmement supérieure à celle de l'une ou l'autre des deux planètes. Dans ce cas, l'attraction du Soleil est une force si prépondérante que la trajectoire réelle de chaque planète reste pratiquement la même que si la seconde planète était absente. Mais il est impossible que l'orbite de chaque planète ne soit pas affectée dans une certaine mesure par l'attraction de l'autre planète. La loi générale de la nature veut que tout corps dans l'espace exerce une attraction sur tous les autres corps. Tant qu'il n'y a qu'une seule planète, la seule attraction entre le Soleil et cette planète constitue l'unique facteur de contrôle du mouvement, et l'ellipse est ainsi décrite. Mais lorsqu'une deuxième planète est introduite, chacun des deux corps est non seulement soumis à l'attraction du Soleil, mais chaque planète attire l'autre. Il est vrai que cette attraction mutuelle est faible, mais elle produit néanmoins un certain effet. Elle « perturbe », comme le dit l'astronome, l'orbite elliptique qui, sans cela, se serait poursuivie. Par conséquent, dans notre système planétaire actuel, où plusieurs planètes se perturbent mutuellement, il n'est pas vrai de prétendre que les orbites sont parfaitement elliptiques.

Au cours d'une même révolution, on peut considérer, dans la majorité des cas, qu'une planète se déplace effectivement dans une ellipse. Cependant, au fil du temps, l'ellipse varie progressivement. Elle change de forme, de plan et de position dans ce plan. Si l'on souhaite donc étudier les mouvements des planètes, lorsqu'il s'agit de grands intervalles de temps, il est indispensable de disposer des moyens de connaître la nature du mouvement de l'orbite à la suite des perturbations que celle-ci a subies.

Pour illustrer notre propos, supposons que la planète se déplace comme une locomotive sur une voie ferrée qui suit une longue trajectoire elliptique. On peut supposer que pendant que la planète se déplace, la forme de la voie se modifie progressivement. Mais cette modification peut être si légère qu'elle n'affecte pas de manière appréciable le mouvement de la locomotive en une seule révolution. On peut également supposer que le plan sur lequel les rails sont posés oscille lentement en niveau, et que l'ensemble de l'orbite se déplace lentement dans le plan avec une uniformité variable.

Sur de courtes périodes, les changements de forme et de position des orbites planétaires, dus à leurs attractions mutuelles, ne sont pas d'une grande importance. Cependant, si l'on prend en considération plusieurs milliers d'années, les décalages des orbites planétaires deviennent considérables et produisent un effet important sur notre système.

Il est extrêmement intéressant d'étudier dans quelle mesure une planète peut en affecter une autre en vertu de leurs attractions mutuelles. De telles recherches exigent la mise en œuvre des plus grands talents mathématiques. Mais les capacités intellectuelles ne sont pas les seules à être nécessaires pour mener à bien ce genre de recherches. Elle doit être associée à une patience pour des calculs complexes, souvent réalisés sur de nombreuses années de travail. Le Verrier ne tarda pas à trouver dans ces recherches approfondies un terrain propice à l'exercice de son don si particulier. Sa première publication astronomique importante contenait une étude des changements que les orbites de plusieurs planètes, dont la Terre, avaient connus dans le passé et qu'elles connaîtront à l'avenir.

Pour illustrer ces recherches, on peut prendre le cas de la planète qui nous intéresse tout particulièrement, à savoir la Terre, et étudier les changements que son orbite a subis au fil du temps en raison des perturbations causées par les autres planètes. En un siècle, ou même en mille ans, il n'y a que peu de différence perceptible dans la forme de la trajectoire suivie par la Terre. De vastes périodes de temps sont nécessaires pour le développement des grandes conséquences de la perturbation planétaire. Cependant, Le Verrier nous donne les détails de ce que fut le parcours de la Terre dans l'espace à des intervalles de 20 000 ans à partir de la date actuelle. Son calcul le plus éloigné nous renvoie à l'état de la trajectoire de la Terre il y a 100 000 ans, tandis qu'il nous montre, par un bond en avant, ce que sera l'orbite de la Terre à l'avenir, à des intervalles successifs de 20 000 ans, et ce jusqu'à une date qui se situe 100 000 ans après 1800.

Le talent dont témoignent ces recherches attira l'attention sur Le Verrier. À cette époque, l'observatoire de Paris était présidé par Arago, un savant occupant une place éminente dans les annales scientifiques françaises. Arago comprit immédiatement que Le Verrier était l'homme qui possédait les qualités requises pour résoudre ce problème de grande envergure et de grande difficulté qui commençait à attirer l'attention des astronomes. Il convient à présent d'examiner la nature de ce grand problème ainsi que la stupéfiante résolution de celui-ci.

Depuis que Herschel fut rendu célèbre par sa formidable découverte de la grande planète Uranus, les mouvements de cette nouvelle addition au système solaire furent examinés avec beaucoup de minutie et d'attention. La position d'Uranus fut ainsi déterminée avec précision de temps à autre. Puis, lorsque des observations suffisantes de cette planète lointaine furent rassemblées, la trajectoire que suivait ce corps récemment découvert dans les cieux fut déterminée par les calculs que connaissent si bien les astronomes. Cependant, il se trouve qu'Uranus possède une ressemblance apparente avec une étoile. En effet, cette ressemblance est si souvent trompeuse que, bien avant qu'elle ne fût détectée comme une planète par Herschel, elle avait été observée à maintes reprises par de talentueux astronomes, qui ne se doutaient guère que ce point semblable à une étoile qu'ils observaient était tout sauf une étoile. Ces premières observations permirent de déterminer la trajectoire d'Uranus, et l'on constata que la grande planète prenait pas moins de quatre-vingt-quatre ans pour effectuer un tour complet. Des calculs furent effectués sur la forme de son orbite avant sa découverte par Herschel, puis ils furent comparés à l'orbite que les observations montraient que ce même corps décrivait dans les années qui suivirent, lorsque sa nature planétaire fut reconnue. Bien entendu, on ne pouvait s'attendre à ce que l'orbite reste inchangée ; le fait que les grandes planètes Jupiter et Saturne effectuent leur révolution à proximité d'Uranus implique nécessairement que l'orbite de cette dernière subisse des changements considérables. Cependant, après avoir tenu compte de l'influence que l'attraction de Jupiter et de Saturne, et on peut ajouter celle de la Terre et de toutes les autres planètes, pouvait exercer, les mouvements d'Uranus restaient toujours inexplicables. Il était parfaitement évident qu'il devait y avoir une influence autre que celle que l'on pouvait attribuer aux planètes déjà connues.

Les astronomes ne pouvaient concevoir qu'une seule solution d'une telle difficulté. On ne pouvait ignorer qu'il devait y avoir une autre planète en plus de celles qui étaient alors connues, et que les perturbations d'Uranus, jusqu'alors inexpliquées, étaient dues aux perturbations provoquées par l'action de cette planète inconnue. Arago poussa Le Verrier à s'engager dans le grand problème de la recherche de ce corps, dont l'existence théorique semblait démontrée. Mais les conditions de la recherche étaient telles qu'elle devait être menée selon des principes totalement différents de toutes les recherches qui avaient été effectuées auparavant pour trouver un objet céleste. En effet, il ne s'agissait pas d'un cas où l'on pouvait s'attendre à ce qu'une simple étude réalisée à l'aide d'un télescope mène à la découverte.

Certains faits pouvaient être immédiatement présumés en ce qui concerne cet objet inconnu. Il ne fait aucun doute que le perturbateur inconnu d'Uranus devait être un grand corps dont la masse dépasse de loin celle de la Terre. Cependant, il était certain qu'il devait être si éloigné qu'il ne pouvait se présenter de notre point de vue que sous la forme d'un objet de très petite taille. Uranus elle-même se trouvait hors de portée, ou pratiquement hors de portée, de la vision non assistée. Il était possible de démontrer que la planète à l'origine de la perturbation effectuait une révolution sur une orbite qui devait se situer en dehors de celle d'Uranus. Il semblait donc certain que la planète ne pouvait être un corps visible à l'œil nu. En effet, si elle avait été un tant soit peu visible, son aspect planétaire aurait sans doute été détecté depuis bien longtemps. Par conséquent, le corps inconnu devait être une planète qui devait être recherchée à l'aide d'un télescope.

Bien entendu, il existe une différence physique importante entre une planète et une étoile, car l'étoile est un soleil lumineux, alors que la planète n'est qu'un corps sombre, rendu visible par la lumière solaire qui tombe sur elle. Bien qu'une étoile soit un soleil des milliers de fois plus grand que la planète et des millions de fois plus éloignée, c'est un fait singulier que les planètes télescopiques possèdent une ressemblance trompeuse avec les étoiles parmi lesquelles elles se trouvent. En ce qui concerne l'apparence réelle, il n'existe en effet qu'un seul critère permettant de distinguer une planète de ce type d'une étoile. Si la planète est suffisamment grande, le télescope révélera qu'elle possède un disque ainsi qu'un contour circulaire visible et mesurable. Cette caractéristique ne se retrouve pas dans une étoile. En effet, les étoiles sont si éloignées que, quelle que soit leur taille intrinsèque, elles ne représentent que des points de lumière rayonnants, que les plus puissants télescopes ne parviennent pas à agrandir en objets d'un diamètre appréciable. Les planètes les plus anciennes et les plus connues, telles que Jupiter et Mars, possèdent des disques qui, bien que non visibles à l'œil nu, étaient suffisamment perceptibles avec la moindre puissance télescopique. Mais une planète très éloignée telle qu'Uranus, bien que possédant un disque suffisamment grand pour être rapidement observé par le talent d'observateur chevronné de Herschel, avait néanmoins une apparence si stellaire qu'elle avait été observée pas moins de dix-sept fois par des astronomes expérimentés avant Herschel. À chaque fois, la nature planétaire de l'objet n'avait pas été remarquée et il avait été tenu pour acquis qu'il s'agissait d'une étoile. Cet objet ne présentait aucune différence suffisante pour attirer l'attention.

Comme le corps inconnu par lequel Uranus était perturbé était certainement bien plus éloigné qu'Uranus, il semblait certain que, bien qu'il pût manifester un disque perceptible lors d'un examen très minutieux, ce disque devait être si minuscule qu'il ne pouvait être détecté qu'avec un soin extrême. En d'autres termes, il semblait fort probable que le corps recherché ne pourrait pas être facilement distingué d'une petite étoile, à laquelle il ressemblait en apparence, bien que la différence la plus profonde séparât les deux corps.

Le ciel compte plusieurs centaines de milliers d'étoiles, et le problème de l'identification de la planète, si celle-ci devait se trouver parmi ces étoiles, semblait très complexe. Bien entendu, la difficulté réside dans la présence abondante de ces étoiles. Si l'on parvenait à se débarrasser des étoiles, un balayage du ciel révélerait immédiatement toutes les planètes suffisamment brillantes pour être visibles avec la puissance télescopique employée. C'est la ressemblance fortuite de la planète avec les étoiles qui lui permet d'échapper à la détection. Il serait presque impossible de différencier la planète des étoiles situées un peu partout dans le ciel. Toutefois, si l'on pouvait élaborer une méthode permettant de localiser la zone exacte où l'on peut supposer l'existence de la planète, on pourrait alors entreprendre les recherches avec une certaine chance de succès.

Dans une certaine mesure, le problème de la localisation de cette région du ciel où l'on peut s'attendre à trouver une planète peut être limité immédiatement. On sait que toutes les planètes, ou peut-être devrais-je plutôt dire, toutes les grandes planètes, limitent leurs mouvements à une certaine zone autour du ciel. Cette zone s'étend de part et d'autre de cette ligne appelée écliptique, sur laquelle la Terre poursuit son parcours autour du Soleil. On pouvait donc en déduire que la nouvelle planète ne devait pas être recherchée en dehors de cette zone. Il est évident que cette réflexion réduit immédiatement la superficie à examiner à une fraction réduite de l'ensemble du ciel. Mais même à l'intérieur de cette zone ainsi définie, on compte plusieurs milliers d'étoiles. La détection de la nouvelle planète semblerait être une tâche désespérée, à moins qu'une autre limitation de sa position puisse être établie.

En conséquence, il fut proposé à Le Verrier de chercher à découvrir dans quelle partie précise de la bande de la sphère céleste que nous avons indiquée il convenait d'entreprendre les recherches de la planète inconnue. Les moyens dont disposait le mathématicien pour résoudre ce problème devaient provenir uniquement des écarts entre les lieux calculés où Uranus devait se trouver, en tenant compte des causes connues de perturbation, et les lieux réels où l'observation avait montré l'existence de la planète. Il s'agit là d'un problème inédit et d'une difficulté exceptionnelle. Cependant, Le Verrier y fit face et, à la grande surprise du monde entier, parvint à le résoudre avec brio. Il n'est pas de notre ressort d'entrer dans le détail des recherches mathématiques qui furent nécessaires. Tout ce que l'on peut faire, c'est de fournir une idée générale de la méthode qui fut adoptée.

Supposons qu'une planète effectue sa révolution à l'extérieur d'Uranus, à une distance qui est suggérée par les diverses distances auxquelles les autres planètes sont dispersées autour du Soleil. Supposons que cette planète extérieure ait débuté sa course, dans une trajectoire déterminée, et qu'elle ait une certaine masse. Naturellement, elle perturbera le mouvement d'Uranus et, en conséquence de cette perturbation, Uranus suivra une trajectoire dont la nature peut être déterminée par le calcul. Cependant, on constate généralement que cette trajectoire ne correspond pas à la trajectoire réelle que les observations indiquent pour Uranus. Cela démontre que les circonstances présumées de la planète inconnue doivent être erronées à certains égards, et l'astronome doit alors recommencer en modifiant l'orbite. Enfin, après de nombreux essais, Le Verrier conclut qu'en supposant une certaine taille, une certaine forme et une certaine position pour l'orbite de la planète inconnue, ainsi qu'une certaine valeur pour la masse du corps hypothétique, il serait possible de justifier les perturbations observées sur Uranus. Progressivement, il devint clair pour la perception de ce mathématicien hors pair non seulement que les difficultés dans les mouvements d'Uranus pouvaient être expliquées de cette manière, mais également que toute autre explication était superflue. En conséquence, il apparut qu'une planète possédant la même masse que celle qu'il avait attribuée, et se déplaçant sur l'orbite que ses calculs avaient indiquée, devait effectivement exister, bien qu'aucun œil ne fût jamais parvenu à observer un tel corps. Voilà, en effet, un résultat tout à fait extraordinaire. En étudiant les observations qui lui avaient été fournies sur une planète, le mathématicien installé à son bureau était capable de découvrir l'existence d'une autre planète, et même de déterminer la position qu'elle devait occuper, avant même que l'on eût recours au télescope pour la découvrir.

Ainsi, les calculs de Le Verrier réduisirent considérablement la zone à examiner dans les recherches télescopiques qui allaient être entreprises. Comme nous venons de le souligner, on savait déjà que la planète devait se trouver quelque part sur l'écliptique. Le mathématicien français avait maintenant indiqué le point de l'écliptique où, selon ses calculs, la planète devait se situer. Passons maintenant à un épisode de cette histoire qui sera célébré aussi longtemps que perdurera la science. Ce n'est ni plus ni moins que la confirmation télescopique de l'existence de cette nouvelle planète, qui jusqu'alors n'avait été indiquée que par un calcul mathématique. Le Verrier ne disposait pas lui-même des instruments nécessaires à l'étude du ciel ni de tout le savoir-faire de l'astronome pratique. Il écrivit donc au docteur Galle, de l'observatoire de Berlin, pour lui demander d'entreprendre une recherche télescopique de la nouvelle planète dans le secteur que ses calculs mathématiques avaient révélé comme étant celui où elle se situait à cette époque. Le Verrier ajouta qu'il pensait que la planète devait pouvoir être identifiée par la possession d'un disque suffisamment défini pour la distinguer des étoiles environnantes.

Le 23 septembre 1846, la demande de Le Verrier parvint à l'observatoire de Berlin, et la nuit était claire, de telle sorte que la célèbre recherche fut effectuée le soir même. Celle-ci fut facilitée par la circonstance qu'un observateur assidu avait récemment établi des cartes stellaires très élaborées de certaines parties du ciel situées dans une zone suffisamment large des deux côtés de l'équateur. Ces cartes n'étaient encore que partiellement complètes, mais il se trouve que la carte Hora. XXI, qui comprenait précisément l'endroit auquel les résultats de Le Verrier faisaient référence, venait juste d'être publiée. Le Dr Galle avait donc sous les yeux une carte de toutes les étoiles qui étaient visibles dans cette partie du ciel au moment où la carte avait été établie. On ne saurait trop insister sur les avantages d'une telle aide à la recherche. En effet, elle offrait à l'astronome une autre méthode de reconnaissance de la planète, en plus de celle liée à la présence éventuelle d'un disque. En effet, comme la planète était un corps en mouvement, elle ne pouvait pas se situer au même endroit par rapport aux étoiles au moment où la carte fut établie, que celui qu'elle occupait quelques années plus tard, lorsque la recherche fut entreprise. Si le corps se situait à l'endroit que les calculs de Le Verrier indiquaient à l'automne 1846, on pourrait considérer comme acquis qu'il ne se trouverait pas au même endroit sur une carte réalisée quelques années auparavant.

Les recherches à entreprendre consistaient à comparer point par point les corps représentés sur la carte et les étoiles présentes dans le ciel que révélait le télescope du Dr Galle. Lors de cette comparaison, il apparut qu'une sorte d'étoile de magnitude huit, qui était un corps bien apparent dans le télescope, n'était pas représentée sur la carte. Cela attira aussitôt l'attention de l'astronome et lui donna bon espoir que la planète se trouvait bien ici. Et ces espoirs n'étaient pas destinés à être déçus. On ne pouvait pas imaginer qu'une étoile de magnitude huit eût été omise lors de la confection d'une carte où figuraient des étoiles d'un degré de luminosité bien inférieur. Une autre hypothèse était évidemment concevable. Il se pouvait que cet objet suspect eût appartenu à la classe des variables, car il existe de nombreuses étoiles de ce type dont la luminosité varie, et s'il s'était avéré que la carte avait été établie à une époque où l'étoile en question présentait une faible luminosité, elle aurait pu passer inaperçue. De plus, il est bien connu que de nouvelles étoiles se développent parfois soudainement, de telle sorte que la possibilité que ce que le Dr Galle observa fût une étoile variable ou une étoile tout à fait nouvelle devait être prise en compte.

Heureusement, un test était immédiatement disponible pour déterminer si ce nouvel objet était bien la planète tant recherchée, ou s'il s'agissait d'une étoile appartenant à l'une des deux classes susmentionnées. Une étoile reste fixe, mais une planète est en mouvement. Il ne fait aucun doute que lorsqu'une planète se trouve à la distance à laquelle on estimait que cette nouvelle planète était située, son mouvement apparent serait si lent qu'il ne serait pas évident de détecter un quelconque changement au cours d'une seule nuit d'observation. Cependant, le docteur Galle se consacra avec beaucoup de soin à l'examen de l'emplacement du nouveau corps. Même au cours de la nuit, il crut détecter de légers mouvements, et il attendit avec beaucoup d'anxiété le renouvellement de ses observations les soirs suivants. Ses soupçons sur le mouvement du corps furent alors largement confirmés, et la nature planétaire du nouvel objet fut ainsi indubitablement détectée.

L'admiration du monde scientifique devant cette formidable prouesse était immense. Voilà une grande planète dont l'existence même fut révélée par les indications fournies par des calculs mathématiques complexes. Aussitôt, le nom de Le Verrier, déjà connu de ceux qui étaient familiers avec les branches les plus profondes de l'astronomie, devint mondialement célèbre. Toutefois, il apparut rapidement que la renommée de cette grande réalisation devait être partagée entre Le Verrier et un autre astronome, J. C. Adams, de Cambridge. Nous décrirons, dans le chapitre consacré à ce grand mathématicien anglais, la manière dont il fut conduit indépendamment à cette même découverte.

Dès que la nature planétaire du corps nouvellement découvert fut établie, les grands observatoires inclurent naturellement ce membre supplémentaire du système solaire dans leurs programmes de recherche, si bien que jour après jour, sa position était soigneusement déterminée. Lorsque suffisamment de temps s'était écoulé, la forme et la position de l'orbite du corps étaient connues. Bien entendu, il est inutile de préciser que les observations effectuées sur la planète elle-même devaient nécessairement permettre de déterminer la trajectoire qu'elle suivait avec beaucoup plus de précision que ne pouvait le faire Le Verrier, qui n'avait à sa disposition que l'influence de la planète reflétée, pour ainsi dire, par Uranus. On peut remarquer que les véritables caractéristiques de la planète, lorsqu'elles furent révélées par l'observation directe, démontrèrent qu'il y avait un décalage considérable entre la trajectoire de la planète annoncée par Le Verrier et celle qu'elle suivait réellement.

Il fallait ensuite réfléchir au nom de ce corps nouvellement découvert. Comme les plus anciens membres du système étaient déjà connus sous les mêmes noms que les grandes divinités païennes, il était évident qu'une source similaire devait être sollicitée pour suggérer un nom à la plus récente des planètes. Le fait que ce corps soit si éloigné dans les profondeurs de l'espace ne manqua pas de susciter le nom de « Neptune ». Telle fut donc la dénomination reconnue de ce gigantesque globe qui tourne sur une trajectoire qui semble actuellement tracer les frontières de notre système.

Cette découverte valut à Le Verrier une si grande renommée que, lorsqu'en 1854, il fallut remplacer Arago à la direction du grand observatoire de Paris, on estima unanimement que le découvreur de Neptune était l'homme tout indiqué pour occuper la fonction qui correspond en France à celle d'astronome royal en Angleterre. Certes, le travail du mathématicien astronome avait été jusqu'alors de nature abstraite. Ses découvertes avaient été réalisées à son bureau et non à l'observatoire, et il n'avait aucune connaissance pratique de l'utilisation des instruments astronomiques. Cependant, il se lança avec vigueur et détermination dans les travaux techniques de l'observatoire. Il s'efforça d'inspirer aux fonctionnaires de l'établissement l'enthousiasme pour ce travail méthodique qui est indispensable à la réalisation de recherches astronomiques fructueuses. Toutefois, il faut reconnaître que Le Verrier ne disposait pas des qualités naturelles qui le rendraient apte à administrer avec succès un tel établissement. Malheureusement, des différends surgirent entre le directeur et son personnel. Finalement, les contraintes de la situation devinrent telles que la seule solution possible était de se passer des services de Le Verrier, qui fut donc contraint de démissionner. Il fut remplacé dans sa haute fonction par un autre éminent mathématicien, M. Delaunay, à peine moins éminent que Le Verrier lui-même.

Libéré de ses fonctions officielles, Le Verrier se replongea dans les mathématiques qu'il aimait tant. Dans ses fonctions non officielles, il continuait à travailler avec la plus grande ardeur à ses études sur les mouvements des planètes. Après la mort de M. Delaunay, qui se noya accidentellement en 1873, Le Verrier reprit la direction de l'observatoire, fonction qu'il occupa jusqu'à sa mort.

La nature des recherches auxquelles la vie de Le Verrier fut ensuite consacrée ne se prête pas à une description dans une esquisse aussi générale que celle-ci, où le langage, et encore moins les symboles, des mathématiques ne pourraient être convenablement introduits. Cependant, on peut dire de manière générale qu'il se consacra particulièrement à l'étude des effets produits sur les mouvements des planètes par leurs attractions mutuelles. L'importance de ce travail pour l'astronomie consiste, dans une large mesure, à préparer, grâce à des calculs de ce genre, des tables permettant de prévoir la position des différents corps célestes pour nos almanachs. Le Verrier se dévoua à cette tâche, et la quantité de travail qu'il réalisa aurait peut-être été jugée impossible si elle n'avait pas été effectivement accomplie.

Le succès formidable qui avait accompagné les efforts de Le Verrier pour expliquer la cause des perturbations d'Uranus conduisit naturellement ce merveilleux calculateur à chercher une explication semblable à certaines autres irrégularités des mouvements planétaires. Dans une large mesure, il parvint à démontrer comment les mouvements de chacune des grandes planètes pouvaient être expliqués de façon satisfaisante par l'influence des attractions des autres corps de même catégorie. Une circonstance relative à ces recherches est suffisamment remarquable pour que nous en fassions mention ici. De même qu'au commencement de sa carrière, Le Verrier avait découvert qu'Uranus, la planète la plus éloignée du système connu à l'époque, était soumise à l'influence d'un corps extérieur inconnu, il lui apparut maintenant que Mercure, le corps le plus interne de notre système, était également soumis à certaines perturbations qui ne pouvaient être expliquées de façon satisfaisante comme étant la conséquence de tout facteur d'attraction connu. L'ellipse dans laquelle tourne Mercure est animée d'un mouvement lent, qui la fait décrire une révolution dans son plan. Il apparut à Le Verrier que ce décalage ne pouvait être expliqué par l'action d'aucun des corps connus de notre système. Il fut donc incité à essayer de déterminer, à partir des perturbations de Mercure, l'existence de quelque autre planète, actuellement inconnue, qui décrivait une révolution à l'intérieur de l'orbite de la planète connue. La théorie semblait indiquer que l'altération observée dans la trajectoire de la planète pouvait être ainsi justifiée. Naturellement, il souhaitait obtenir une confirmation télescopique qui pourrait vérifier l'existence d'un tel corps de la même manière que le Dr Galle avait vérifié l'existence de Neptune. S'il y avait effectivement une planète intramercurielle, elle devait occasionnellement se déplacer entre la Terre et le Soleil, et l'on pouvait s'attendre à ce qu'elle fût observée de temps à autre lors de son transit. Le Verrier était tellement convaincu de l'existence de ce corps que l'observation d'un objet sombre en transit, réalisée par Lescarbault le 26 mars 1859, fut considérée par le mathématicien comme l'objet correspondant à sa théorie. Le Verrier pensait également qu'un autre transit de cet objet serait probablement observable en mars 1877. Toutefois, malgré une surveillance assidue, on ne constata rien de tel, et l'explication du changement d'orbite de Mercure devait donc être considérée comme restant à rechercher.

Le Verrier reçut naturellement tous les mérites qui pouvaient être accordés à un homme de science. La dernière partie de sa vie se déroula pendant la période la plus troublée de l'histoire moderne de la France. Il était un partisan de la dynastie impériale, et pendant la Commune, il éprouva beaucoup d'anxiété ; en effet, on craignit pendant un certain temps pour sa sécurité personnelle.

Au début de l'année 1877, sa santé, qui s'était progressivement détériorée depuis quelques années, commença à vaciller. Il semblait se rétablir quelque peu au cours de l'été, mais en septembre, il déclina rapidement et décéda le dimanche 23 du même mois.

Son corps fut conduit au cimetière du Montparnasse lors de funérailles publiques. Parmi ses porteurs se trouvaient des hommes de science éminents, venus aussi bien de France que de l'étranger, et les discours commémoratifs prononcés sur sa tombe exprimaient leur admiration pour ses talents et pour la grandeur des services qu'il avait rendus à la science.

ADAMS

John Couch Adams

Cet illustre mathématicien qui, parmi les Anglais, ne devait être devancé que par Newton pour ses découvertes en astronomie théorique, naquit le 5 juin 1819 à la ferme de Lidcot, à onze kilomètres de Launceston, dans le comté de Cornouailles. Il reçut son éducation sous la direction du révérend John Couch Grylls, un cousin germain de sa mère. Il semblerait avoir reçu une éducation scolaire ordinaire en lettres classiques et en mathématiques, mais son temps libre était en grande partie consacré à l'étude des livres d'astronomie qu'il pouvait trouver dans la bibliothèque du Mechanics' Institute de Devonport. Il avait vingt ans lorsqu'il intégra le St. John's College de Cambridge. Son parcours universitaire fut d'une excellence presque inégalée, et on rapporte que ses résultats à l'examen de Wranglership[1], dont il sortit en tête de liste en 1843, furent si élevés qu'il obtint plus du double des notes attribuées au Second Wrangler.

1. Terme anglais typiquement en lien avec la culture universitaire de Cambridge qui désigne l'honneur ou le statut d'être un wrangler à l'université de Cambridge.

Parmi les documents retrouvés après sa mort, figure le mémorandum suivant, daté du 3 juillet 1841 : « J'ai eu l'intention, au début de cette semaine, d'étudier, dès que possible après avoir obtenu mon diplôme, les irrégularités du mouvement d'Uranus, qui demeurent inexpliquées, afin de savoir si elles peuvent être attribuées à l'action d'une planète non découverte située au-delà de celle-ci ; et, si cela est possible de déterminer approximativement les caractéristiques de son orbite, ce qui conduirait probablement à sa découverte. »

Après avoir obtenu son diplôme, et s'être ainsi quelque peu reposé des limites dans lesquelles ses études avaient été nécessairement restreintes, Adams se consacra à l'étude des perturbations d'Uranus, conformément à la résolution qu'il avait prise, comme nous venons de le voir, alors qu'il était encore étudiant. Dans un premier temps, il supposa l'existence d'une planète extérieure à Uranus, à une distance double de celle qui sépare Uranus du Soleil. Après avoir terminé ses calculs sur l'effet qu'une telle planète hypothétique pourrait exercer sur le mouvement d'Uranus, il arriva à la conclusion qu'il serait tout à fait envisageable d'expliquer entièrement les difficultés inexpliquées par l'action d'une planète extérieure, à condition que cette planète fût suffisamment grande et que son orbite soit correctement positionnée. Cependant, il était nécessaire de traiter le problème de façon plus approfondie et, par l'intermédiaire du professeur Challis, directeur de l'observatoire de Cambridge, une requête fut adressée à l'astronome royal afin d'obtenir, à partir des observations effectuées à l'observatoire de Greenwich, des valeurs plus précises des perturbations subies par Uranus. Se basant sur les données plus précises ainsi obtenues, Adams refit ses calculs, et enfin, muni de ses résultats, il se rendit à l'observatoire de Greenwich le 21 octobre 1845. Il laissa à l'astronome royal un document contenant les résultats auxquels il était parvenu concernant la masse et la distance moyenne de la planète hypothétique, ainsi que les autres éléments nécessaires au calcul de sa position exacte.

Comme constaté dans le chapitre précédent, Le Verrier s'était également penché sur le même problème. La position que Le Verrier assigna à l'hypothétique planète perturbatrice au début de l'année 1847, était à un degré près celle indiquée par les calculs d'Adams, qui l'avait communiquée à l'astronome royal sept mois avant la parution de l'ouvrage de Le Verrier. Le 29 juillet 1846, le professeur Challis commença à rechercher l'objet inconnu à l'aide du télescope Northumberland appartenant à l'observatoire de Cambridge. Il limita son attention à une région limitée du ciel, s'étendant autour du point vers lequel pointaient les calculs de M. Adams. Les positions relatives de toutes les étoiles, ou plutôt de tous les objets semblables à des étoiles dans cette région, devaient être soigneusement mesurées. Lorsque les mêmes observations seraient répétées une semaine ou deux plus tard, les distances entre les différentes paires d'étoiles resteraient inchangées, mais si une planète se trouvait parmi les objets mesurés, son existence serait révélée par les variations de distance dues à son mouvement dans cet intervalle. Cette méthode de recherche, bien qu'elle dût sans nul doute être fructueuse en fin de compte, était inévitablement très fastidieuse, mais le professeur Challis ne connaissait hélas aucune autre méthode. Ainsi, bien que Challis commençât ses recherches à Cambridge deux mois plus tôt que Galle à Berlin, comme nous l'avons déjà expliqué, la possession de cartes stellaires très précises par le Dr Galle lui permit de découvrir la planète dès sa première nuit de recherche.

Les revendications rivales d'Adams et de Le Verrier sur la découverte de Neptune, ou plutôt, devrions-nous dire, les revendications présentées par leurs champions respectifs, car aucun des deux illustres chercheurs ne daigna aborder l'aspect personnel de la question, ne nécessitent pas de plus amples explications ici. Les points principaux de la polémique étant réglés depuis bien longtemps, on ne peut que reprendre les propos tenus par sir John Herschel devant la Royal Astronomical Society en 1848 :

« Puisque le génie et la destinée ont réuni les deux noms de Le Verrier et d'Adams, je ne les séparerai en aucune façon ; et ils ne seront jamais séparés tant que la langue célébrera les triomphes de la science dans ses plus sublimes entreprises. Il serait superflu que je m'étende sur la grande découverte de Neptune, dont on peut dire qu'elle dépassa, par des moyens intelligibles et légitimes, les plus folles prétentions de la clairvoyance. Ce glorieux événement, les étapes qui y conduisirent, et les diverses lumières sous lesquelles il fut placé, sont déjà bien connus de tous ceux qui possèdent ne serait-ce qu'une once de savoir scientifique. J'ajouterai simplement que, dans la mesure où il n'y a pas, et où il ne pourra jamais y avoir, la moindre rivalité sur ce sujet entre ces deux hommes illustres (car ils se sont rencontrés en tant que frères, et à ce titre, j'espère qu'ils se considéreront toujours comme tels), nous n'avons fait, et nous ne pouvions faire, aucune distinction entre eux en cette circonstance. Puissent-ils tous deux longtemps orner et enrichir notre science, et ajouter à leur propre renommée déjà si haute et si pure, par de nouvelles réalisations. »

En 1843, Adams fut élu membre du St. John's College, à Cambridge, mais comme il n'entra pas dans les Ordres, son statut de membre, conformément aux règles en vigueur à l'époque, prit fin en 1852. Cependant, l'année suivante, il fut élu membre du Pembroke College, fonction qu'il conserva jusqu'à la fin de sa vie. En 1858, il fut nommé professeur de mathématiques à l'université de St Andrews, mais son séjour dans le nord ne fut que de courte durée, car la même année, il fut rappelé à Cambridge pour occuper le poste de professeur lowndesien[1] d'astronomie et de géométrie, prenant la relève de Peacock. En

1. La chaire lowndesienne d'astronomie et de géométrie est l'une des deux principales

1861, Challis quitta la direction de l'observatoire de Cambridge, et Adams fut désigné pour lui succéder.

La découverte de Neptune fut une brillante inauguration de la carrière astronomique d'Adams. Il travailla et écrivit sur la théorie des mouvements de la comète de Biela ; il apporta des corrections majeures à la théorie de Saturne ; il étudia la masse d'Uranus, un sujet auquel il était naturellement intéressé en raison de son importance dans la théorie de Neptune ; il perfectionna également les méthodes de calcul des orbites des étoiles doubles. Mais tous ces travaux ne sont que mineurs, car après la découverte de Neptune, la renommée d'Adams repose principalement sur ses recherches sur certains mouvements de la Lune et sur les météores de novembre.

Le temps périodique de la Lune est l'intervalle nécessaire à la réalisation d'un tour de son orbite. De nos jours, cet intervalle est connu avec précision et, grâce aux anciennes éclipses, on peut également déterminer la durée de la révolution de la Lune deux mille ans auparavant. Halley avait découvert que la durée dont la Lune avait besoin pour accomplir chacune de ses révolutions autour de la Terre avait diminué progressivement, mais très lentement sans aucun doute. La variation ainsi produite n'est pas appréciable lorsqu'on ne considère que de petits intervalles de temps, mais elle le devient lorsqu'il s'agit d'intervalles de plusieurs milliers d'années. L'effet réel produit par l'accélération lunaire, car c'est ainsi que l'on appelle ce phénomène, peut être ainsi estimé. Si l'on suppose que la Lune ait, au fil des âges, effectué sa révolution autour de la Terre avec exactement le même temps périodique que celui qu'elle présente actuellement, et si, à partir de cette hypothèse, on calcule pour trouver où la Lune devait se situer il y a environ deux mille ans, on obtient une position que les anciennes éclipses démontrent être différente de celle dans laquelle la Lune se situait réellement. L'intervalle entre la position dans laquelle la Lune aurait été trouvée il y a deux mille ans s'il n'y avait pas eu d'accélération, et la position dans laquelle la Lune était réellement située équivaut à environ un degré, soit un arc de cercle sur le ciel qui correspond au double du diamètre apparent de la Lune.

Si aucun autre corps que la Terre et la Lune n'était présent dans l'univers, il est certain que le mouvement de la Lune n'aurait jamais manifesté cette accélération. Dans un cas aussi simple que celui que je viens d'évoquer, l'orbite de la Lune serait restée à jamais absolument inchangée. Cependant, il est parfaitement établi que la présence du Soleil exerce une influence perturbatrice sur les mouvements de la Lune. Au cours de chaque révolution, notre satellite est continuellement écarté par l'action du Soleil de la position qu'il aurait normale-

chaires d'astronomie (avec la chaire plumienne) et l'une des principales chaires de mathématiques de l'université de Cambridge. Elle fut fondée en 1749 par Thomas Lowndes, un astronome d'Overton dans le comté de Cheshire.

ment occupée. Ces irrégularités sont appelées perturbations de l'orbite lunaire, elles furent longtemps étudiées et la majorité d'entre elles furent expliquées de manière satisfaisante. Toutefois, il semble pour les premiers chercheurs ayant étudié la question que le phénomène de l'accélération lunaire ne pouvait être expliqué comme étant une conséquence de la perturbation solaire et, comme aucun autre acteur pouvant produire de tels effets n'était connu des astronomes, l'accélération lunaire constituait une énigme non résolue.

L'observatoire de Cambridge

À la fin du siècle dernier, l'illustre mathématicien français Laplace se lança dans une nouvelle étude de ce célèbre problème, et fut récompensé par une réussite qui, pendant longtemps, parut tout à fait satisfaisante. Supposons que la Lune se situe directement entre la Terre et le Soleil, alors la Terre et la Lune sont toutes deux attirées vers le Soleil sous l'effet de l'attraction solaire ; cependant, comme la Lune est le corps le plus proche du centre d'attraction, elle est attirée avec plus de force et, par conséquent, la distance entre la Terre et la Lune augmente. De même, lorsque la Lune se situe de l'autre côté de la Terre, de sorte que la Terre se trouve directement entre la Lune et le Soleil, l'attraction solaire exercée sur la Terre est plus puissante que celle exercée sur la Lune. Par conséquent, dans ce cas également, la distance qui sépare la Lune de la Terre est augmentée par la perturbation solaire. Ces exemples illustrent la vérité générale selon laquelle l'une des conséquences de l'influence perturbatrice exercée par le Soleil sur le couple Terre-Lune est l'augmentation des dimensions de l'orbite moyenne que la Lune décrit autour de la Terre. Étant donné que le temps requis par la Lune pour effectuer un tour de la Terre dépend de sa distance par rapport à la Terre, il en découle que parmi les influences du Soleil sur la Lune, il doit y avoir une augmentation du temps périodique, comparativement à ce qu'il aurait été sans l'action perturbatrice du Soleil.

Ce fait était déjà connu bien avant l'époque de Laplace, mais il n'apportait aucune explication directe à l'accélération lunaire. Elle permettait sans aucun doute d'affirmer que le temps périodique de la Lune était légèrement augmenté par la perturbation, mais elle ne fournissait aucune raison de soupçonner qu'un changement continu était en cours. Cependant, il était évident que le temps périodique était lié à la perturbation solaire, si bien que, s'il y avait une quelconque modification dans l'importance de l'effet perturbateur du Soleil, il devrait y avoir une modification équivalente du temps périodique de la Lune. Par conséquent, Laplace se rendit compte que, s'il pouvait découvrir un changement continu dans la capacité du Soleil à perturber la Lune, il pourrait alors expliquer un changement continu dans le temps périodique de la Lune, et ainsi obtenir une explication de la question longtemps restée sans réponse de l'accélération lunaire.

La capacité du Soleil à perturber le couple Terre-Lune est de toute évidence liée à la distance entre la Terre et le Soleil. Si la Terre se déplaçait sur une orbite qui ne subissait aucun changement, l'efficacité du Soleil en tant que facteur de perturbation ne subirait aucun changement de la nature recherchée. Mais s'il y avait une modification quelconque de la forme ou de la taille de l'orbite de la Terre, cela pourrait provoquer des changements au niveau de la distance entre la Terre et le Soleil qui pourraient fournir le facteur recherché pour produire l'effet lunaire observé. On sait que la Terre effectue une révolution sur une orbite qui, bien que pratiquement circulaire, est une véritable ellipse. Si la Terre était la seule planète à tourner autour du Soleil, cette ellipse resterait inchangée au fil du temps. Cependant, la Terre n'est qu'une planète parmi un bien d'autres qui gravitent autour du grand astre solaire et qui sont guidées et contrôlées par son pouvoir d'attraction suprême. Ces planètes s'attirent mutuellement et, en conséquence, les orbites des planètes sont perturbées et perdent la forme elliptique naturelle qu'elles auraient autrement. Ainsi, le mouvement de la Terre ne s'effectue pas, à proprement parler, sur une orbite elliptique. Toutefois, on peut la considérer comme effectuant une révolution dans une ellipse, à condition d'admettre que cette ellipse est elle-même un mouvement très lent.

Une caractéristique remarquable des effets perturbateurs des planètes est que l'ellipse dans laquelle la Terre se déplace à chaque instant garde toujours la même longueur, c'est-à-dire que son plus grand diamètre est invariable. À tous les autres égards, l'ellipse change continuellement. Elle modifie sa position, elle change de plan et, surtout, elle change d'excentricité. Ainsi, au fil des âges, la forme de la trajectoire décrite par la Terre peut, à un moment donné, se rapprocher d'un cercle ou s'en écarter davantage. Ces modifications sont très faibles et s'opèrent avec une extrême lenteur, mais elles sont en constante progression et leur importance peut être calculée avec précision. De nos jours, et depuis des milliers d'années, ainsi que pour les milliers d'années à venir, l'excentricité de l'orbite terrestre diminue, et par conséquent l'orbite décrite par la Terre chaque année devient de plus en plus circulaire. Cependant, il faut se rappeler qu'en toutes circonstances, la longueur de l'axe le plus long de l'ellipse reste inchangée et que, par conséquent, la taille de la trajectoire décrite par la Terre autour du Soleil augmente progressivement. En d'autres termes, on peut dire que, à notre époque, la distance moyenne entre la Terre et le Soleil augmente en raison des perturbations que la Terre subit sous l'effet de l'attraction des autres planètes. Toutefois, on a déjà vu que l'efficacité de l'attraction solaire pour perturber le mouvement de la Lune dépend de la distance entre la Terre et le Soleil. Comme la distance moyenne entre la Terre et le Soleil augmente, en tout cas au cours des milliers d'années sur lesquelles portent nos observations, il en résulte que la capacité du Soleil à perturber la Lune doit diminuer progressivement.

On a souligné qu'en raison de la perturbation solaire, l'orbite de la Lune devait être quelque peu agrandie. Comme il apparaît maintenant que la perturbation solaire diminue globalement, il s'ensuit que l'orbite de la Lune, qui doit être ajustée par rapport à la valeur moyenne de la perturbation solaire, doit également diminuer progressivement. En d'autres termes, la Lune doit se rapprocher de la Terre en raison des modifications de l'excentricité de l'orbite terrestre provoquées par l'attraction des autres planètes. Il est vrai que le changement de position de la Lune qui en découle est minime et que l'effet d'accélération du mouvement de la Lune qui en découle est très léger. En réalité, il est presque impossible à percevoir, sauf lorsque de grandes périodes de temps sont impliquées. Laplace se lança dans des calculs à ce sujet. Il savait à quoi correspondait l'efficacité des planètes dans la modification des dimensions de l'orbite terrestre ; à partir de là, il put déterminer les variations qui se répercuteraient sur le mouvement de la Lune. Ainsi, il s'assura, ou du moins pensa s'être assuré, que l'accélération du mouvement de la Lune, telle qu'elle avait été déduite des observations des anciennes éclipses qui nous furent transmises, pouvait être complètement expliquée comme étant la conséquence d'une perturbation planétaire. Cela fut considéré comme un grand triomphe scientifique. En réalité, notre croyance en l'universalité de la loi de la gravitation aurait été sérieusement remise en question si une explication de l'accélération lunaire n'avait pas été apportée. Pendant une cinquantaine d'années, personne ne remit en cause la véracité des recherches de Laplace. Lorsqu'un mathématicien de son éminence avait donné une explication des faits remarquables de l'observation qui semblait si complète, il n'est pas surprenant qu'on eût été peu enclin à en douter. En se livrant à de nouveaux calculs sur la même question, le professeur Adams s'aperçut que Laplace n'avait pas poussé cette approximation suffisamment loin, et que par conséquent le résultat de son analyse comportait une erreur considérable. Il convient de noter qu'Adams ne remettait pas en cause la valeur de l'accélération lunaire que Halley avait déduite des observations, mais il démontrait que les calculs par lesquels Laplace pensait avoir fourni une explication de cette accélération étaient incorrects. En effet, Adams prouva que l'influence planétaire que Laplace avait détectée ne possédait finalement que près de la moitié de l'efficacité que le grand mathématicien français lui avait attribuée. D'illustres mathématiciens ne manquèrent pas de se manifester pour défendre les calculs de Laplace. Ils calculèrent à nouveau et arrivèrent à des résultats pratiquement identiques à ceux qu'il avait présentés. D'autre part, certains mathématiciens de renom nationaux et étrangers vérifièrent les résultats d'Adams. Le problème n'était que mathématique. Il n'y avait qu'une seule solution correcte. Peu à peu, il apparut que les détracteurs d'Adams présentaient un certain nombre de solutions différentes, toutes en désaccord avec la sienne et, le plus souvent, en désaccord les unes avec les autres. Adams démontra clairement où chacun de ces chercheurs avait commis une erreur, et finalement il fut universellement admis que le professeur de Cambridge avait corrigé Laplace sur un point fondamental de la théorie astronomique.

Bien qu'il fût préférable d'apprendre la vérité, la brèche entre l'observation et les calculs, que Laplace était censé avoir fermée, fut ainsi rouverte. Les recherches de Laplace, si elles avaient été correctes, auraient expliqué exactement les faits observés. Cependant, il est désormais démontré que sa solution n'était pas correcte, et que l'accélération lunaire, lorsqu'elle est calculée strictement comme une conséquence des perturbations solaires, ne produit que près de la moitié de l'effet recherché pour expliquer complètement les éclipses anciennes. Il semble maintenant certain qu'il n'y a aucun moyen de justifier l'accélération lunaire comme une conséquence directe des lois de la gravitation, si l'on suppose, comme nous avons eu l'habitude de le faire, que les membres du système solaire en question peuvent être considérés comme des particules rigides. Cependant, une autre explication très intéressante pourrait être envisagée, et nous devons essayer de la présenter.

Rappelons que nous devons expliquer pourquoi la période de révolution de la Lune est maintenant plus courte qu'elle ne l'était auparavant. Si l'on imagine que la longueur de la période s'exprime en jours et en fractions de jour, c'est-à-dire en termes de rotations de la Terre autour de son axe, la difficulté rencontrée est que la Lune nécessite aujourd'hui, pour chacune de ses révolutions autour de la Terre, un nombre de rotations de la Terre autour de son axe inférieur à ce qui était le cas auparavant. Bien entendu, cela peut s'expliquer par le fait que la Lune se déplace aujourd'hui plus rapidement que dans le passé, mais il est évident qu'une explication tout à fait différente est concevable. La Lune peut se déplacer au même rythme qu'auparavant, mais la durée du jour peut augmenter. Si la durée du jour augmente, il faudra évidemment moins de jours à la Lune pour effectuer chaque révolution, même si la période de la Lune reste inchangée. Il semblerait donc que le phénomène connu sous le nom d'accélération lunaire soit le résultat de ces deux causes. La première est celle découverte par Laplace, bien que sa valeur fût surestimée par ce dernier, dans laquelle les perturbations de la Terre par les planètes influencent indirectement le mouvement de la Lune. La partie restante de l'accélération de notre satellite est apparente plutôt que réelle, ce n'est pas que la Lune se déplace plus rapidement, mais que notre horloge, à savoir la Terre, effectue une révolution plus lente, et perd donc du temps. Il est intéressant de noter que l'on peut trouver une explication physique au ralentissement apparent du mouvement de la Terre qui est ainsi manifesté. Les marées qui se produisent sur la Terre exercent une action de freinage sur le globe en révolution, et il ne fait aucun doute qu'elles réduisent progressivement sa vitesse et prolongent ainsi la durée de la journée. Il fut donc suggéré que c'est cette action des marées qui produit l'effet supplémentaire nécessaire pour compléter l'explication physique de l'accélération lunaire, bien qu'il fût peut-être un peu tôt pour affirmer que cela fut entièrement démontré.

La troisième des réalisations les plus importantes du professeur Adams était liée à la grande pluie de météores de novembre qui stupéfia le monde entier en 1866. Ce splendide spectacle focalisa l'attention des astronomes sur la théorie des mouvements des petits objets à l'origine de ce spectacle. Nous devons la découverte définitive de la trajectoire de ces corps aux travaux du professeur Adams qui, par un remarquable travail mathématique, compléta l'édifice dont les fondations avaient été posées par le professeur Newton, de Yale, ainsi que par d'autres astronomes.

Les météores tournent autour du Soleil en formant un vaste nuage, dont chaque membre individuel poursuit une orbite conformément aux lois bien connues de Kepler. Afin de comprendre les mouvements de ces objets, d'expliquer de manière satisfaisante leur récurrence périodique et de prédire les dates de leur apparition, il était nécessaire de connaître la taille et la forme de la trajectoire suivie par ce nuage, ainsi que la position qu'il occupait. Certaines caractéristiques de la trajectoire pouvaient sans aucun doute être facilement attribuées. Le fait que la pluie de météores se reproduise en un jour précis de l'année, à savoir le 13 novembre, définit un point par lequel l'orbite doit passer. La position sur le ciel du radiant à partir duquel les météores semblent diverger fournit un autre élément de la trajectoire. Bien entendu, le Soleil doit être situé au foyer, de telle sorte qu'un seul autre détail, à savoir le temps périodique, est nécessaire pour compléter notre connaissance des mouvements du système. Le professeur H. Newton, de Yale, avait démontré que le choix des orbites possibles pour le nuage météorique est limité à cinq. Premièrement, il y a la grande ellipse dans laquelle on sait maintenant que les météores effectuent une révolution tous les trente-trois ans et un quart. Ensuite, il y a une orbite de type presque circulaire dans laquelle le temps périodique serait d'un peu plus d'un an. Il existe une trajectoire similaire dans laquelle le temps périodique serait de quelques jours inférieur à un an, et deux autres orbites plus petites seraient également concevables. Le professeur Newton avait proposé un test permettant de sélectionner la véritable orbite, qui, comme nous le savons, devait être l'une de ces cinq orbites. Les difficultés mathématiques liées à l'application de ce test étaient sans doute considérables, mais elles ne déconcertèrent pas le professeur Adams.

La date de cette pluie météorique est continuellement modifiée. Les météores croisent maintenant notre trajectoire au point occupé par la Terre le 13 novembre, mais ce point varie progressivement. La seule influence connue qui pourrait expliquer ce changement continu du plan de l'orbite des météores provient de l'attraction des différentes planètes. Le problème à résoudre peut donc être abordé de la manière suivante. On sait qu'une quantité déterminée de changement dans le plan de l'orbite des météores se produit, et les variations qui devraient résulter de l'attraction des planètes peuvent être calculées pour chacune des cinq orbites possibles, dans l'une desquelles il est certain que les météores doivent effectuer leur révolution. Le professeur Adams entreprit ce travail. Sa difficulté provient essentiellement de la forte excentricité de la plus grande des orbites, qui rend les méthodes de calcul les plus ordinaires inapplicables. Après plusieurs mois de travail acharné, le travail fut terminé et, en avril 1867, Adams annonça la solution du problème. Il démontra que si les météores effectuaient une révolution sur la plus grande des cinq orbites, avec une période de trente-trois ans et un quart, les perturbations de Jupiter provoqueraient une variation de l'ordre de vingt minutes de l'arc au point où l'orbite croise la trajectoire de la Terre. L'attraction de Saturne l'augmenterait de sept minutes, et Uranus d'une minute supplémentaire, tandis que l'influence de la Terre et des autres planètes serait insignifiante. L'effet cumulé est donc de vingt-huit minutes, ce qui correspond pratiquement à la valeur observée telle qu'elle fut déterminée par le professeur Newton à partir de l'examen de toutes les pluies dont il existe des traces historiques. Après avoir ainsi démontré que la grande orbite était une trajectoire possible pour les météores, Adams prouva ensuite qu'aucune des quatre autres orbites ne serait perturbée de la même manière. En effet, il apparut que moins de la moitié des changements observés ne pouvaient se produire sur aucune orbite, à l'exception de celle présentant une longue période. Ainsi s'achevait cette intéressante recherche qui démontrait la véritable relation entre le nuage de météores et le système solaire.

En dehors de ces remarquables travaux scientifiques qui occupaient une si grande partie de son attention, le professeur Adams trouvait du temps pour bien d'autres études. Il se permettait parfois de se livrer, pour se détendre, à des calculs numériques d'une longueur si considérable que l'on ne peut que les regarder avec étonnement. Il eut l'occasion de calculer certaines constantes mathématiques importantes avec une précision dépassant les deux cents décimales. Il lisait assidûment des ouvrages d'histoire, de géologie et de botanique, et ses travaux laborieux étaient souvent détournés par des romans, dont il était très friand, comme beaucoup d'autres grands hommes. Il avait également la passion d'un collectionneur, et il rassembla près de huit cents volumes d'anciens ouvrages imprimés, dont beaucoup étaient d'une rareté et d'une valeur importantes. Quant à sa personnalité, je peux citer les mots du Dr Glaisher : « Les étrangers qui le rencontraient pour la première fois étaient toujours surpris par ses manières simples et naturelles. C'était un charmant camarade, toujours joyeux et aimable, ne montrant en société que peu de traces de son caractère timide et réservé. Il était de nature sympathique et généreuse, et rares sont les hommes dont les qualités morales et intellectuelles ont été aussi parfaitement équilibrées. »

En 1863, il épousa la fille de M. Haliday Bruce, de Dublin, et jusqu'à la fin de sa vie, il vécut à l'observatoire de Cambridge, où il poursuivit ses travaux mathématiques et apprécia la compagnie de ses amis.

Après une longue maladie, il décéda le 21 janvier 1892 et fut enterré dans le cimetière de St Giles, sur la route de Huntingdon, à Cambridge.

Les Éditions **Discovery** est un éditeur multimédia dont la mission est d'inspirer et de soutenir la transformation personnelle, la croissance spirituelle et l'éveil. Avec chaque titre, nous nous efforçons de préserver la sagesse essentielle de l'auteur, de l'enseignant spirituel, du penseur, guérisseur et de l'artiste visionnaire.

www.ingramcontent.com/pod-product-compliance
Lightning Source LLC
La Vergne TN
LVHW030910080826
845145LV00010B/2842

* 9 7 8 1 7 8 8 9 4 5 7 1 4 *